工业和信息化**精品系列**教材

Java EE Enterprise Application Development
Project Tutorial

Java EE 企业级应用开发项目教程

SSM

黑马程序员 编著

人民邮电出版社
北京

图书在版编目（CIP）数据

Java EE企业级应用开发项目教程：SSM / 黑马程序员编著. -- 北京：人民邮电出版社，2023.4
工业和信息化精品系列教材
ISBN 978-7-115-60347-0

Ⅰ.①J… Ⅱ.①黑… Ⅲ.①JAVA语言－程序设计－教材 Ⅳ.①TP312.8

中国版本图书馆CIP数据核字(2022)第200216号

内 容 提 要

本书是面向计算机相关专业的 Java 企业级开发实战教程，主要讲解基于 SSM（Spring+Spring MVC+ MyBatis）框架的健康管理系统的实现。

本书共 10 个模块，模块一主要讲解项目开发的前期准备工作，包括初识项目、项目架构设计、数据库设计和项目环境搭建等内容；模块二～模块五主要讲解管理端的基本功能及其实现，包括检查项管理、检查组管理、套餐管理和预约设置；模块六主要讲解权限控制的相关知识及其实现；模块七和模块八主要讲解用户端的功能及其实现，包括用户登录和体检预约；模块九和模块十主要讲解统计分析和运营数据报表导出等相关知识及其实现。

通过学习本书的内容，读者可以掌握 SSM 框架技术、常用的企业级开发技术，这些技术能够很好地满足企业级开发的技术需求，为大型项目的开发奠定了基础。

本书配套了教学视频、源代码、题库、教学课件等资源。为帮助读者更好地学习本书中的内容，还提供了在线答疑。

本书既可作为高等教育本、专科院校计算机相关专业的教材，也可供广大编程爱好者自学使用。

◆ 编　著　黑马程序员
责任编辑　范博涛
责任印制　焦志炜

◆ 人民邮电出版社出版发行　北京市丰台区成寿寺路 11 号
邮编　100164　电子邮件　315@ptpress.com.cn
网址　https://www.ptpress.com.cn
固安县铭成印刷有限公司印刷

◆ 开本：787×1092　1/16
印张：18　　　　　　　　　　　2023 年 4 月第 1 版
字数：504 千字　　　　　　　　2024 年 12 月河北第 4 次印刷

定价：59.80 元

读者服务热线：(010)81055256　印装质量热线：(010)81055316
反盗版热线：(010)81055315
广告经营许可证：京东市监广登字 20170147 号

FOREWORD

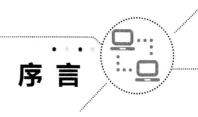

序 言

本书的创作公司——江苏传智播客教育科技股份有限公司（简称"传智教育"）作为我国第一个实现 A 股 IPO 上市的教育企业，是一家培养高精尖数字化专业人才的公司，主要培养人工智能、大数据、智能制造、软件开发、区块链、数据分析、网络营销、新媒体等领域的人才。传智教育自成立以来贯彻国家科技发展战略，讲授的内容涵盖了各种前沿技术，已向我国高科技企业输送数十万名技术人员，为企业数字化转型、升级提供了强有力的人才支撑。

传智教育的教师团队由一批来自互联网企业或研究机构，且拥有 10 年以上开发经验的 IT 从业人员组成，他们负责研究、开发教学模式和课程内容。传智教育具有完善的课程研发体系，一直走在整个行业的前列，在行业内树立了良好的口碑。传智教育在教育领域有 2 个子品牌：黑马程序员和院校邦。

一、黑马程序员——高端 IT 教育品牌

黑马程序员的学员多为大学毕业后想从事 IT 行业，但各方面的条件还达不到岗位要求的年轻人。黑马程序员的学员筛选制度非常严格，包括了严格的技术测试、自学能力测试、性格测试、压力测试、品德测试等。严格的筛选制度确保了学员质量，可在一定程度上降低企业的用人风险。

自黑马程序员成立以来，教学研发团队一直致力于打造精品课程资源，不断在产、学、研 3 个层面创新自己的执教理念与教学方针，并集中黑马程序员的优势力量，有针对性地出版了计算机系列教材百余种，制作教学视频数百套，发表各类技术文章数千篇。

二、院校邦——院校服务品牌

院校邦以"协万千院校育人、助天下英才圆梦"为核心理念，立足于中国职业教育改革，为高校提供健全的校企合作解决方案，通过原创教材、高校教辅平台、师资培训、院校公开课、实习实训、协同育人、专业共建、"传智杯"大赛等，形成了系统的高校合作模式。院校邦旨在帮助高校深化教学改革，实现高校人才培养与企业发展的合作共赢。

（一）为学生提供的配套服务

1. 请同学们登录"传智高校学习平台"，免费获取海量学习资源。该平台可以帮助同学们解决各类学习问题。

2. 针对学习过程中存在的压力过大等问题，院校邦为同学们量身打造了IT学习小助手——邦小苑，可为同学们提供教材配套学习资源。同学们快来关注"邦小苑"微信公众号。

（二）为教师提供的配套服务

1. 院校邦为其所有教材精心设计了"教案+授课资源+考试系统+题库+教学辅助案例"的系列教学资源。教师可登录"传智高校教辅平台"免费使用。

2. 针对教学过程中存在的授课压力过大等问题，教师可添加"码大牛"QQ（2770814393），或者添加"码大牛"微信（18910502673），获取最新的教学辅助资源。

前言 PREFACE

为什么要学习本书

为加快推进党的二十大精神进教材、进课堂、进头脑，本书秉承"坚持教育优先发展，加快建设教育强国、科技强国、人才强国"的思想对教材的编写进行策划。通过教材研讨会、师资培训等渠道，广泛调动教学改革经验丰富的高校教师，以及具有多年开发经验的技术人员共同参与教材的编写与审核，让知识的难度与深度、案例的选取与设计，既满足专业教育特色，又满足产业发展和行业人才需求。

当前，Java EE 应用通常会采用以 SSM（Spring+Spring MVC+MyBatis）框架为核心组合的方式进行开发，以提高应用的可维护性和可扩展性，降低开发和维护的成本。本书基于 SSM 框架实现健康管理系统，该系统还原了企业实际开发的真实需求场景。通过对该系统的学习，读者能真正了解企业实际工作中的各种情况，掌握解决问题的思路和解决问题的方法。

本书内容介绍

本书适合具有 Java EE 企业级应用开发相关知识的读者学习。对于没有基础的读者，建议先学习《Java EE 企业级应用开发教程（Spring+Spring MVC+MyBatis）》。

本书是在《Java EE 企业级应用开发教程（Spring+Spring MVC+MyBatis）》的基础上编写的一本企业级开发的实战教程。在编写时，笔者力求将一些非常复杂、难以理解的思想和问题简单化，使读者能够轻松理解并快速掌握这些知识点，以提高读者的实践操作能力。本书共 10 个模块，各个模块的内容具体如下。

- 模块一主要讲解项目开发的前期准备工作，包括初识项目、项目架构设计、数据库设计和项目环境搭建等内容。
- 模块二主要讲解管理端的检查项管理，包括检查项的增删改查操作、ZooKeeper 的基本操作、Axios 技术，以及 MyBatis 中的分页插件 PageHelper 的使用等内容。
- 模块三主要讲解管理端的检查组管理，包括检查组的增删改查操作等内容。
- 模块四主要讲解管理端的套餐管理，包括套餐的增删改查操作、七牛云存储服务的使用、Redis 的基本操作、Redis 可视化工具的使用和定时任务组件 Quartz 的使用等内容。
- 模块五主要讲解管理端的预约设置，包括批量导入预约设置信息、日历展示预约设置信息、基于日历实现预约设置，以及 Apache POI 的配置与使用等内容。
- 模块六主要讲解管理端的权限控制，通过 Spring Security 框架实现权限控制。
- 模块七主要讲解用户端的用户登录，包括短信接口的设置与使用、手机快速登录等内容。
- 模块八主要讲解用户端的体检预约，包括套餐列表、套餐详情、体检预约、页面静态化技术 FreeMarker 的配置和使用，以及使用 FreeMarker 技术实现套餐列表与套餐详情页面的静态化等内容。
- 模块九主要讲解管理端的统计分析，包括会员数量统计、套餐预约占比统计、运营数据统计，以及可视化图表工具 ECharts 的使用等内容。
- 模块十主要讲解管理端的运营数据报表导出，包括 Excel 方式导出运营数据报表、PDF 方式导出运营数据报表，以及 PDF 文件导出工具 JasperReports 的使用等内容。

在学习过程中，读者一定要亲自实践书中的项目代码，如果不能完全理解书中所讲的知识点，可以登录高校学习平台，通过平台中的教学视频来辅助学习。学习完一个知识点后，要及时在高校学习平台上进行测试以巩固学习内容。如果读者在动手练习的过程中遇到问题，建议多思考，厘清思路，认真分析问题发生的原因，并在问题解决后多总结。

致谢

本书的编写和整理工作由传智教育完成，主要参与人员有高美云、甘金龙等，全体参编人员在这近一年的编写过程中付出了辛勤的劳动，在此一并表示衷心的感谢。

意见反馈

尽管编者付出了很大的努力，但书中难免会有不妥之处，欢迎读者朋友们来信提出宝贵意见，编者将不胜感激。读者在阅读本书时，如发现任何问题或不认同之处可以通过电子邮件与编者联系。

请发送电子邮件至 itcast_book@vip.sina.com。

黑马程序员
2023 年 5 月于北京

目 录 CONTENTS

模块一　项目开发准备 1

任务 1-1　初识项目 1
  任务描述 1
  任务分析 2
任务 1-2　项目架构设计 7
  任务描述 7
  任务分析 7
任务 1-3　数据库设计 10
  任务描述 10
  任务分析 11
任务 1-4　项目环境搭建 16
  任务描述 16
  任务实现 16
模块小结 21

模块二　管理端——检查项管理 22

任务 2-1　新增检查项 22
  任务描述 22
  任务分析 23
  知识进阶 24
  任务实现 28
任务 2-2　查询检查项 33
  任务描述 33
  任务分析 34
  知识进阶 35
  任务实现 36
任务 2-3　编辑检查项 41
  任务描述 41
  任务分析 41
  任务实现 43

任务 2-4　删除检查项 49
  任务描述 49
  任务分析 50
  任务实现 51
模块小结 54

模块三　管理端——检查组管理 55

任务 3-1　新增检查组 55
  任务描述 55
  任务分析 56
  任务实现 57
任务 3-2　查询检查组 66
  任务描述 66
  任务分析 66
  任务实现 67
任务 3-3　编辑检查组 72
  任务描述 72
  任务分析 72
  任务实现 74
任务 3-4　删除检查组 83
  任务描述 83
  任务分析 83
  任务实现 84
模块小结 87

模块四　管理端——套餐管理 88

任务 4-1　新增套餐 88
  任务描述 88
  任务分析 89
  知识进阶 91
  任务实现 97

任务 4-2　查询套餐	109
任务描述	109
任务分析	109
任务实现	110
任务 4-3　编辑套餐	115
任务描述	115
任务分析	115
任务实现	117
任务 4-4　删除套餐	125
任务描述	125
任务分析	126
任务实现	126
任务 4-5　定时清理垃圾图片	130
任务描述	130
任务分析	130
知识进阶	130
任务实现	137
模块小结	143
模块五　管理端 —— 预约设置	144
任务 5-1　批量导入预约设置信息	144
任务描述	144
任务分析	145
知识进阶	147
任务实现	149
任务 5-2　日历展示预约设置信息	157
任务描述	157
任务分析	157
任务实现	158
任务 5-3　基于日历实现预约设置	163
任务描述	163
任务分析	163
任务实现	164
模块小结	168
模块六　管理端 —— 权限控制	169
任务 6-1　实现认证和授权	169
任务描述	169
任务分析	169
知识进阶	170
任务实现	174
任务 6-2　显示用户名	183
任务描述	183
任务分析	184
任务实现	184
任务 6-3　退出登录	186
任务描述	186
任务分析	187
任务实现	187
模块小结	188
模块七　用户端 —— 用户登录	189
任务 7　手机快速登录	189
任务描述	189
任务分析	190
知识进阶	191
任务实现	197
模块小结	205
模块八　用户端 —— 体检预约	206
任务 8-1　套餐列表	206
任务描述	206
任务分析	207
任务实现	208
任务 8-2　套餐详情	211
任务描述	211
任务分析	211
任务实现	212
任务 8-3　体检预约	216
任务描述	216
任务分析	216
任务实现	219
任务 8-4　页面静态化	232
任务描述	232
任务分析	232
知识进阶	233
任务实现	234
模块小结	239

模块九　管理端 —— 统计分析　240

任务 9-1　会员数量统计　240
　　任务描述　240
　　任务分析　241
　　知识进阶　241
　　任务实现　246

任务 9-2　套餐预约占比统计　249
　　任务描述　249
　　任务分析　250
　　任务实现　251

任务 9-3　运营数据统计　254
　　任务描述　254
　　任务分析　254
　　任务实现　255

模块小结　261

模块十　管理端 —— 运营数据报表导出　262

任务 10-1　Excel 方式导出运营数据报表　262
　　任务描述　262
　　任务分析　263
　　任务实现　264

任务 10-2　PDF 方式导出运营数据报表　268
　　任务描述　268
　　任务分析　269
　　知识进阶　270
　　任务实现　274

模块小结　277

模块一

项目开发准备

知识目标

1. 了解架构,能够说出常用的架构及其优缺点
2. 熟悉项目的技术栈,能够说出每个技术栈的用途
3. 了解项目的功能结构,能够说出传智健康项目的功能组成

技能目标

掌握传智健康项目的环境搭建,能够根据系统模块的划分搭建传智健康项目中的父工程和子模块

随着生活水平的提高,关注自身健康的人越来越多,很多健康管理机构通过引入健康管理系统提高健康服务水平,提升体检用户满意度。本书讲解的传智健康管理系统(后续简称传智健康)是一款应用于健康管理机构的业务系统,该系统基于Spring+Spring MVC+MyBatis框架(后续简称SSM框架)开发完成。本模块将对传智健康的项目背景、项目功能、项目架构设计、数据库设计和项目环境搭建等内容进行详细讲解。

任务1-1 初识项目

任务描述

自中共中央、国务院(全称为中华人民共和国国务院)于2016年10月25日印发《"健康中国2030"规划纲要》以来,为了提高国民健康水平,国家不断推进健康中国建设,鼓励医疗健康行业的发展。随着国民对健康重视程度的逐步提高,预防胜于治疗的健康观念也在逐步加深。在这样的大环境下,大批创业者和传统医疗公司纷纷加入医疗健康行业,新兴的健康管理机构如雨后春笋般涌现。与此同时,这些健康管理机构也面临许多问题,例如线下预约体检过程慢、体检项目不易维护等,这些问题的解决迫切需要高质量信息化系统的支持。

传智健康是一款应用于健康管理机构的业务系统,一方面用于实现健康管理机构工作内容可视化、会员管理专业化,从而提高健康管理师的工作效率,增强管理者对健康管理机构运营情况的了解;另一方面用于实现体检用户的体检预约、健康咨询等服务。

任务分析

传智健康分为管理端和用户端2个部分,其中管理端供系统管理员、健康管理师等健康管理机构的内部人员使用,用户端供体检用户使用。管理端和用户端均可以通过PC端或手机端的浏览器来访问。传智健康的功能结构如图1-1所示。

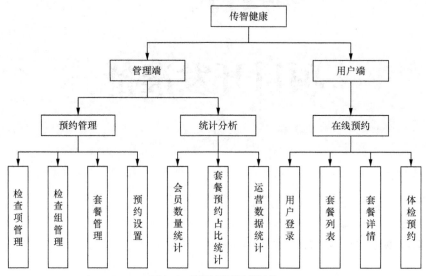

图1-1 传智健康的功能结构

由图1-1可以看出,管理端和用户端由多个功能模块组成,为了让读者在开发之前对传智健康的功能结构有更好的理解,下面分别对管理端和用户端的各个模块的功能进行讲解说明。

(1)管理端

管理端由预约管理和统计分析2个模块构成。其中,预约管理模块包括检查项管理、检查组管理、套餐管理和预约设置4个子模块;统计分析模块包括会员数量统计、套餐预约占比统计和运营数据统计3个子模块。各子模块的介绍具体如下。

● 检查项管理

检查项是用户在体检过程中具体要检查的项目,例如身高、体重、收缩压等。检查项管理包括检查项的新增、查询、编辑、删除功能。检查项管理页面如图1-2所示。

图1-2 检查项管理页面

- 检查组管理

由于检查项数量较多，为了方便、快速地筛选出相同类别的检查项，通常会将相同类别的检查项放在一个组别进行管理，例如，一般检查的项目包括身高、体重、收缩压、舒张压等，此时可以创建名称为一般检查的检查组，并在检查组中添加这些检查项。检查组管理包括检查组的新增、查询、编辑、删除功能。检查组管理页面如图1-3所示。

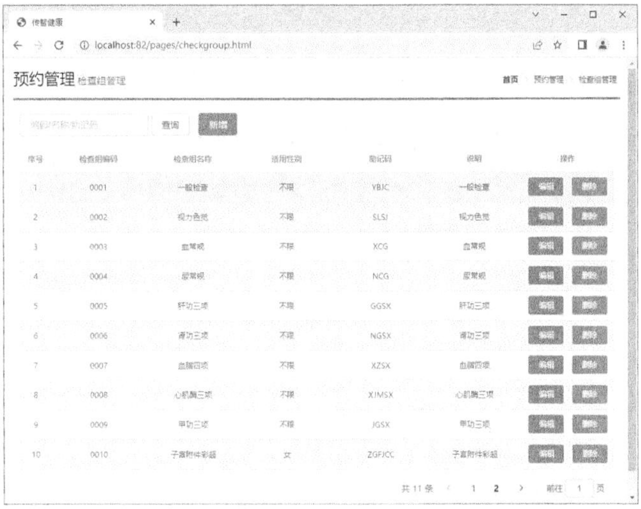

图1-3 检查组管理页面

- 套餐管理

套餐是健康管理机构根据用户群体需求专门定制的一套体检流程，实质是检查组的集合。例如，入职体检的项目包括一般检查、血常规、尿常规、肝功三项等，此时可以创建入职无忧体检套餐（男女通用），并在套餐中添加这些检查组。套餐管理包括套餐的新增、查询、编辑、删除功能。套餐管理页面如图1-4所示。

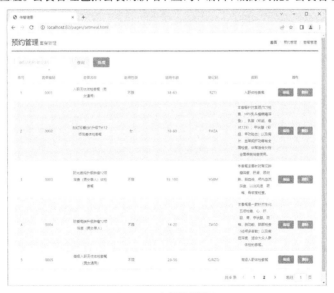

图1-4 套餐管理页面

- 预约设置

预约设置是指健康管理机构对每天体检预约人数的设置。实现预约设置有两种方式，一种是批量导入预约设置信息，另一种是基于日历实现预约设置。设置完成后，每一天的可预约人数与已预约人数可在日历中进行展示。预约设置页面如图1-5所示。

图1-5 预约设置页面

- 会员数量统计

会员数量统计用于统计最近一年每个月的会员数量,并通过折线图的方式展示每个月会员数量的变化趋势。会员数量统计页面如图1-6所示。

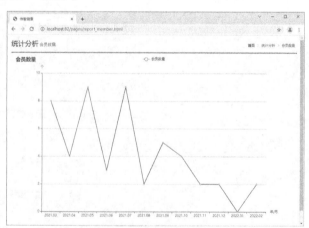

图1-6 会员数量统计页面

- 套餐预约占比统计

套餐预约占比统计是指对健康管理机构各个套餐预约占比情况的统计,统计结果使用饼图展示。套餐预约占比统计页面如图1-7所示。

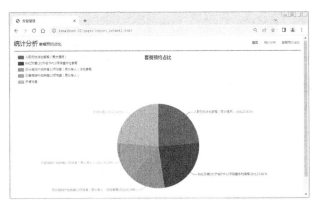

图 1-7 套餐预约占比统计页面

- 运营数据统计

运营数据统计是指对会员数据、预约到诊数据、热门套餐等运营相关数据的统计，统计结果默认展示在页面中，运营数据可以选择使用 Excel 或 PDF 格式导出。运营数据统计页面如图 1-8 所示。

图 1-8 运营数据统计页面

（2）用户端

用户端是给健康管理机构的体检用户使用的，体检用户可以享受在线预约、报告查询、健康评估、健康干预、健康档案、健康咨询等服务。由于篇幅有限，本书只对用户端的在线预约进行讲解，在线预约模块包括用户登录、套餐列表、套餐详情和体检预约 4 个子模块。用户可以通过 PC 端或手机端的浏览器进行访问，本书在讲解用户端的相关操作时，通过 PC 端浏览器的手机模拟模式进行页面展示，具体内容如下。

- 用户登录

用户登录是指体检用户使用手机号和验证码登录传智健康的用户端，其中验证码通过发送手机短信的方式获取。用户登录页面如图 1-9 所示。

- 套餐列表

套餐列表页面用于展示系统所有的套餐，套餐列表中每个套餐展示的信息包括图片、套餐名称、套餐介绍、适用性别和适用年龄等。套餐列表页面如图1-10所示。

图1-9　用户登录页面　　　　　　　　　图1-10　套餐列表页面

- 套餐详情

套餐详情页面用于展示某一个套餐的具体信息，包括图片、套餐名称、套餐介绍、适用性别、适用年龄、套餐中的检查组信息和检查组中的检查项信息等。可以在套餐列表中选中某一个具体的套餐，跳转到套餐详情页面。套餐详情页面如图1-11所示。

- 体检预约

用户通过套餐详情页面中的"立即预约"可跳转到体检预约页面，在体检预约页面中录入体检人信息并进行体检预约。体检人信息包括姓名、性别、手机号、身份证号、体检日期等。为了保证用户输入的手机号是正确的，需要通过短信验证码进行验证。体检预约页面如图1-12所示。

图1-11　套餐详情页面　　　　　　　　　图1-12　体检预约页面

任务 1-2　项目架构设计

任务描述

架构，又名软件架构，是有关软件整体结构与组件的抽象描述，用于指导大型软件系统各个方面的设计。Java EE 企业级的应用根据业务的复杂程度，通常使用的系统架构有单体应用架构、垂直应用架构、面向服务的架构（Service-Oriented Architecture，SOA）、微服务架构等。项目架构的选择在项目准备过程中占据着重要的位置，除此之外，技术架构的选择也是项目准备过程中必不可少的一个环节。接下来将针对项目架构和技术架构的选择进行详细讲解。

任务分析

1. 项目架构

每个架构都有适合自己的应用场景，为了让读者更好地理解每个架构的区别，下面以一个进销存系统的开发为例，对这些架构及其优缺点进行详细介绍。

（1）单体应用架构

单体应用架构是把所有业务场景的表示层、业务逻辑层和数据访问层放在一个工程中，经过编译打包，部署在一台服务器上。如果按照单体应用架构开发进销存系统，可以将项目打包成一个 WAR 包并部署到服务器上。这样一个 WAR 包含很多模块，如图 1-13 所示。

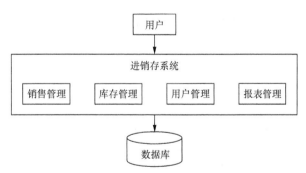

图 1-13　使用单体应用架构开发的进销存系统

图 1-13 所示的使用单体应用架构开发的进销存系统把所有的模块集成在一个工程中，项目架构简单，技术结构单一，前期用人成本低，适合小型系统的开发。但是随着业务复杂度的增加，功能越来越多，代码量越来越大，会导致代码可读性、可维护性和可扩展性下降，由于系统过大且关联较多，应用中的任何一个 Bug 都有可能导致整个系统死机。

（2）垂直应用架构

针对传统单体应用架构存在的问题，可以使用垂直应用架构来解决。垂直应用架构将单体应用拆分成若干个独立的小应用，每个小应用单独部署到不同的服务器上，以提升效率，如图 1-14 所示。

图 1-14 所示的使用垂直应用架构开发的进销存系统把图 1-13 所示的单体应用垂直拆分为 4 个 Web 应用，并分别部署到不同的服务器，一方面减轻了服务器的压力；另一方面对独立的 Web 应用可以单独进行优化，方便水平扩展，提高容错率。但是当垂直应用越来越多时，应用之间就有可能发生相互调用，而且不同应用之间可能出现数据冗余、代码冗余、功能冗余等问题。

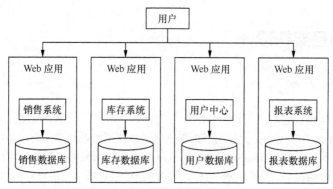

图 1-14 使用垂直应用架构开发的进销存系统

（3）SOA

针对垂直应用架构存在的问题，可以使用 SOA 来解决。SOA 将应用程序的不同功能单元（简称服务）进行拆分，并通过这些服务之间定义的接口和协议将其联系起来。SOA 将业务逻辑抽象成可复用、可组装的服务，通过服务的编排实现业务的快速再生。SOA 开发的进销存系统如图 1-15 所示。

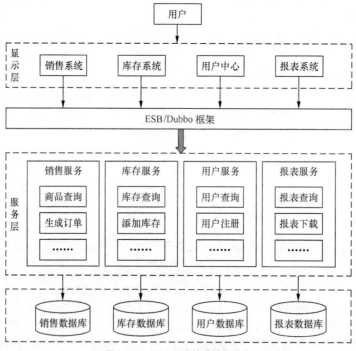

图 1-15 SOA 开发的进销存系统

图 1-15 所示的 SOA 开发的进销存系统是在图 1-14 所示的垂直应用的基础上，把原来系统中的公共组件抽离出来形成独立的服务，为各个系统提供服务；各个服务之间的耦合度较低，可读性和可维护性比较好。作为一个具有发展前景的应用系统架构，SOA 还有一些不足之处，例如抽取服务的粒度较大、服务提供方与调用方接口耦合度较高、不利于系统维护等。

（4）微服务架构

针对 SOA 存在的问题，可以使用微服务架构来解决。微服务架构是 SOA 的升级，每一个服务都是一个独立的部署单元，服务之间的耦合性很低，开发人员可以使用不同的编程语言编写程序，也可以使用不同的存储系统存储数据。微服务架构开发的进销存系统如图 1-16 所示。

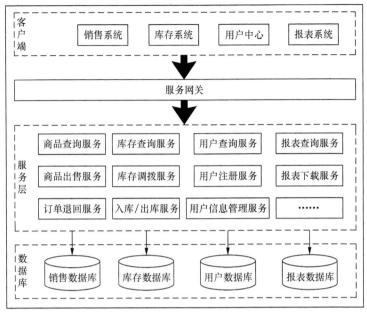

图1-16 微服务架构开发的进销存系统

图1-16所示的微服务架构其实是对SOA的"升级",它对服务的抽取粒度更小、更细,把系统中的服务层完全隔离出来。微服务架构遵循单一原则,各个系统通过服务网关调用所需的微服务。但是微服务架构也存在缺点,使用微服务架构进行设计时,对技术的要求较高;如果微服务过多,会造成服务管理成本提高,不利于系统维护,服务拆分粒度过细也会导致系统变得凌乱和"笨重"。

通过对上述架构的介绍,并结合对实际项目开发的分析可知,单体应用架构和垂直应用架构在实际企业开发中几乎不会使用,SOA和微服务架构都是比较好的选择。考虑成本与技术方面的要求,本书选择SOA来完成传智健康架构设计的工作。

2. 技术架构

在实际项目开发中有多种框架可供开发人员选择,其中,以SSM框架为核心的组合方式使Java EE应用具有出色的可维护性和可扩展性,同时可以极大地提高项目的开发效率,降低开发和维护的成本,这使SSM框架成为更多企业在开发应用时的选择。

本书要实现的传智健康基于SSM框架开发完成,在开发时通常会根据不同的需求将项目拆分为多个层次进行处理,而不同的需求由与其相对应的技术栈提供解决方案。接下来用图1-17所示的技术架构对传智健康中技术栈的使用进行简单介绍。

在图1-17中,传智健康根据功能主要划分为前端技术栈、分布式架构及权限技术栈、报表技术栈、持久化技术栈和第三方服务。为了读者能够更好地理解每个技术栈在传智健康中的使用,下面对各个技术栈进行详细讲解。

(1)前端技术栈

通俗地讲,前端是运行在PC端、移动端等通过浏览器展现给用户的网页,系统中的网页根据系统的需求进行设计和构建,可以为该网页添加文字、图片等元素,以及使其与后端服务器进行交互。为了实现网页的制作,通常使用HTML5对页面的文本、图片、音频等内容进行描述,同时,也可以使用Vue.js、Element UI和Bootstrap编写页面结构,在页面中使用Axios发送异步请求进行前端与后端的数据交互。

(2)分布式架构及权限技术栈

分布式就是把不同的业务模块部署在不同的服务器上或者把同一个业务模块拆分成多个子业务后部署在不同的服务器上,用于解决高并发的问题。本书要实现的传智健康采用分布式思想,将不同的业务模块部署在不同的服务器上。为了实现不同业务之间的交互，通过 RPC（Remote Procedure Call，远程过程调用）框架 Dubbo 来完成服务注册与调用，其中，使用 ZooKeeper 作为 Dubbo 的注册中心；使用 Spring MVC 协调处理客户端向服务端发送的请求，并返回对应的响应。

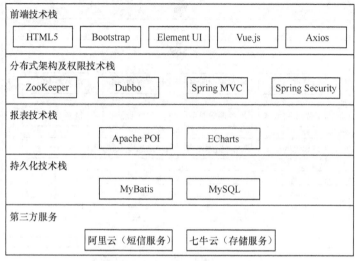

图 1-17 传智健康的技术架构

系统中有很多用户，但不是所有的用户都能操作系统的所有功能，不同的用户拥有不同的权限，这就需要给用户分配权限。由于系统使用 Spring 作为基础，配合 Spring Security 实现权限管理更加方便，所以本书选择 Spring Security 实现权限控制，保证系统的访问安全。

（3）报表技术栈

系统包含 Excel 报表导入、导出的功能，为了实现此功能，可以使用 Apache POI 提供的 Excel 读写文件的方法。由于 ECharts 提供了丰富的可视化类型，展示数据清晰、直观，所以数据统计分析的功能采用 ECharts 图形报表来实现。

（4）持久化技术栈

持久化技术栈包括数据库和持久层框架。下面对数据库和持久层框架的选择进行说明。

在选择数据库方面，目前市面上的数据库有很多，包括 MySQL、Oracle、MariaDB、SQLite 等，其中，MySQL 数据库拥有体积小、性能卓越、服务稳定、易于维护、安装方便等众多优点，本项目选择 MySQL 数据库实现数据存储。

在选择持久层框架方面，常用的框架有 Hibernate 和 MyBatis，其中，MyBatis 支持定制化 SQL、存储过程以及高级映射，是一款非常优秀的持久层框架，故本项目选择 MyBatis 作为持久层框架。

（5）第三方服务

从严格意义上讲，所有软件的第三方服务都可以由开发人员自己开发，但是在实际开发中，很少会有公司或团队这样做，因为从零到一需要花费大量的时间和成本，市面上有很多成熟的第三方服务可供开发人员直接使用。在传智健康开发过程中，有些功能也会通过第三方服务实现，其中，图片上传功能采用七牛云提供的存储服务来存储图片；短信发送功能采用阿里云提供的短信服务实现。

任务 1-3　数据库设计

任务描述

在实际开发应用程序时，会根据应用程序的需求及其实现功能来进行数据库设计，数据库设计的合理性将直接影响应用程序的性能和可扩展性。接下来对传智健康数据库设计中的数据表结构设计和数据表关系设计进行详细讲解。

任务分析

1. 数据表结构设计

在开发过程中，通常使用实体对象来操作数据，而存储数据时，需要把实体对象中的数据存放到数据表，也就是说实体对象中的每个属性对应数据表中的一个字段。因此可以根据实体对象来设计数据表结构。

根据项目功能分析，传智健康的实体对象包括检查项实体、检查组实体、套餐实体、预约设置实体、用户实体、菜单实体、权限实体、角色实体、会员实体和体检预约信息实体等。接下来根据上述实体对象设计数据表结构，具体如下。

（1）检查项表（t_checkitem）

按照检查项实体中的属性设计检查项表的表结构。检查项表用于保存体检检查项信息。t_checkitem 的表结构如表 1-1 所示。

表 1-1　t_checkitem 的表结构

字段名	数据类型	是否为主键	描述
id	int(11)	是	主键，自动增长
code	varchar(16)	否	检查项编码
name	varchar(32)	否	检查项名称
sex	char(1)	否	适用性别，0 表示不限，1 表示男，2 表示女
age	varchar(32)	否	适用年龄（范围），例如 23～35
price	float	否	价格
type	char(1)	否	检查项类型，1 表示检查，2 表示检验
attention	varchar(128)	否	注意事项
remark	varchar(128)	否	检查项说明

（2）检查组表（t_checkgroup）

按照检查组实体中的属性设计检查组表的表结构。检查组表用于保存与检查组相关的信息，例如检查组编码、检查组名称、助记码等。t_checkgroup 的表结构如表 1-2 所示。

表 1-2　t_checkgroup 的表结构

字段名	数据类型	是否为主键	描述
id	int(11)	是	主键，自动增长
code	varchar(32)	否	检查组编码
name	varchar(32)	否	检查组名称
helpCode	varchar(32)	否	助记码
sex	char(1)	否	适用性别，0 表示不限，1 表示男，2 表示女
remark	varchar(128)	否	检查组说明
attention	varchar(128)	否	注意事项

（3）套餐表（t_setmeal）

按照套餐实体中的属性设计套餐表的表结构。套餐表用于保存与体检套餐相关的信息。t_setmeal 的表结构如表 1-3 所示。

表 1-3 t_setmeal 的表结构

字段名	数据类型	是否为主键	描述
id	int(11)	是	主键，自动增长
name	varchar(128)	否	套餐名称
code	varchar(8)	否	套餐编码
helpCode	varchar(16)	否	助记码
sex	char(1)	否	适用性别，0 表示不限，1 表示男，2 表示女
age	varchar(32)	否	适用年龄范围，例如 23～35
price	float	否	价格
remark	varchar(128)	否	套餐说明
attention	varchar(128)	否	注意事项
img	varchar(128)	否	套餐对应的图片存储路径

（4）预约设置表（t_ordersetting）

按照预约设置实体中的属性设计预约设置表的表结构。预约设置表用于保存每天的预约人数信息，包括预约日期、可预约人数、已预约人数等。t_ordersetting 的表结构如表 1-4 所示。

表 1-4 t_ordersetting 的表结构

字段名	数据类型	是否为主键	描述
id	int(11)	是	主键，自动增长
orderDate	date	否	预约日期
number	int(11)	否	可预约人数
reservations	int(11)	否	已预约人数

（5）用户表（t_user）

按照用户实体中的属性设计用户表的表结构。用户表用于保存管理端的用户信息，包括管理员与健康管理师。t_user 的表结构如表 1-5 所示。

表 1-5 t_user 的表结构

字段名	数据类型	是否为主键	描述
id	int(11)	是	主键，自动增长
birthday	date	否	生日
gender	varchar(1)	否	性别，1 表示男，2 表示女
username	varchar(32)	否	用户名
password	varchar(256)	否	密码
remark	varchar(32)	否	用户说明
station	varchar(1)	否	状态
telephone	varchar(11)	否	联系电话

（6）菜单表（t_menu）

按照菜单实体中的属性设计菜单表的表结构。菜单表用于保存系统的菜单信息，菜单在页面导航栏中使用，包括菜单名称、访问路径等。t_menu 的表结构如表 1-6 所示。

表 1-6　t_menu 的表结构

字段名	数据类型	是否为主键	描述
id	int(11)	是	主键，自动增长
name	varchar(128)	否	菜单名称
linkUrl	varchar(128)	否	访问路径
path	varchar(128)	否	菜单项所对应的路由路径
priority	int(11)	否	优先级，用于排序
icon	varchar(64)	否	菜单的图标样式
description	varchar(128)	否	菜单描述
parentMenuId	int(11)	否	父菜单 id
level	int(11)	否	菜单级别

（7）权限表（t_permission）

按照权限实体中的属性设计权限表的表结构。权限表用于保存权限控制信息，为系统的所有功能设置访问权限。t_permission 的表结构如表 1-7 所示。

表 1-7　t_permission 的表结构

字段名	数据类型	是否为主键	描述
id	int(11)	是	主键，自动增长
name	varchar(32)	否	权限名称
keyword	varchar(64)	否	权限关键字，用于权限控制
description	varchar(128)	否	权限描述

（8）角色表（t_role）

按照角色实体中的属性设计角色表的表结构。角色表用于保存用户角色信息。t_role 的表结构如表 1-8 所示。

表 1-8　t_role 的表结构

字段名	数据类型	是否为主键	描述
id	int(11)	是	主键，自动增长
name	varchar(32)	否	角色名称
keyword	varchar(64)	否	角色关键字，用于权限控制
description	varchar(128)	否	角色描述

（9）会员表（t_member）

按照会员实体中的属性设计会员表的表结构。会员表用于保存注册会员信息，包括会员档案号、姓名、手机号等。t_member 的表结构如表 1-9 所示。

表 1-9 t_member 的表结构

字段名	数据类型	是否为主键	描述
id	int(11)	是	主键，自动增长
fileNumber	varchar(32)	否	会员档案号
name	varchar(32)	否	姓名
sex	varchar(8)	否	性别，1 表示男，2 表示女
idCard	varchar(18)	否	身份证号
phoneNumber	varchar(11)	否	手机号
regTime	date	否	注册时间
password	varchar(32)	否	登录密码
email	varchar(32)	否	邮箱
birthday	date	否	出生日期
remark	varchar(128)	否	会员信息说明

（10）体检预约信息表（t_order）

按照体检预约信息实体中的属性设计体检预约信息表的表结构。体检预约信息表用于保存会员进行体检预约时的预约信息。t_order 的表结构如表 1-10 所示。

表 1-10 t_order 的表结构

字段名	数据类型	是否为主键	描述
id	int(11)	是	主键，自动增长
member_id	int(11)	否	会员 id
orderDate	date	否	预约日期
orderType	varchar(8)	否	约预类型，如电话预约、客户端预约
orderStatus	varchar(8)	否	预约状态（是否到诊）
setmeal_id	int(11)	否	套餐 id

2. 数据表关系设计

如果数据表与数据表之间具有关联关系，那么关联关系可以分为一对一、一对多、多对多。下面根据实体之间的关系，为数据表进行关联关系设计。

（1）检查组表和检查项表的关联关系

检查组是检查项的集合，一个检查组可以包含多个检查项，一个检查项也可以存在于多个检查组中，所以检查组表和检查项表之间为多对多关系。设计中间关系表 t_checkgroup_checkitem 关联检查组表和检查项表之间的数据。检查组表和检查项表的关联关系如图 1-18 所示。

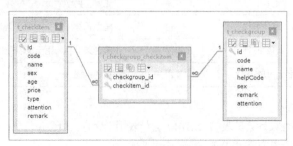

图 1-18 检查组表和检查项表的关联关系

（2）套餐表和检查组表的关联关系

套餐是检查组的集合，一个套餐可以包含多个检查组，一个检查组也可以存在于多个套餐中，所以套餐表和检查组表之间为多对多关系。设计中间关系表 t_setmeal_checkgroup 关联套餐表和检查组表之间的数据。套餐表和检查组表的关联关系如图 1-19 所示。

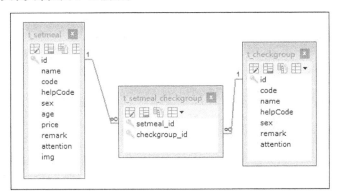

图 1-19　套餐表和检查组表的关联关系

（3）用户表和角色表的关联关系

一个用户可以拥有多个不同的角色，一个角色也可以分配给不同的用户，所以用户表和角色表之间是多对多关系。设计中间关系表 t_user_role 关联用户表和角色表之间的数据。用户表和角色表的关联关系如图 1-20 所示。

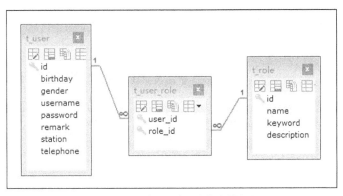

图 1-20　用户表和角色表的关联关系

（4）角色表和权限表的关联关系

一个角色可以配置多个权限，一个权限也可以分配给不同的角色，所以角色表和权限表之间为多对多关系。设计中间关系表 t_role_permission 关联角色表和权限表之间的数据。角色表和权限表的关联关系如图 1-21 所示。

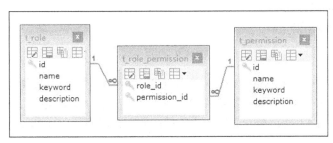

图 1-21　角色表和权限表的关联关系

（5）角色表和菜单表的关联关系

一个角色可以浏览菜单中的多个菜单项，一个菜单项也可以展示给不同的角色，所以角色表和菜单表之间为多对多关系。设计中间关系表 t_role_menu 关联角色表和菜单表之间的数据。角色表和菜单表的关联关系如图 1-22 所示。

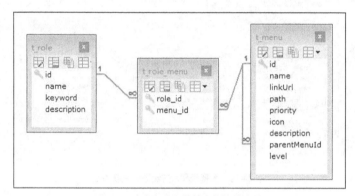

图 1-22　角色表和菜单表的关联关系

至此，传智健康的数据库设计已经完成。读者可以根据书中提供的表结构创建对应的数据表与中间关系表，也可以直接使用本书配套资源中提供的 SQL 创建对应的数据表与关系表。

任务 1-4　项目环境搭建

任务描述

现实生活中，建造房屋的第一步是打地基，只有地基夯实，才能建造出稳固的房屋。同样，项目开发前需先将项目环境搭建完善，才能保证后续开发工作顺利开展。接下来，本任务将从开发环境介绍、项目结构设计、搭建 Maven 工程和导入准备资源这几方面讲解项目环境的搭建工作。

任务实现

按照任务描述中的说明，进行传智健康的项目环境搭建工作，具体实现过程如下。

1. 开发环境介绍

- 操作系统：Windows 7 及以上。
- Web 服务器：Tomcat 8.5。
- Java 开发包：JDK 1.8。
- 数据库：MySQL 8.0。
- 开发工具：IDEA 2019.3.3。
- 浏览器：Chrome。

2. 项目结构设计

在实际企业级开发中，通常会采用 Maven 分模块开发，即将整个项目拆分为多个模块，每个模块完成项目中特定的功能。使用多模块的 Maven 配置，可以帮助项目划分模块，鼓励重用，防止 pom.xml 变得过于庞大，方便模块的构建，而不用每次都构建整个项目，并且使针对某个模块的特殊控制更为方便。传智健康模块划分如图 1-23 所示。

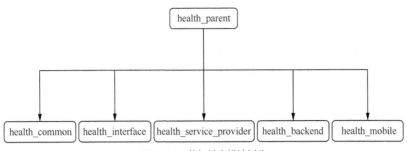

图 1-23 传智健康模块划分

在图 1-23 中,由父工程(health_parent)统一管理依赖的版本,同时聚合其他子模块便于执行 Maven 命令。health_parent 包括的子模块有 health_common、health_interface、health_service_provider、health_backend 和 health_mobile。为了帮助读者理解各个子模块的用途,下面分别对 health_parent 下的子模块进行简单介绍。

- health_common:用于存放通用组件,例如工具类、实体类、返回结果实体类和常量类等,打包方式为 JAR。
- health_interface:用于存放服务接口,打包方式为 JAR。
- health_service_provider:作为 Dubbo 服务提供方,用于存放服务接口实现类、Dao 接口和 Mapper 映射文件等。从功能来说,该子模块是一个单独发布服务的 Web 工程,打包方式为 WAR。
- health_backend:传智健康管理端,作为 Dubbo 服务消费方,用于存放控制器、HTML 文件、JavaScript 文件、CSS 文件、Spring 配置文件等。从功能来说,该子模块是一个需要单独部署的 Web 工程,打包方式为 WAR。
- health_mobile:传智健康用户端,作为 Dubbo 服务消费方,用于存放控制器、HTML 文件、JS 文件、CSS 文件、Spring 配置文件等。该子模块是一个需要单独部署的 Web 工程,打包方式为 WAR。

3. 搭建 Maven 工程

学习了项目的模块划分之后,下面按照项目的模块划分搭建 Maven 工程,详细搭建过程如下。

(1) health_parent 父工程

在 IDEA 中创建一个名称为 health_parent 的 Maven 工程,打包方式为 POM,并在工程的 pom.xml 中引入项目所需的依赖。由于篇幅有限,此处不详细展示引入依赖对应的代码,读者可以在本书提供的配套资源中进行导入。

(2) health_common 子模块

选中 health_parent 父工程后右键单击,在弹出的菜单中依次选择"New"→"Module"→"Maven",创建名称为 health_common 的子模块,打包方式为 JAR。

选中 src/main 目录下的 java 文件夹右键单击,在弹出的菜单中依次选择"Mark Directory as"→"Sources Root",将其设置为 Source Root。在 java 目录下创建 4 个包,这 4 个包的用途如下。

- com.itheima.constant 包:用于存放消息类。
- com.itheima.entity 包:用于存放查询条件与返回结果实体类。
- com.itheima.pojo 包:用于存放实体类。
- com.itheima.utils 包:用于存放工具类。

在 health_parent 中通过<dependencyManagement>标签定义的只是依赖的声明,并没有实现依赖引入,因此子模块需要显式声明需要用的依赖。health_common 子模块用于存放系统的通用组件,其他子模块基本都要调用 health_common 子模块中的组件,可以将 Spring、Dubbo、MyBatis、MySQL 等依赖引入 health_common 子模块,这样其他子模块引入 health_common 子模块时,会自动将依赖进行传递。由于篇幅有限,此处不详细展示引入依赖对应的代码,读者可以在本书提供的资源中进行导入。

创建好的 health_common 子模块目录结构如图 1-24 所示。

（3）health_interface 子模块

health_interface 子模块的创建方式与 health_common 子模块的一致，打包方式为 JAR。将 java 文件夹设置为 Source Root，并在 java 文件夹下创建 com.itheima.service 包，用于存放项目服务接口文件。

在开发服务接口时需要使用 health_common 子模块中的通用组件，所以在 pom.xml 中引入 health_common 的坐标作为依赖。需要说明的是，health_interface 在引入 health_common 的坐标时，会间接将 health_common 中所有的依赖引入。

创建好的 health_interface 子模块目录结构如图 1-25 所示。

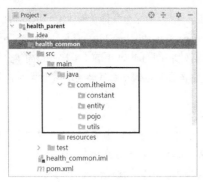

图 1-24　health_common 子模块目录结构

图 1-25　health_interface 子模块目录结构

（4）health_service_provider 子模块

health_service_provider 子模块作为服务提供方，是一个单独发布的 Web 工程。接下来对 health_service_provider 子模块的创建、配置文件的设置进行讲解，具体步骤如下。

第 1 步，选中 health_parent 父工程后右键单击，在弹出的菜单中依次选择"New"→"Module"→"Maven"，勾选"Create from archetype"，选择骨架"org.apache.maven.archetypes:maven-archetype-webapp"，创建名称为 health_service_provider 的子模块。

第 2 步，创建并设置根目录。在 src/main 目录下创建 java 文件夹，并将其设置为 Source Root，在 java 文件夹下创建 com.itheima.dao 包和 com.itheima.service.impl 包，分别用于存放 Dao 接口和服务接口的实现类。在 src/main 目录下创建 resources 文件夹，并将其设置为 Resources Root，在 resources 文件夹下创建 com.itheima.dao 目录，用于存放与 Dao 接口对应的映射文件，目录结构与 Dao 接口的目录结构保持一致。

第 3 步，设置 health_service_provider 子模块相关的配置文件，包括 pom.xml 和 web.xml 的设置，具体如下。

● 在 pom.xml 中引入 health_interface 的坐标，用于添加 Spring、Dubbo、MyBatis、MySQL 等依赖；配置 tomcat7-maven 插件用于部署服务，为了方便开发和避免 Tomcat 发生端口冲突，事先指定 Tomcat 访问端口号为 81 的端口。

● 在 web.xml 中配置项目初始化信息，包括监听器和加载 Spring 配置文件。

第 4 步，在 resources 文件夹下创建 health_service_provider 子模块所需的配置文件，包括 log4j.properties、spring-dao.xml、spring-service.xml、spring-tx.xml 和 SqlMapConfig.xml。上述文件可以从本书提供的资源中获取，下面对各个配置文件的作用进行说明。

● log4j.properties：用于配置日志信息传输的目的地。

● spring-dao.xml：用于配置与持久层相关的信息，包括数据源、Spring 与 MyBatis 的整合、接口扫描等。

● spring-service.xml：用于配置与 Spring 相关的信息，包括指定应用名称、指定服务端口、指定服务注册中心地址、设置包扫描等。

● spring-tx.xml：用于配置与事务管理相关的信息，包括事务管理器和开启事务控制的注解支持等。

● SqlMapConfig.xml：作为 MyBatis 的核心配置文件，用于配置与 MyBatis 相关的信息。

至此，health_service_provider 子模块的创建和配置文件的设置已经完成，此时 health_service_provider 子模块的目录结构如图 1-26 所示。

通过上述方式创建的子模块会自动在 src/main 目录下生成 webapp 目录。如果没有自动创建，则需要读者自行创建并配置。在 IDEA 菜单栏中单击"File"，在弹出的菜单中依次选择"Project Structure..."→"Facets"→"+"→"Web"，为子模块配置 webapp 目录。

（5）health_backend 子模块

health_backend 子模块的创建方式与 health_service_ provider 子模块的一致。接下来，对 health_backend 子模块的创建、配置文件的设置进行讲解，具体步骤如下。

第 1 步，创建并设置根目录。在 src/main 目录下创建 java 文件夹，并将 java 文件夹设置为 Source Root；在 java 文件夹下创建 com.itheima.controller 包和 com.itheima.security 包，分别用于存放管理端控制器类和实现权限的类。在 src/main 目录下创建 resources 文件夹，并设置 resources 文件夹为 Resource Root。

第 2 步，设置 health_backend 子模块相关的配置文件，包括 pom.xml 和 web.xml 的设置，具体如下。

- 在 pom.xml 中引入 health_interface 依赖；配置 tomcat7-maven 插件并指定端口号为 82 的端口。
- 在 web.xml 中配置项目初始化信息，包括前端控制器 DispatcherServlet 和字符集过滤器 CharacterEncodingFilter。

第 3 步，在 resources 文件夹下创建 health_backend 子模块所需的配置文件，包括 log4j.properties、springmvc.xml。上述文件可以从本书提供的资源中获取。下面对这 2 个配置文件的作用进行说明。

- log4j.properties：用于配置日志输出的信息，参考 health_service_provider 子模块的配置即可。
- springmvc.xml：用于配置 Fastjson 转换器、指定应用名称、指定服务注册中心地址、设置包扫描等。

至此，health_backend 子模块的创建和配置文件的设置已经完成，此时 health_backend 子模块的目录结构如图 1-27 所示。

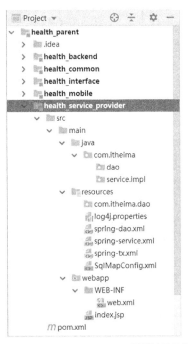

图 1-26　health_service_provider 子模块的目录结构

图 1-27　health_backend 子模块的目录结构

（6）health_mobile 子模块

health_mobile 子模块的创建方式与 health_service_provider 子模块的一致。接下来，对 health_mobile 子模块的创建、配置文件的设置进行讲解，具体步骤如下。

第 1 步，创建并设置根目录。在 src/main 目录下创建 java 文件夹，并将 java 文件夹设置为 Source Root；在 java 文件夹下创建 com.itheima.controller 包，用于存放用户端控制器类。在 src/main 目录下创建 resources 文件夹，并将 resources 文件夹设置为 Resource Root。

第 2 步，设置 health_mobile 子模块相关的配置文件，包括 pom.xml 和 web.xml 的设置，具体如下。

- 在 pom.xml 中引入 health_interface 依赖；配置 tomcat7-maven 插件并指定端口号为 80 的端口。
- 在 web.xml 中配置项目初始化信息，包括前端控制器 DispatcherServlet 和字符集过滤器 CharacterEncodingFilter。

第 3 步，在 resources 文件夹下创建 health_mobile 子模块所需的配置文件，包括 log4j.properties、springmvc.xml。上述文件可以从本书提供的资源中获取。下面对这 2 个配置文件的作用进行说明。

- log4j.properties：用于配置日志输出的信息，参考 health_service_provider 子模块的配置即可。
- springmvc.xml：用于配置 Fastjson 转换器、Dubbo、包扫描等。

至此，health_mobile 子模块的创建和配置文件的设置已经完成，此时 health_mobile 子模块的目录结构如图 1-28 所示。

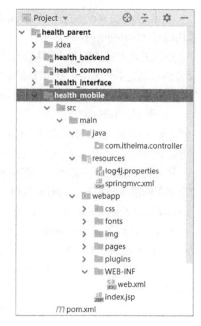

图 1-28　health_mobile 子模块的目录结构

小提示：

在实际开发中，为了避免 Spring 配置文件中的信息过于"臃肿"，通常会将 Spring 配置文件中的信息按照不同的功能分散在多个配置文件中，通过统一的命名方式为配置文件命名。例如，处理事务的文件命名为 spring-tx.xml，处理与持久层相关的文件命名为 spring-dao.xml。这样在 web.xml 中配置 Spring 配置文件信息时，只需要通过 spring-*.xml 的方式即可自动加载全部配置文件。

4．导入准备资源

Maven 工程搭建完成后，将系统中的静态资源和公共资源导入系统，例如图片文件、HTML 文件和工具类等，并创建对应的数据库，具体工作如下。

（1）导入静态资源

在 health_backend 和 health_mobile 子模块的 src/main/webapp 目录下，分别导入开发过程中要使用的 HTML 文件、JS 文件、CSS 文件、图片文件等静态资源。

health_backend 子模块的静态资源目录如图 1-29 所示。

health_mobile 子模块的静态资源目录如图 1-30 所示。

图 1-29　health_backend 子模块的静态资源目录

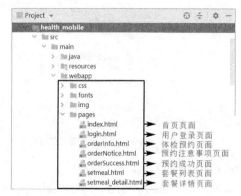

图 1-30　health_mobile 子模块的静态资源目录

（2）导入公共资源

通过搭建的 Maven 工程可知，health_common 子模块用于存放通用组件，接下来把准备好的工具类、返回结果和常量类放到 health_common 中。health_common 子模块中的公共资源如图 1-31 所示。

在图 1-31 中，添加了 4 个类，下面分别对这 4 个类的作用进行介绍。

- MessageConstant 类：封装消息常量，包含项目中所有涉及的返回消息。
- PageResult 类：封装分页结果，包含总记录数、当前页结果等。
- QueryPageBean 类：封装查询条件，包含页码、每页记录数、查询条件等。
- Result 类：封装返回结果，包含执行结果（true/false）、返回提示信息、返回数据等。

（3）创建数据库

访问 MySQL 数据库，创建一个名称为 health 的数据库，并选择该数据库。通过 SQL 命令将本书配套资源中提供的 health_db.sql 文件导入 health 数据库，具体操作如下。

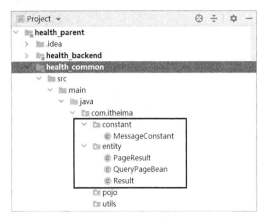

图 1-31　health_common 子模块中的公共资源

```
# 创建数据库 health
CREATE DATABASE health;
# 使用 health 数据库
USE health;
# 导入 SQL 文件，这里假设该文件在 C 盘的根目录下
source C:\health_db.sql;
```

除此之外，还可以通过其他图形化管理工具（如 SQLyog、Navicat 等）导入 SQL 文件。

模块小结

本模块主要介绍了传智健康项目的基本概况。首先介绍了项目背景和项目功能；其次介绍了项目架构设计，包括项目架构选择、架构技术介绍；再次介绍了数据表结构设计与数据表关系设计；最后带领读者进行项目环境搭建，包括开发环境介绍、项目结构设计、搭建 Maven 工程、导入准备资源。希望通过学习本模块的内容，读者能够对项目框架有一个基础认知，能够独立搭建 Maven 工程，为后面的学习做好准备。

模块二

管理端——检查项管理

知识目标

1. 熟悉 ZooKeeper 的基本操作，能够独立完成 ZooKeeper 的下载、安装、启动
2. 熟悉 Axios 技术的使用，能够灵活使用 Axios 技术发送页面请求
3. 熟悉 MyBatis 分页插件 PageHelper，能够使用 PageHelper 实现分页

技能目标

1. 掌握新增检查项功能的实现方法
2. 掌握查询检查项功能的实现方法
3. 掌握编辑检查项功能的实现方法
4. 掌握删除检查项功能的实现方法

人体是一个具有多层次结构的复杂体系，如果有器官或者组织存在问题，则会打破器官系统之间的协调和平衡。如果想要知道身体是否健康，可以对人体内部器官或组织进行检查。为了给体检用户提供丰富、完善的体检服务，健康管理机构会根据不同的体检需求，推出对应的检查项以提高体检用户的满意度，提升自身竞争力。为了满足体检用户的各项检查需求，传智健康管理端提供检查项管理功能，包括检查项的新增、查询、编辑和删除。接下来，本模块将针对管理端的检查项管理进行详细讲解。

任务 2-1　新增检查项

任务描述

检查项是指用户体检时要检查的项目。本任务要实现的是新增检查项功能，具体介绍如下。

（1）使用浏览器访问 health_backend 子模块中的检查项管理页面 checkitem.html，如图 2-1 所示。

（2）单击图 2-1 中的 "新增" 按钮，弹出新增检查项对话框。该对话框的内容包括项目编码、项目名称、性别、适用年龄、类型、价格、项目说明和注意事项，其中项目编码、项目名称是必填信息，如图 2-2 所示。

（3）在图 2-2 所示页面中输入检查项的相关信息，单击 "确定" 按钮完成新增检查项。

图 2-1 检查项管理页面（1）

图 2-2 新增检查项对话框（1）

任务分析

通过对图 2-1 和图 2-2 的分析可知，在 checkitem.html 页面中单击"新增"按钮后会弹出新增检查项对话框，在对话框中填写数据后，单击"确定"按钮提交新增的检查项数据，完成检查项的新增，具体实现思路如下。

（1）弹出新增检查项对话框

在 checkitem.html 页面中，为"新增"按钮绑定单击事件，单击事件触发后弹出新增检查项对话框。

（2）提交新增检查项数据

在 checkitem.html 页面中，为新增检查项对话框中的"确定"按钮绑定单击事件，在单击事件触发后，将新增检查项对话框中的数据提交到后台。

（3）接收和处理新增检查项的请求

客户端发起新增检查项的请求后，由控制器类 CheckItemController 中的 add( )方法接收页面提交的请求，并调用 CheckItemService 接口中的 add( )方法处理新增检查项的请求。

（4）保存新增检查项数据

在 CheckItemServiceImpl 类中重写 CheckItemService 接口的 add( )方法，在该方法中调用 CheckItemDao 接口中的 add( )方法将新增的检查项数据保存到数据库。

（5）提示新增检查项的结果

由 CheckItemController 类中的 add( )方法将新增检查项的结果返回 checkitem.html 页面，checkitem.html 页面根据返回结果提示新增成功或者失败的信息。

为了让读者更清晰地了解新增检查项的实现过程，下面通过一张图进行描述，如图 2-3 所示（纵向虚线表示对象的生命线，带箭头的横向实线表示请求，带箭头的横向虚线表示响应）。

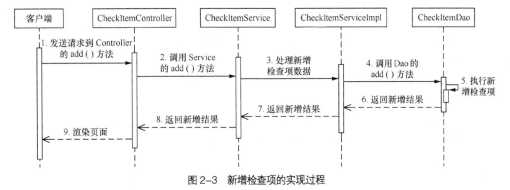

图 2-3 新增检查项的实现过程

知识进阶

通过任务 1-4 可知，服务消费方和服务提供方所在的子模块是不同的，也就是说处理新增检查项请求的子模块和提供新增检查项服务的子模块是两个不同的子模块。不同子模块之间的远程调用可以通过 Dubbo 实现，Dubbo 在使用时需要引入注册中心，并将服务发布到注册中心。

目前 Dubbo 支持的注册中心有 5 个，分别是 Nacos、Multicast、ZooKeeper、Redis 和 Simple。其中，ZooKeeper 是官方推荐的注册中心，而且 ZooKeeper 数据模型简单，支持网络集群、事件监听，具有高可用性、高性能等特点，所以本书选择 ZooKeeper 作为 Dubbo 的注册中心。

页面向服务端发出请求后，由服务端接收并处理请求，再将处理结果返回到页面，这个过程需要页面与服务端进行交互才能实现。目前实现页面与服务端交互的方式有多种，例如 Ajax、Axios 等，其中，Axios 封装了 Ajax 的功能，只用于发送异步请求，体积小，便于与其他框架结合，使用起来非常便捷。因此，本书选择 Axios 技术实现页面与服务端的交互。

接下来对 ZooKeeper 和 Axios 技术的相关知识进行详细介绍。

1. ZooKeeper

ZooKeeper 是 Apache Hadoop 的一个子项目，是一个开放源代码的分布式应用程序协调服务，分布式应用程序可以基于它实现同步服务、配置维护和命名服务等功能。下面对 ZooKeeper 的下载、安装、启动进行详细讲解。

（1）下载 ZooKeeper

访问 Apache ZooKeeper 的官方网站首页，如图 2-4 所示。

在图 2-4 所示的页面中，单击"Download"超链接，跳转到 ZooKeeper 的版本列表页面，如图 2-5 所示。

图 2-4 Apache ZooKeeper 的官方网站首页

图 2-5 ZooKeeper 的版本列表页面

在图 2-5 中可以看到，Apache ZooKeeper 3.7.0 是本书结稿时的最新版本，但是通过图 2-5 中的介绍"Apache ZooKeeper 3.7.0 is our current release,and 3.6.3 our latest stable release."可知，Apache ZooKeeper 3.6.3 是当前最新的稳定版本。一般来说，在项目开发选择引入的组件时，都会选择比较稳定的版本，所以本书选择使用 Apache ZooKeeper 3.6.3。

单击图 2-5 所示页面中的"Apache ZooKeeper 3.6.3(asc,sha 5 12)"超链接进入 Apache ZooKeeper 3.6.3 下载页面，如图 2-6 所示。

在图 2-6 所示的页面中，单击"https://dlcdn.apache.org/zookeeper/zookeeper-3.6.3/apache-zookeeper-3.6.3-bin.tar.gz"超链接会下载一个名称为 apache-zookeeper-3.6.3-bin.tar.gz 的 ZooKeeper 安装包。

（2）安装 ZooKeeper

将下载的安装包 apache-zookeeper-3.6.3-bin.tar.gz 解压到 D 盘根目录下，解压后在 D 盘根目录下会生成一个名称为 apache-zookeeper-3.6.3-bin 的文件夹。该文件夹下的目录结构如图 2-7 所示。

模块二　管理端——检查项管理

图 2-6　Apache ZooKeeper 3.6.3 下载页面

图 2-7　apache-zookeeper-3.6.3-bin 文件夹下的目录结构

为了让读者更好地了解 ZooKeeper，下面对 apache-zookeeper-3.6.3-bin 文件夹下的各个子文件夹进行介绍，具体如下。

- bin：存放 ZooKeeper 的命令。其中，扩展名为.cmd 的文件是 Windows 内核的脚本文件，扩展名为.sh 的文件是 Linux 内核的脚本文件。
- conf：存放 ZooKeeper 的配置文件。
- lib：存放 ZooKeeper 的核心 JAR 包。

（3）启动 ZooKeeper 服务

双击 bin 文件夹下的 "zkServer.cmd" 即可启动 ZooKeeper 服务，ZooKeeper 服务启动时默认自动查找 conf 文件夹中的 zoo.cfg 文件，并读取文件中的配置信息。但是 conf 文件夹下并没有 zoo.cfg 文件，而是提供了一个名称为 zoo_sample.cfg 的文件，该文件中包含 ZooKeeper 服务启动时所需要读取的配置信息，包括通信时限、数据文件目录、客户端连接端口及服务器名称和地址等。

接下来，打开 conf 文件夹，复制 zoo_sample.cfg 文件并将其重命名为 zoo.cfg。使用文本编辑工具打开 zoo.cfg 文件，配置存储数据、日志的目录地址，具体如下。

```
……
# the directory where the snapshot is stored.
# do not use /tmp for storage, /tmp here is just
# example sakes.
```

```
dataDir=D:\\zookeeper\\apache-zookeeper-3.6.3-bin\\datas
dataLogDir=D:\\zookeeper\\apache-zookeeper-3.6.3-bin\\logs
# the port at which the clients will connect
clientPort=2181
......
```

在上述配置中,dataDir 用于指定存储数据的目录地址,dataLogDir 用于指定存储日志的目录地址。完成 zoo.cfg 文件的配置后,打开 bin 文件夹。bin 的目录结构如图 2-8 所示。

图 2-8　bin 的目录结构

在图 2-8 中,zkServer.cmd 用于启动 ZooKeeper 服务;zkCli.cmd 用于连接 ZooKeeper,可以测试 ZooKeeper 服务是否启动成功。双击"zkServer.cmd",启动 ZooKeeper 服务如图 2-9 所示。

图 2-9　启动 ZooKeeper 服务

为了查看 ZooKeeper 服务是否启动成功,双击图 2-8 所示页面中的"zkCli.cmd"查看 ZooKeeper 服务的启动情况,如图 2-10 所示。

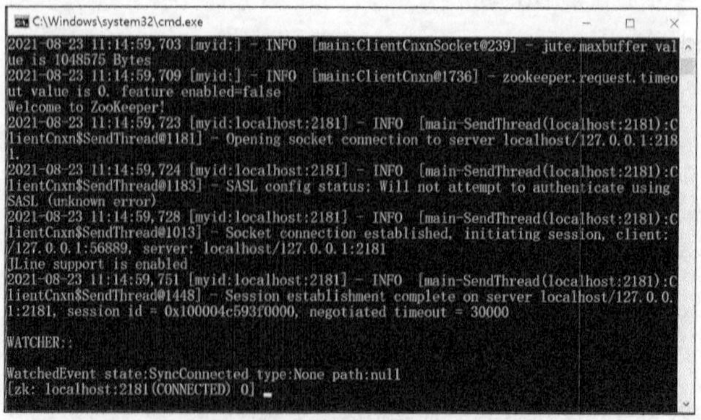

图 2-10　查看 ZooKeeper 服务的启动情况

在图 2-10 中，窗口显示"[zk: localhost:2181(CONNECTED) 0]"表示 ZooKeeper 客户端已连接到 ZooKeeper 服务，说明 ZooKeeper 服务启动成功。

> **小提示：启动 ZooKeeper 服务时闪退的处理方式**

双击"zkServer.cmd"或者"zkCli.cmd"时可能会出现闪退，找不到 zoo.cfg 文件、没有配置 JAVA_HOME 等都有可能造成闪退。程序默认会在"apache-zookeeper-3.6.3-bin/conf"文件夹下查找 zoo.cfg 文件，并且读取"apache-zookeeper-3.6.3-bin /bin/zkEnv.cmd"文件中的 JAVA_HOME 配置。

如果不是以上两种情况导致的闪退，可以通过查看 zkServer.cmd 或者 zkCli.cmd 脚本文件中命令行的内容并修改错误后加以解决。以 zkServer.cmd 脚本文件为例，通过文本编辑器打开 zkServer.cmd，文件内容如图 2-11 所示。

图 2-11　zkServer.cmd 脚本文件内容

在图 2-11 中，查找命令行语句 call %JAVA% "-Dzookeeper.log.dir=%ZOO_LOG_DIR%"，将语句中 %JAVA% 两边的 % 去掉，保存文本后双击"zkServer.cmd"即可启动服务。

为了方便读者安装，我们提前下载好了 apache-zookeeper 3.6.3-bin.tar.g2 的安装包，读者可以在本书提供的配套资源中直接获取。

至此，ZooKeeper 的下载、安装、启动已经完成。

2. Axios 技术

Axios 是一个基于对象来传递异步操作信息的 HTTP 库，可以用在浏览器中。Axios 通过对 Ajax 的封装实现页面和服务端的交互。Axios 执行 POST 和 GET 请求的基本语法如下。

```
1  axios.post/get(URL, data)
2   .then((response)=> {
3
4   })
5   .catch(()=> {
6
7   })
8   .finally(()=> {
9
10 });
```

上述代码中，第 1 行代码中定义了 POST 和 GET 请求中的参数，其中 URL 表示请求地址，data 表示请求参数。第 2~4 行代码中的 then() 函数用于处理请求结果，参数 response 是控制器响应的结果。第 5~7 行代码用于捕获执行 then()函数时发生的异常。第 8～10 行代码中的 finally()函数用于执行一段无论是请求成功还是请求失败都会被执行的代码。

任务实现

从任务分析可以得出，我们需要实现在单击"新增"按钮后，弹出新增检查项对话框，单击对话框中的"确定"按钮提交检查项数据到后台，完成检查项的新增。接下来分步骤实现新增检查项，具体如下。

（1）弹出新增检查项对话框

此时访问 health_backend 子模块中的 checkitem.html 页面，单击"新增"按钮时，页面是没有任何变化的。接下来，查看 checkitem.html 页面中与"新增"按钮和新增检查项对话框相关的源代码，核心代码如下。

```
1   ......
2   <el-button type="primary" class="butT">新增</el-button>
3   ......
4   <!-- 新增检查项对话框 -->
5   <div class="add-form">
6       <el-dialog title="新增检查项" :visible.sync="dialogFormVisible">
7           ......
8           <div slot="footer" class="dialog-footer">
9               <el-button>取消</el-button>
10              <el-button type="primary">确定</el-button>
11          </div>
12      </el-dialog>
13  </div>
14  <script>
15      var vue = new Vue({
16          el: '#app',
17          data:{
18              ......
19              formData: {},//表单数据
20              dialogFormVisible: false,//设置新增检查项对话框是否可见
21              rules: {//校验规则
22                  code: [{ required: true, message: '项目编码为必填项',
23                      trigger: 'blur' }],
24                  name: [{ required: true, message: '项目名称为必填项',
25                      trigger: 'blur' }]
26              }
27          },
28          ......
29      })
30  </script>
```

上述代码中，第 2 行代码定义"新增"按钮，用于单击后弹出对话框。第 5～13 行代码用于实现新增检查项对话框，其中，第 6 行代码中的":visible"表示属性绑定，通过 true 或 false 控制显示或隐藏，".sync"是事件修饰符，它的作用是改变子组件的值时，父组件中的值也能随着变化。在:visible 后加上.sync 表示同步修改:visible 的值，即通过设置 dialogFormVisible 的值，进而改变:visible 的属性值。

第 15～29 行代码定义 Vue 实例对象，其中，第 16 行代码用于指定当前 Vue 实例对象管理的视图区域为 id="app"的 DOM 标签里的所有内容；第 19 行代码中 formData 的值为空，表示页面初始化时没有数据；第 20 行代码中 dialogFormVisible 的值为 false，表明对话框在页面初始化时被隐藏；第 21～26 行代码用于实现项目编码和项目名称不能为空的校验。

由于新增检查项对话框在页面初始化时已经存在，只是处于隐藏状态，故需要将属性 dialogFormVisible 的值修改为 true；为了保证每次弹出的对话框内均没有数据，在每次显示对话框之前调用 resetForm()方法将

对话框中的数据清空。具体代码如下。

```
1  <script>
2      var vue = new Vue({
3          ......
4          methods: {
5              //清空对话框
6              resetForm(){
7                  this.formData = {};              //清空对话框中的数据
8              },
9              //弹出新增检查项对话框
10             handleCreate() {
11                 this.resetForm();                //调用清空对话框的方法
12                 this.dialogFormVisible = true;//修改显示对话框的属性为true
13             }
14         }
15     })
16 </script>
```

接下来为checkitem.html页面的"新建"按钮绑定单击事件，并在单击时调用定义好的handleCreate()方法，弹出新增检查项对话框，具体代码如下。

```
<el-button type="primary" class="butT"
            @click="handleCreate()">新建</el-button>
```

（2）提交新增检查项数据

在新增检查项对话框中，单击"取消"按钮执行取消新增检查项的操作，单击"确定"按钮执行提交新增检查项的操作。为了实现上述两个操作，接下来分别为"取消"和"确定"按钮绑定单击事件，并设置单击时要执行的操作，具体代码如下。

```
<div slot="footer" class="dialog-footer">
    <el-button @click="dialogFormVisible = false">取消</el-button>
    <el-button type="primary" @click="handleAdd()">确定</el-button>
</div>
```

在checkitem.html页面中定义handleAdd()方法，用于提交新增检查项数据的请求。提交时要对填写的数据进行校验，如果校验通过，发送Axios异步请求将数据提交到后台处理；如果校验不通过，页面提示校验不通过的原因。具体代码如下。

```
1  <script src="../js/axios-0.18.0.js"></script>
2  <script>
3      var vue = new Vue({
4          ......
5          methods: {
6              ......
7              //新增检查项
8              handleAdd() {
9                  this.$refs['dataAddForm'].validate((valid) => {
10                     if(valid){
11                         //发送Axios请求，将数据提交到控制器
12                         axios.post("/checkitem/add.do",this.formData)
13                             .then((res) => {
14                                 if(res.data.flag){
15                                     //处理成功
16                                     this.$message({
17                                         type:'success',
18                                         message:res.data.message
19                                     });
20                                     //隐藏新增检查项对话框
```

```
21                          this.dialogFormVisible = false;
22                      }else{
23                          //处理失败
24                          this.$message.error(res.data.message);
25                      }
26                  });
27              }else{
28                  //校验不通过,给出错误提示信息
29                  this.$message.error("表单数据校验失败,请检查输入" +
30                          "是否正确!");
31              }
32          });
33      }
34    }
35  })
36 </script>
```

上述代码中,第1行代码引入Axios的JS文件;第12~26行代码使用Axios向当前项目的"/checkitem/add.do"路径发送异步请求,并对响应结果进行处理,其中,第21行代码将属性dialogFormVisible的值修改为false,用于隐藏新增检查项对话框。

(3)创建检查项类

在health_common子模块的com.itheima.pojo包下创建检查项类CheckItem,在类中声明检查项的属性,定义各个属性的getter/setter方法。具体代码如文件2-1所示。

文件2-1 CheckItem.java

```
1  /**
2   * 检查项
3   */
4  public class CheckItem implements Serializable {
5      private Integer id;         //主键
6      private String code;        //检查项编码
7      private String name;        //检查项名称
8      private String sex;         //适用性别
9      private String age;         //适用年龄(范围),例如20~50
10     private Float price;        //价格
11     private String type;        //检查项类型,分为检查和检验两种类型
12     private String attention;   //注意事项
13     private String remark;      //检查项说明
14     //......省略getter/setter方法
15  }
```

(4)实现新增检查项控制器

在health_backend子模块的com.itheima.controller包下创建控制器类CheckItemController,在类中定义add()方法,用于处理新增检查项的请求。具体代码如文件2-2所示。

文件2-2 CheckItemController.java

```
1  /**
2   * 检查项管理
3   */
4  @RestController
5  @RequestMapping("/checkitem")
6  public class CheckItemController {
7      @Reference
8      private CheckItemService checkItemService;
9      // 新增检查项方法
```

```
10    @RequestMapping("/add")
11    public Result add(@RequestBody CheckItem checkItem){
12        try {
13            checkItemService.add(checkItem);//调用add()方法，发送请求
14            //返回新增检查项结果及对应的提示信息
15            return new Result(true,MessageConstant.ADD_CHECKITEM_SUCCESS);
16        }catch (Exception e){
17            e.printStackTrace();
18            //返回新增检查项结果及对应的提示信息
19            return new Result(false,MessageConstant.ADD_CHECKITEM_FAIL);
20        }
21    }
22 }
```

上述代码中，第 5 行代码通过@RequestMapping 注解建立请求 URL 和 Handler 之间的映射关系；第 7~8 行代码中的@Reference 注解是由 Dubbo 提供的，用于注入分布式的远程服务对象；第 11~21 行代码通过 add() 方法获取页面传递的检查项数据，并将获取的检查项数据传递到服务（Service）层实现新增检查项，最后将新增结果及对应的提示信息响应给页面。

（5）创建检查项服务接口

在 health_interface 子模块的 com.itheima.service 包下创建接口 CheckItemService，在接口中定义新增检查项的 add() 方法。具体代码如文件 2-3 所示。

文件 2-3　CheckItemService.java

```
/**
 * 检查项接口
 */
public interface CheckItemService {
    public void add(CheckItem checkItem);//新增检查项的方法
}
```

（6）实现新增检查项服务

在 health_service_provider 子模块的 com.itheima.service.impl 包下创建 CheckItemService 接口的实现类 CheckItemServiceImpl，并重写接口的 add() 方法，用于新增检查项。具体代码如文件 2-4 所示。

文件 2-4　CheckItemServiceImpl.java

```
1  /**
2   * 检查项接口实现类
3   */
4  @Service(interfaceClass = CheckItemService.class)
5  @Transactional
6  public class CheckItemServiceImpl implements CheckItemService {
7      @Autowired
8      private CheckItemDao checkItemDao;
9      //新增检查项
10     @Override
11     public void add(CheckItem checkItem) {
12         checkItemDao.add(checkItem);        //调用持久层接口中的add()方法
13     }
14 }
```

上述代码中，第 4 行代码中的@Service 注解是由 Dubbo 提供的，用于对外发布服务；第 5 行代码通过 @Transactional 注解通知 Spring 管理事务；第 12 行代码调用持久层接口中的 add() 方法新增检查项。

（7）实现持久层新增检查项

在 health_service_provider 子模块的 com.itheima.dao 包下创建持久层接口 CheckItemDao，用于处理与检查项相关的操作。由于项目是基于 MyBatis 的 Mapper 动态代理方式实现数据库操作的，所以不需要定义接口

的实现类。在类中定义 add()方法,用于新增检查项。具体代码如文件 2-5 所示。

文件 2-5　CheckItemDao.java

```java
/**
 * 持久层接口
 */
public interface CheckItemDao {
    public void add(CheckItem checkItem);//新增检查项
}
```

在 health_service_provider 子模块 resources 文件夹的 com.itheima.dao 目录下,创建与 CheckItemDao 接口同名的映射文件 CheckItemDao.xml,在文件中使用<insert>标签映射新增语句,将新增的检查项数据保存到数据库中。具体代码如文件 2-6 所示。

文件 2-6　CheckItemDao.xml

```xml
<?xml version="1.0" encoding="UTF-8" ?>
<!DOCTYPE mapper PUBLIC "-//mybatis.org//DTD Mapper 3.0//EN"
        "http://mybatis.org/dtd/mybatis-3-mapper.dtd" >
<mapper namespace="com.itheima.dao.CheckItemDao">
    <!--新增检查项-->
    <insert id="add" parameterType="com.itheima.pojo.CheckItem">
        INSERT INTO
            t_checkitem(code,name,sex,age,price,type,attention,remark)
            VALUES (#{code},#{name},#{sex},#{age},#{price},#{type},
            #{attention},#{remark})
    </insert>
</mapper>
```

(8)测试新增检查项

启动 ZooKeeper 服务,在 IDEA 中依次启动 health_service_provider 和 health_backend,使用浏览器访问 http://localhost:82/pages/checkitem.html,如图 2-12 所示。

图 2-12　检查项管理页面(2)

在图 2-12 所示的页面中,单击"新增"按钮,弹出新增检查项对话框,如图 2-13 所示。
在图 2-13 所示的页面中,按照要求填写检查项的各项信息,如图 2-14 所示。

图 2-13　新增检查项对话框（2）　　　　　　图 2-14　填写检查项信息

信息填写完毕后，单击"确定"按钮，将数据提交到后台。如果新增失败，页面会提示"新增检查项失败"；如果新增成功，页面会提示"新增检查项成功"。新增检查项成功提示如图 2-15 所示。

图 2-15　新增检查项成功提示

由于查询检查项的功能暂未开发完成，刚新增的检查项数据并不会展示在检查项管理页面中。可以通过查询数据表 t_checkitem 的方式验证检查项数据是否新增成功，如图 2-16 所示。

图 2-16　新增检查项查询结果

由图 2-16 可知，已成功将新增的检查项数据插入 t_checkitem 表，说明检查项新增成功。
至此，检查项管理模块的新增检查项功能已经完成。

任务 2-2　查询检查项

任务描述

本任务需要实现既可以根据指定需求查询检查项，又可以查询所有检查项。考虑到页面可视化效果，本任务通过分页形式展示查询出的检查项。查询检查项的页面效果如图 2-17 所示。

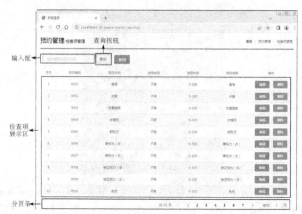

图2-17 查询检查项的页面效果

在图2-17中，输入框用于输入检查项的查询条件；单击"查询"按钮时，会根据输入框中的查询条件查询对应的检查项信息；检查项展示区用于展示检查项的具体内容；分页条用于切换页码，可根据页码跳转到对应的页面展示检查项数据。

任务分析

从任务描述可以得知，查询检查项可以分解成3个功能，分别是分页展示检查项、页码切换、按条件查询检查项。接下来对这3个功能的实现思路进行分析。

1. 分页展示检查项

分页展示检查项是指将查询到的所有检查项数据分页展示到前端页面，每页展示若干条数据。具体实现思路如下。

（1）提交分页查询检查项的请求

在访问checkitem.html页面时，提交分页查询检查项的异步请求。

（2）接收和处理分页查询检查项的请求

客户端发起分页查询检查项的请求后，由CheckItemController类的findPage()方法接收页面的请求，并调用CheckItemService接口的findPage()方法分页查询检查项。

（3）分页查询检查项

在CheckItemServiceImpl类中重写CheckItemService接口的findPage()方法，并在findPage()方法中调用CheckItemDao接口的findByCondition()方法从数据库中分页查询检查项。

（4）展示分页查询结果

由CheckItemController类中的findPage()方法将查询检查项的结果返回checkitem.html页面，checkitem.html页面根据返回结果分页展示查询到的检查项数据。

为了让读者更清晰地了解分页展示检查项的实现过程，下面通过一张图进行描述，如图2-18所示。

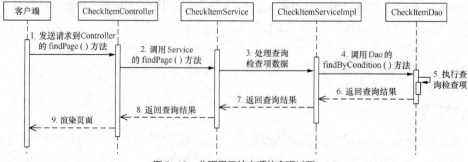

图2-18 分页展示检查项的实现过程

2. 页码切换
在 checkitem.html 页面中，为分页条绑定单击事件，在单击事件触发后根据要跳转的页码进行分页查询。

3. 按条件查询检查项
在 checkitem.html 页面中，为"查询"按钮绑定单击事件，在单击事件触发后执行按条件的分页查询。

知识进阶

MyBatis 分页插件 PageHelper

PageHelper 是 MyBatis 提供的第三方开源分页插件，支持多种分页方式，例如，Mapper 接口参数调用、PageHelper.startPage()方法调用等；支持常见的 12 种数据库，例如 Oracle、MySQL、MariaDB、SQLite、HSQLDB 和 PostgreSQL 等。接下来讲解在项目中使用 PageHelper 的配置步骤，具体如下。

（1）引入 PageHelper 依赖

在 health_parent 父工程的 POM 文件中添加 PageHelper 依赖，具体代码如下。

```xml
<properties>
    ......
    <!--PageHelper 分页插件版本号-->
    <pagehelper.version>4.1.4</pagehelper.version>
</properties>
<dependencyManagement>
    <dependencies>
        ......
        <!--PageHelper 分页插件-->
        <dependency>
            <groupId>com.github.pagehelper</groupId>
            <artifactId>pagehelper</artifactId>
            <version>${pagehelper.version}</version>
        </dependency>
    </dependencies>
</dependencyManagement>
```

由于<dependencyManagement>标签只是定义依赖的声明，并不实际引入 JAR 包，因此子模块 health_common 继承父工程 health_parent 时，需要在 POM 文件的<dependencies>标签中显式声明 PageHelper 的依赖，具体代码如下。

```xml
<dependencies>
    ......
    <!--PageHelper 分页插件-->
    <dependency>
        <groupId>com.github.pagehelper</groupId>
        <artifactId>pagehelper</artifactId>
    </dependency>
</dependencies>
```

（2）配置 PageHelper

在 health_service_provider 子模块的 resources 目录下的 SqlMapConfig.xml 文件中添加 PageHelper 的相关配置，具体代码如下。

```
1  <?xml version="1.0" encoding="UTF-8" ?>
2  <!DOCTYPE configuration PUBLIC "-//mybatis.org//DTD Config 3.0//EN"
3          "http://mybatis.org/dtd/mybatis-3-config.dtd">
4  <configuration>
5      <plugins>
6          <plugin interceptor="com.github.pagehelper.PageHelper">
7              <property name="dialect" value="mysql"/>
```

```
  8         </plugin>
  9     </plugins>
 10 </configuration>
```
上述代码中，第 7 行代码设置的数据库类型为 MySQL。

任务实现

在任务分析中将查询检查项分解成 3 个功能，分别是分页展示检查项、页码切换、按条件查询检查项。接下来对这 3 个功能的实现进行详细讲解。

1. 分页展示检查项

访问 checkitem.html 页面时，提交分页查询检查项的请求，后台接收请求并处理后，将查询结果返回到页面，具体实现如下。

（1）提交分页查询检查项的请求

此时，访问检查项管理页面 checkitem.html 没有检查项数据显示。查看 checkitem.html 页面中用于展示检查项的源代码，具体代码如下。

```
 1  ......
 2  <el-table size="small" current-row-key="id" :data="dataList" stripe
 3          highlight-current-row>
 4      ......
 5  </el-table>
 6  <div class="pagination-container">
 7      <el-pagination class="pagination-right"
 8          ......>
 9      </el-pagination>
10  </div>
11  <script>
12      var vue = new Vue({
13          el: '#app',
14          data:{
15              pagination: {            //分页属性
16                  currentPage:1,       //当前页码
17                  pageSize:10,         //每页显示的记录数
18                  total:0,             //总记录数
19                  queryString:null     //查询条件
20              },
21              dataList: [],//当前页要展示的分页列表数据
22              ......
23          },
24          //钩子函数，Vue 对象初始化完成后自动执行
25          created(){
26          },
27          ......
28      })
29  </script>
```

上述代码中，第 2~5 行代码用于展示检查项数据，其中，第 2 行代码中的 :data="dataList" 通过数据双向绑定的方式展示数据；第 6~10 行代码定义 el-pagination 分页组件，用于实现数据分页；第 15~20 行代码定义分页属性 pagination，包括当前页码、每页显示的记录数、总记录数和查询条件；第 21 行代码中 dataList 的值为空，表示当前页要展示的数据；第 25~26 行代码定义 created() 函数，该函数在 Vue 对象初始化完成后自动执行。

本任务的查询操作分为按条件查询和查询所有，这里我们将这两种查询操作定义在一个方法中，如果指定查询条件，则按照条件查询；如果没有查询条件，则查询所有。

在 checkitem.html 页面中定义 findPage()方法，用于实现分页查询检查项，具体代码如下。

```html
<script>
    var vue = new Vue({
        ......
        methods: {
            ......
            //分页查询检查项
            findPage(){
                //定义分页参数
                var param = {
                    currentPage:this.pagination.currentPage,//当前页码
                    pageSize:this.pagination.pageSize,      //每页显示的记录数
                    queryString:this.pagination.queryString //查询条件
                };
                //发送 Axios 请求，分页查询检查项
                axios.post("/checkitem/findPage.do",param).then((res) => {
                    //为数据对象赋值，基于Vue的数据双向绑定展示到页面
                    this.pagination.total = res.data.total;//获取总记录数
                    this.dataList = res.data.rows;         //获取数据列表
                });
            }
        }
    })
</script>
```

上述代码中，第 9~13 行代码定义分页参数，注意参数名称与分页属性 pagination 中的参数名称要保持一致，其中，currentPage 表示当前页码，pageSize 表示每页显示的记录数，queryString 表示查询条件；第 15~19 行代码使用 Axios 向当前项目的"/checkitem/findPage.do"路径发送异步请求，将响应数据中的总记录数和检查项列表分别赋值给页面中的总记录数和检查项数据列表，并在页面中展示分页的结构。

接下来，在钩子函数 created()中调用 findPage()方法，created()函数在 Vue 对象初始化完成后自动执行，访问 checkitem.html 页面后即可实现查询检查项并分页显示，具体代码如下。

```html
<script>
    var vue = new Vue({
        ......
        //钩子函数，Vue 对象初始化完成后自动执行
        created(){
            this.findPage();//调用分页查询方法完成分页查询
        },
        ......
    })
</script>
```

（2）实现查询检查项控制器

在 health_backend 子模块的 CheckItemController 类中定义 findPage()方法，用于处理分页查询检查项的请求，具体代码如下。

```java
//分页查询检查项
@RequestMapping("/findPage")
public PageResult findPage(@RequestBody QueryPageBean queryPageBean){
    //调用 findPage()，返回分页查询结果封装对象
    return checkItemService.findPage(queryPageBean);
}
```

上述代码中，通过 findPage()方法获取页面传递的分页参数，并将获取的分页参数传递到 Service 层查询检查项，然后将分页查询结果及对应的提示信息返回页面。

（3）创建查询检查项服务

在 health_interface 子模块的 CheckItemService 接口中定义 findPage()方法，用于分页查询检查项。具体代码如下。

```
//分页查询检查项的方法
public PageResult findPage(QueryPageBean queryPageBean);
```

（4）实现查询检查项服务

在 health_service_provider 子模块的 CheckItemServiceImpl 类中重写 CheckItemService 接口的 findPage()方法，用于分页查询检查项。具体代码如下。

```
1  //分页查询检查项
2  @Override
3  public PageResult findPage(QueryPageBean queryPageBean) {
4      Integer currentPage = queryPageBean.getCurrentPage();//获取当前页码
5      Integer pageSize = queryPageBean.getPageSize();//获取每页显示的记录数
6      String queryString = queryPageBean.getQueryString();//获取查询条件
7      //分页插件，会在执行SQL语句之前将分页关键字追加到SQL后面
8      PageHelper.startPage(currentPage,pageSize);
9      //调用持久层接口中的方法
10     Page<CheckItem> page = checkItemDao.findByCondition(queryString);
11     //返回分页结果对象
12     return new PageResult(page.getTotal(),page.getResult());
13 }
```

上述代码中，第 4~6 行代码定义分页参数；第 8 行代码调用分页插件 PageHelper 的 startPage()方法，该方法用于开启分页，执行 SQL 语句之前动态地为 SQL 语句拼接分页关键字，从而实现从数据库中分页查询的过程；第 10~12 行代码调用持久层 findByCondition()方法查询数据库，并返回分页结果对象。

> **小提示：**
>
> 为了避免在 SQL 语句中添加分页关键字失败，必须在执行 SQL 语句前调用 PageHelper 的 startPage()方法。

（5）实现持久层查询检查项

在 health_service_provider 子模块的 CheckItemDao 接口中定义 findByCondition()方法，用于分页查询检查项。具体代码如下。

```
//分页查询检查项
public Page<CheckItem> findByCondition(String queryString);
```

接下来，在 health_service_provider 子模块的 CheckItemDao.xml 映射文件中使用<select>标签映射查询语句，进行检查项的条件查询、分页查询。具体代码如下。

```
1  <!--检查项的条件查询、分页查询-->
2  <select id="findByCondition" parameterType="string"
3          resultType="com.itheima.pojo.CheckItem">
4      SELECT * FROM t_checkitem
5      <if test="value != null and value.length > 0">
6          WHERE code = #{value} OR name = #{value}
7      </if>
8  </select>
```

上述代码中，第 5~7 行代码通过<if>标签判断是否按条件查询，如果参数 value 的值是 null，表示没有查询条件，此时查询的是数据表 t_checkitem 中的所有数据。

（6）测试分页展示检查项

依次启动 ZooKeeper 服务、health_service_provider 和 health_backend，使用浏览器访问 http://localhost:82/pages/checkitem.html，检查项分页查询结果如图 2-19 所示。

图 2-19 检查项分页查询结果

在图 2-19 中，将查询到的检查项信息和检查项条数在页面的数据列表和分页组件中进行展示，说明可成功分页展示检查项。

（7）完善 checkitem.html 页面的 handleAdd( )方法

由于在新增检查项时并没有实现分页查询检查项的方法，所以成功新增检查项后无法在 checkitem.html 页面查看最新添加的检查项数据，对此可以优化 handleAdd( )方法，即在新增检查项成功后调用 findPage( )方法，修改后的代码如下。

```
1  //新增检查项
2  handleAdd() {
3      ......
4      axios.post("/checkitem/add.do",this.formData).then((res) => {
5          //处理成功
6          if(res.data.flag){
7              ......
8              this.findPage();//分页查询检查项
9          }
10         ......
11     });
12     ......
13 }
```

上述代码中，第 8 行代码中的 findPage( )方法是在新增检查项执行成功后调用的，这样就可以在页面中展示新增的检查项了。此处不进行效果展示，请读者自行测试。

2．页码切换

在 checkitem.html 页面进行页码切换时，需要先指定页码，然后调用分页查询检查项的方法 findPage( )，具体实现如下。

（1）定义页码切换的方法

在 checkitem.html 页面中定义 handleCurrentChange( )方法，该方法用于实现页码切换，具体代码如下。

```
1  <script>
2      var vue = new Vue({
3          ......
4          methods: {
5              ......
6              //切换页码
7              handleCurrentChange(currentPage) {
8                  this.pagination.currentPage = currentPage;//指定最新的页码
9                  this.findPage();//调用分页查询检查项的方法
10             }
11         }
12     })
13 </script>
```

上述代码中，第 8 行代码运用 Vue 数据双向绑定的方式为分页参数 currentPage 指定最新的页码；第 9

行代码调用 findPage( )方法实现分页查询检查项。

（2）设置分页组件 el-pagination

单击分页条时会重新发起查询检查项的请求，并将查询出的指定页码的检查项显示在 checkitem.html 页面中。checkitem.html 页面中提供了分页组件 el-pagination。接下来，为 el-pagination 组件设置与页码相关的属性值，具体代码如下。

```
1  <el-pagination
2      class="pagination-right"
3      @current-change="handleCurrentChange"
4      :current-page="pagination.currentPage"
5      :page-size="pagination.pageSize"
6      :total="pagination.total"
7      layout="total, prev, pager, next, jumper">
8  </el-pagination>
```

上述代码中，第 2~7 行代码用于为分页组件的属性赋值。各属性表示的含义如下。

- @current-change：表示在页码发生改变时触发 handleCurrentChange( )方法。
- :current-page：表示当前页码。
- :page-size：表示每页显示的记录数。
- :total：表示查询到的总记录数。
- layout：表示分页条需要显示的内容，例如上一页、下一页等。

（3）测试页码切换

为了测试页码切换效果，将事先准备好的检查项的测试数据导入数据表 t_checkitem。依次启动 ZooKeeper 服务、health_service_provider 和 health_backend 后，在浏览器中访问 http://localhost:82/pages/checkitem.html。单击 ">" 按钮跳转到下一页，页码切换效果如图 2-20 所示。

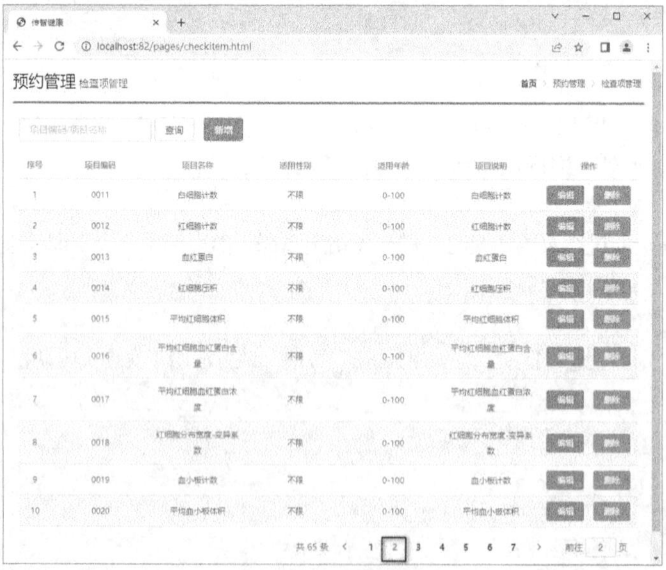

图 2-20 页码切换效果

从图 2-20 可以看出，分页条显示当前页是第 2 页，说明页码切换成功。

3. 按条件查询检查项

按条件查询检查项可以通过调用 handleCurrentChange( )方法实现，具体实现过程如下。

（1）定义按条件查询方法

每次按条件查询时，都需要根据输入的关键字重新查询检查项信息。在此指定调用 handle Current Change( )

方法的传递参数 currentPage 的值为 1，这是为了每次按条件查询时都指定当前页的页码为 1。

接下来，为"查询"按钮绑定单击事件，并设置单击时调用 handleCurrentChange()方法进行条件查询，具体代码如下。

```
<el-button class="dalfBut" @click="handleCurrentChange(1)">
                        查询</el-button>
```

（2）测试按条件查询检查项

依次启动 ZooKeeper 服务、health_service_provider 和 health_backend，在浏览器中访问 http://localhost:82/pages/checkitem.html。在查询条件输入框中输入查询条件，单击"查询"按钮进行条件查询。例如输入 0004，查询结果如图 2-21 所示。

图 2-21　按条件查询检查项的结果

在图 2-21 中，查询到一条项目编码为 0004 的检查项，说明通过条件查询成功查询到项目编码为 0004 的检查项。

至此，检查项管理模块的查询检查项功能已经完成。

任务 2-3　编辑检查项

任务描述

在检查项管理过程中，如果检查项的信息填写错误或者不完善，可以通过编辑检查项的方式对检查项的内容进行变更或补充。

单击图 2-19 所示页面中检查项右侧的"编辑"按钮，会弹出编辑检查项对话框，该对话框会显示检查项的当前信息，如图 2-22 所示。

在图 2-22 所示的页面中，可以对检查项的信息进行编辑，编辑完成后，单击"确定"按钮即可完成检查项的编辑。

任务分析

图 2-22　编辑检查项对话框（1）

通过对图 2-19 和图 2-22 的分析可知，在 checkitem.html 页面单击"编辑"按钮后会弹出编辑检查项对话框并显示检查项的信息，在对话框中修改信息后，单击"确定"按钮提交检查项数据，完成检查项的编辑操作。因此，编辑检查项可以分解成 2 个功能，分别是弹出带有检查项数据的编辑检查项对话框和完成检查项的编辑。接下来对这 2 个功能的实现思路进行分析。

1. 弹出带有检查项数据的编辑检查项对话框

在 checkitem.html 页面中单击"编辑"按钮弹出编辑检查项对话框，将查询到的检查项信息显示在对话框中，实现思路如下。

(1)弹出编辑检查项对话框

为checkitem.html页面中的"编辑"按钮绑定单击事件,在单击事件触发后弹出编辑检查项对话框,然后提交查询检查项的请求。

(2)接收和处理检查项查询请求

客户端发起查询检查项的请求后,由CheckItemController类的findById()方法接收页面提交的请求,并调用CheckItemService接口的findById()方法查询检查项。

(3)查询检查项数据

在CheckItemServiceImpl类重写CheckItemService接口的findById()方法,并在该方法中调用CheckItemDao接口的findById()方法从数据库中查询检查项数据。

(4)展示查询检查项的结果

由CheckItemController类中的findById()方法将查询检查项的结果返回checkitem.html页面,checkitem.html页面根据返回结果在编辑检查项对话框中展示检查项信息。

为了让读者更清晰地了解弹出带有检查项数据的编辑检查项对话框的实现过程,下面通过一张图进行描述,如图2-23所示。

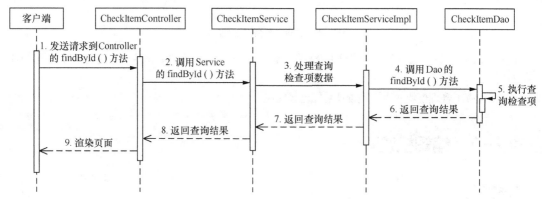

图2-23 弹出带有检查项数据的编辑检查项对话框的实现过程

2. 完成检查项的编辑

在弹出的编辑检查项对话框中修改检查项的信息,单击对话框中的"确定"按钮将检查项数据提交到后台,后台将检查项数据保存到数据库中,实现思路如下。

(1)提交编辑检查项请求

为checkitem.html页面的编辑检查项对话框中的"确定"按钮绑定单击事件,在单击事件触发后提交对话框中的数据。

(2)接收和处理编辑检查项请求

客户端发起编辑检查项的请求后,由CheckItemController类的edit()方法接收页面提交的请求,并调用CheckItemService接口的edit()方法编辑检查项。

(3)编辑检查项数据

在CheckItemServiceImpl类中重写CheckItemService接口的edit()方法,并在该方法中调用CheckItemDao接口的edit()方法修改数据库中的检查项数据。

(4)提示编辑检查项的结果

由CheckItemController类中的edit()方法将编辑检查项的结果返回checkitem.html页面,checkitem.html页面根据返回结果提示编辑成功或失败的信息。

为了让读者更清晰地了解检查项的编辑的实现过程,下面通过一张图进行描述,如图2-24所示。

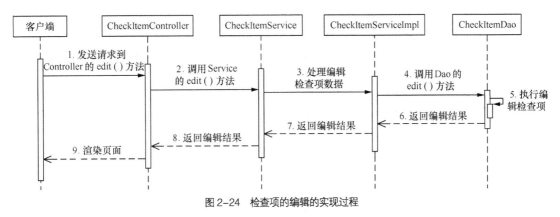

图 2-24 检查项的编辑的实现过程

任务实现

在任务分析中将编辑检查项分解成 2 个功能,分别是弹出带有检查项数据的编辑检查项对话框、完成检查项的编辑。接下来对这 2 个功能的实现进行详细讲解。

1. 弹出带有检查项数据的编辑检查项对话框

在 checkitem.html 页面中,单击"编辑"按钮,查询检查项的数据,然后弹出带有检查项数据的编辑检查项对话框。下面进行详细讲解。

(1)弹出编辑检查项对话框

访问 checkitem.html 页面,单击检查项数据右侧的"编辑"按钮,此时页面没有任何变化。接下来,查看 checkitem.html 页面中与"编辑"按钮和编辑检查项对话框相关的源代码,具体代码如下。

```
1  ......
2  <el-table-column label="操作" align="center">
3      <template slot-scope="scope">
4          <el-button type="primary" size="mini">编辑</el-button>
5          ......
6      </template>
7  </el-table-column>
8  ......
9  <!-- 编辑检查项对话框 -->
10 <div class="edit-form">
11     <el-dialog title="编辑检查项" :visible.sync="dialogFormVisible4Edit">
12         ......
13         <div slot="footer" class="dialog-footer">
14             <el-button>取消</el-button>
15             <el-button type="primary">确定</el-button>
16         </div>
17     </el-dialog>
18 </div>
19 <script>
20     var vue = new Vue({
21         el: '#app',
22         data:{
23             ......
24             dialogFormVisible4Edit:false,//编辑检查项对话框是否可见
25         },
26         ......
27     })
```

上述代码中,第 4 行代码定义"编辑"按钮,用于单击后弹出对话框。第 10~18 行代码用于实现编辑检查项对话框,其中,第 11 行代码中的":visible.sync"通过属性 dialogFormVisible4Edit 的值控制对话框的显示与隐藏。第 24 行代码设置 dialogFormVisible4Edit 的值为 false,表示对话框在页面初始化时被隐藏。

由于编辑检查项对话框在页面初始化时已经存在,只是处于隐藏状态,因此,将对话框的状态修改为 true 即可显示。在 checkitem.html 页面中定义 handleUpdate() 方法,用于弹出带有检查项数据的编辑检查项对话框后回显数据,具体代码如下。

```
1   <script>
2       var vue = new Vue({
3           ......
4           methods: {
5               ......
6               // 弹出编辑检查项对话框
7               handleUpdate(row) {
8                   this.dialogFormVisible4Edit = true;//显示编辑检查项对话框
9                   //发送 Axios 请求,根据检查项 id 查询数据并回显数据
10                  axios.get("/checkitem/findById.do?id=" + row.id)
11                      .then((res) => {
12                          if(res.data.flag){
13                              //为模型数据赋值,基于 Vue 数据双向绑定进行回显
14                              this.formData = res.data.data;
15                          }else{
16                              //回显失败,返回错误提示信息
17                              this.$message.error(res.data.message);
18                          }
19                      });
20              }
21          }
22      })
23  </script>
```

上述代码中,第 8 行代码设置 dialogFormVisible4Edit 的值为 true,用于显示编辑检查项对话框;第 10~19 行代码使用 Axios 向当前项目的"/checkitem/findById.do"路径发送异步请求,并处理响应返回的数据,通过 Vue 数据双向绑定的方式将数据回显在编辑检查项对话框中。

接下来为 checkitem.html 页面的"编辑"按钮绑定单击事件,并在单击时调用定义好的 handleUpdate() 方法来弹出编辑检查项对话框,具体代码如下。

```
<el-button type="primary" class="mini"
           @click="handleUpdate(scope.row)">编辑</el-button>
```

上述代码中,handleUpdate() 方法中的参数 scope.row 表示当前所在行的数据。

(2)实现查询检查项控制器

在 health_backend 子模块的 CheckItemController 类中定义 findById() 方法,用于处理根据检查项 id 查询检查项的请求,具体代码如下。

```
//根据检查项 id 查询检查项
@RequestMapping("/findById")
public Result findById(Integer id){
    try {
        //调用 findById() 方法,返回检查项实体对象
        CheckItem checkItem = checkItemService.findById(id);
        //返回查询检查项结果及对应的提示信息
        return new Result(true,MessageConstant.
                    QUERY_CHECKITEM_SUCCESS,checkItem);
    }catch (Exception e){
```

```
            e.printStackTrace();
        //返回查询检查项结果及对应的提示信息
        return new Result(false,MessageConstant.QUERY_CHECKITEM_FAIL);
    }
}
```

上述代码中,通过 findById()方法获取页面传递过来的检查项 id,并将获取的检查项 id 传递到 Service 层进行查询,然后将查询检查项结果及对应的提示信息返回到页面。

(3)创建查询检查项服务

在 health_interface 子模块的 CheckItemService 接口中定义 findById()方法,用于根据检查项 id 查询检查项,具体代码如下。

```
//根据检查项id查询检查项的方法
public CheckItem findById(Integer id);
```

(4)实现查询检查项服务

在 health_service_provider 子模块的 CheckItemServiceImpl 类中重写 CheckItemService 接口的 findById()方法,用于根据检查项 id 查询检查项,具体代码如下。

```
//根据检查项id查询检查项
@Override
public CheckItem findById(Integer id){
    return checkItemDao.findById(id);
}
```

(5)实现持久层查询检查项

在 health_service_provider 子模块的 CheckItemDao 接口中定义 findById()方法,用于根据检查项 id 查询检查项,具体代码如下。

```
//根据检查项id查询检查项的方法
public CheckItem findById(Integer id);
```

接下来,在 health_service_provider 子模块的 CheckItemDao.xml 映射文件中使用<select>标签映射查询语句,根据检查项 id 查询检查项,具体代码如下。

```
<!--根据检查项id查询检查项-->
<select id="findById" parameterType="int"
                resultType="com.itheima.pojo.CheckItem">
    SELECT * FROM t_checkitem WHERE id = #{id}
</select>
```

(6)测试弹出带有检查项数据的编辑检查项对话框

依次启动 ZooKeeper 服务、health_service_provider 和 health_backend,在浏览器中访问 http://localhost:82/pages/checkitem.html,检查项管理页面如图 2-25 所示。

图 2-25 检查项管理页面(3)

在图 2-25 中，以项目编码为 0004 的检查项为例，测试编辑检查项。单击该检查项右侧的"编辑"按钮，弹出编辑检查项对话框，如图 2-26 所示。

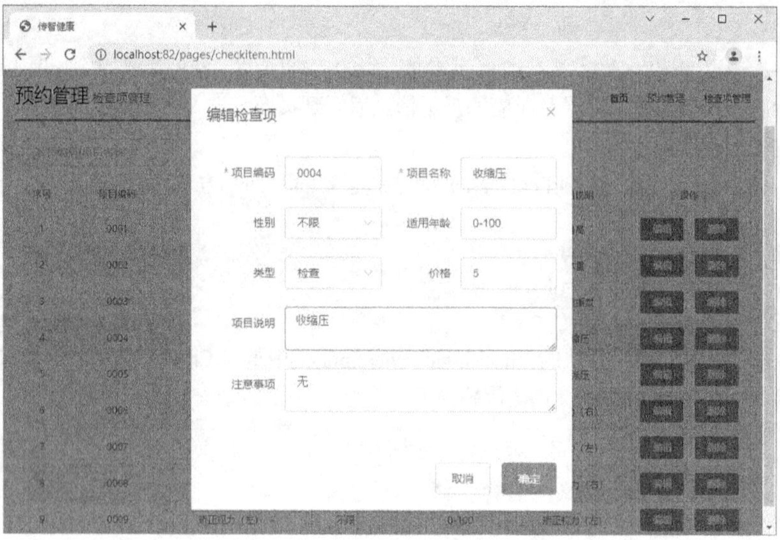

图 2-26　编辑检查项对话框（2）

在图 2-26 所示的编辑检查项对话框中显示了被编辑的检查项数据，说明弹出编辑检查项对话框后回显数据成功。

2. 完成检查项的编辑

在图 2-26 所示的页面中，单击编辑检查项对话框的"确定"按钮，提交请求到后台，由后台接收并处理请求后，将处理结果返回到 checkitem.html 页面。接下来进行详细讲解。

（1）提交编辑检查项数据

在图 2-26 所示的页面中，所需要的效果是单击"取消"按钮执行取消编辑的操作，单击"确定"按钮执行提交编辑检查项的请求。下面为"取消"与"确定"按钮绑定单击事件，并设置单击时要执行的操作，具体代码如下。

```
<div slot="footer" class="dialog-footer">
    <el-button @click="dialogFormVisible4Edit = false">取消</el-button>
    <el-button type="primary" @click="handleEdit()">确定</el-button>
</div>
```

接下来，在 checkitem.html 页面中定义 handleEdit() 方法，用于提交表单数据。同时，对提交的数据进行校验，如果校验通过，执行后续操作；如果校验不通过，在页面中提示校验不通过的原因。具体代码如下。

```
1   <script>
2       var vue = new Vue({
3           ......
4           methods: {
5               ......
6               //编辑检查项
7               handleEdit () {
8                   this.$refs['dataEditForm'].validate((valid) => {
9                       if(valid){
10                          //发送 Axios 请求，将数据提交到控制器
11                          axios.post("/checkitem/edit.do",this.formData)
12                              .then((res) => {
13                                  if(res.data.flag){
```

```
14                          //处理成功
15                          this.$message({
16                              type:'success',
17                              message:res.data.message
18                          });
19                          //隐藏编辑检查项对话框
20                          this.dialogFormVisible4Edit = false;
21                          this.findPage();//分页查询检查项
22                      }else{
23                          //处理失败
24                          this.$message.error(res.data.message);
25                      }
26                  });
27              }else{
28                  //校验不通过，给出错误提示信息
29                  this.$message.error("表单数据校验失败，请检查输入" +
30                          "是否正确！");
31              }
32          });
33      }
34    }
35  })
36 </script>
```

上述代码中，第8~26行代码使用Axios向当前项目的"/checkitem/edit.do"路径发送异步请求，并处理响应返回的结果，其中，第20~21行代码将编辑检查项对话框隐藏并刷新页面。

（2）实现编辑检查项控制器

在health_backend子模块的CheckItemController类中定义edit()方法，用于处理编辑检查项的请求，具体代码如下。

```
//编辑检查项
@RequestMapping("/edit")
public Result edit(@RequestBody CheckItem checkItem){
    try {
        checkItemService.edit(checkItem);//调用方法edit()
        //返回编辑检查项的结果及对应的提示信息
        return new Result(true,MessageConstant.EDIT_CHECKITEM_SUCCESS);
    }catch (Exception e){
        e.printStackTrace();
        //返回编辑检查项的结果及对应的提示信息
        return new Result(false, MessageConstant.EDIT_CHECKITEM_FAIL);
    }
}
```

上述代码中，通过edit()方法获取页面传递的检查项数据，并将获取的检查项数据传递到Service层进行修改，然后将修改结果及对应的提示信息返回到页面。

（3）创建编辑检查项服务

在health_interface子模块的CheckItemService接口中定义edit()方法，用于编辑检查项，具体代码如下。

```
//编辑检查项
public void edit(CheckItem checkItem);
```

（4）实现编辑检查项服务

在health_service_provider子模块的CheckItemServiceImpl类中重写CheckItemService接口的edit()方法，

用于编辑检查项，具体代码如下。

```
//编辑检查项
@Override
public void edit(CheckItem checkItem){
    checkItemDao.edit(checkItem);
}
```

（5）实现持久层编辑检查项

在 health_service_provider 子模块的 CheckItemDao 接口定义 edit()方法，用于编辑检查项，具体代码如下。

```
//编辑检查项
public void edit(CheckItem checkItem);
```

接下来，在 CheckItemDao.xml 映射文件中使用<update>标签映射更新语句以编辑检查项。具体代码如下。

```
1  <!--编辑检查项-->
2  <update id="edit" parameterType="com.itheima.pojo.CheckItem">
3      UPDATE t_checkitem
4      <set>
5          <if test="code != null">
6              name = #{code},
7          </if>
8          <if test="name != null">
9              sex = #{name},
10         </if>
11         <if test="sex != null">
12             code = #{sex},
13         </if>
14         <if test="age != null">
15             age = #{age},
16         </if>
17         <if test="price != null">
18             price = #{price},
19         </if>
20         <if test="type != null">
21             type = #{type},
22         </if>
23         <if test="attention != null">
24             attention = #{attention},
25         </if>
26         <if test="remark != null">
27             remark = #{remark},
28         </if>
29     </set>
30     WHERE id = #{id}
31 </update>
```

上述代码中，第 4~29 行代码设置要更新的字段，只有当<if>中传入的字段值不为 null 时，才会更新该字段，否则不更新。

（6）测试编辑检查项

依次启动 ZooKeeper 服务、health_service_provider 和 health_backend，在浏览器中访问 http://localhost:82/pages/checkitem.html。将"项目说明"的值修改为"测试收缩压"，如图 2-27 所示。

图 2-27 编辑检查项数据

在图 2-27 所示的页面中，单击"确定"按钮，提交检查项数据，页面会提示"编辑检查项成功"或者"编辑检查项失败"。编辑检查项成功提示如图 2-28 所示。

图 2-28 编辑检查项成功提示

由图 2-28 可以看出，项目编码为 0004 的数据中"项目说明"修改为了"测试收缩压"，说明编辑检查项成功。

至此，检查项管理模块的编辑检查项功能已经完成。

任务 2-4 删除检查项

任务描述

对于检查项列表中重复出现的、描述有误的检查项或者过时的检查项，除可以进行编辑外，还可以进行删除。

从图 2-28 可以看到，每个检查项右侧都有一个"删除"按钮，单击"删除"按钮可提交删除检查项的请求。为了预防错删数据，在单击"删除"按钮后会弹出提示对话框，让用户确认是否删除该检查项，如图 2-29 所示。

图 2-29 提示对话框（1）

在图 2-29 所示的页面中，单击"确定"按钮即可提交删除检查项的请求。

任务分析

在 checkitem.html 页面中单击"删除"按钮后，弹出提示对话框，并根据删除确认的选择决定是否删除检查项。接下来以此分析删除检查项的实现思路，具体如下。

（1）弹出提示对话框

为 checkitem.html 页面的"删除"按钮绑定单击事件，在单击事件触发后弹出提示对话框。

（2）提交删除检查项请求

为提示对话框中的"确定"按钮绑定单击事件，在单击事件触发后提交要删除的检查项数据。

（3）接收和处理删除检查项请求

客户端发起删除检查项的请求后，由 CheckItemController 类的 delete() 方法接收页面提交的请求，并调用 CheckItemService 接口的 delete() 方法删除检查项。

（4）删除检查项数据

通过对模块一的学习可知，检查组中包含对检查项的引用，虽然暂时没有开发检查组的相关功能，但是在实现检查项删除时应该考虑检查项和检查组的关系。如果检查项被检查组引用，那么该检查项不能被直接删除。

在 CheckItemServiceImpl 类中重写 CheckItemService 接口的 delete() 方法，在 delete() 方法中调用 CheckItemDao 接口的 selectCountByCheckItemId() 方法查询检查项是否被检查组引用，如果没有被引用，则调用 CheckItemDao 接口中的 delete() 方法删除检查项。

（5）提示删除检查项的结果

由 CheckItemController 类中的 deleteById() 方法将删除检查项的结果返回 checkitem.html 页面，checkitem.html 页面根据返回结果提示删除成功或失败的信息。

为了让读者更清晰地了解删除检查项的实现过程，下面通过一张图进行描述，如图 2-30 所示。

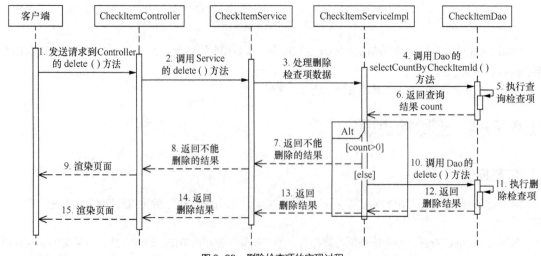

图 2-30 删除检查项的实现过程

在图 2-30 中，序号 6 用于返回获取到的当前被检查组关联的检查项个数，如果个数大于 0，说明当前检查项已经被检查组关联，不能直接删除，然后依次执行序号 7～9；如果个数不大于 0，则说明当前检查项没有被检查组关联，可以直接删除，然后依次执行序号 10～15。

任务实现

通过任务分析确定了删除检查项的实现思路，即在 checkitem.html 页面单击"删除"按钮后，弹出提示对话框，单击对话框中的"取消"按钮可取消删除检查项的操作，单击对话框中的"确定"按钮将提交删除检查项的请求。接下来将对删除检查项的实现进行详细讲解。

（1）弹出提示对话框

在 checkitem.html 页面中定义 handleDelete()方法，用于弹出提示对话框，提交删除检查项的请求，具体代码如下。

```
1  <script>
2      var vue = new Vue({
3          ......
4          methods: {
5              ......
6              //删除检查项
7              handleDelete(row) {
8                  //弹出提示对话框
9                  this.$confirm('你确定要删除当前数据吗？','提示',{
10                     confirmButtonText:'确定',
11                     cancelButtonText:'取消',
12                     type:'warning'
13                 }).then(() => {
14                     //发送Axios异步请求，将要删除的检查项id提交到控制器
15                     axios.get("/checkitem/delete.do?id=" + row.id)
16                         .then((res) => {
17                             if (res.data.flag){
18                                 //请求处理成功
19                                 this.$message({
20                                     type:'success',
21                                     message:res.data.message
22                                 });
23                                 this.findPage();//分页查询检查项
24                             }else {
25                                 //请求处理失败
26                                 this.$message.error(res.data.message);
27                             }
28                         });
29                 }).catch(() => {
30                     this.$message("已取消");
31                 })
32             }
33         }
34     })
35 </script>
```

上述代码中，第 9～13 行代码用于定义提示对话框，第 15～28 行代码使用 Axios 向当前项目的"/checkitem/delete.do"路径发送异步请求，并处理响应返回的结果。其中，第 23 行代码调用分页查询检查项方法刷新页面。

接下来，为 checkitem.html 页面的"删除"按钮绑定单击事件，并将单击事件的方法设置为 handleDelete()，具体代码如下。

```
<el-table-column label="操作" align="center">
    <template slot-scope="scope">
        ......
        <el-button size="mini" type="danger"
                   @click="handleDelete(scope.row)">删除</el-button>
    </template>
</el-table-column>
```

上述代码中，handleDelete()方法的参数 scope.row 为表格中当前行的数据对象。

（2）实现删除检查项控制器

在 health_backend 子模块的 CheckItemController 类中定义 delete()方法，用于处理根据检查项 id 删除检查项的请求。具体代码如下。

```
//根据检查项 id 删除检查项
@RequestMapping("/delete")
public Result delete(Integer id){
    try{
        checkItemService.delete(id);//调用 delete()，发送请求
        //返回删除检查项结果及对应的提示信息
        return new Result(true, MessageConstant.DELETE_CHECKITEM_SUCCESS);
    }catch (Exception e){
        String message = e.getMessage();
        e.printStackTrace();
        return new Result(false, message);//返回删除检查项结果及对应的提示信息
    }
}
```

上述代码中，调用 CheckItemService 接口的 delete()方法获取页面传递的检查项 id，并将获取的检查项 id 传递到 Service 层执行检查项删除操作，然后将删除结果及对应的提示信息返回页面。

（3）创建删除检查项服务

在 health_interface 子模块的 CheckItemService 接口中定义方法 delete()，用于根据检查项 id 删除检查项。具体代码如下。

```
//用于根据检查项 id 删除检查项的方法
public void delete(Integer id);
```

（4）实现删除检查项服务

由于检查项会被检查组引用，所以在进行检查项删除前，需要判断检查项与检查组的关系。在 health_service_provider 子模块的 CheckItemServiceImpl 类中重写 CheckItemService 接口的 delete()方法，用于实现根据检查项 id 删除检查项。具体代码如下。

```
1  //根据检查项 id 删除检查项
2  @Override
3  public void delete(Integer id) {
4      //根据检查项 id 查询检查项与检查组的关系
5      long count = checkItemDao.selectCountByCheckItemId(id);
6      if(count > 0){
7          //检查项被检查组关联，不能删除
8          throw new RuntimeException(MessageConstant.DELETE_CHECKITEM_FAIL);
9      }else{
10         //没有关联，可以删除，调用持久层接口中的方法
11         checkItemDao.deleteById(id);
12     }
```

```
13 }
```

上述代码中，第5行代码查询被删除的检查项与检查组的关系，如果返回值 count 大于0，说明检查项被检查组引用，不能执行删除操作；如果返回值 count 小于或等于0，说明检查项没有被引用，可以执行删除操作。

（5）实现持久层删除检查项

在 health_service_provider 子模块的 CheckItemDao 接口中定义 selectCountByCheckItemId( )和 deleteById( )方法，具体代码如下。

```
//根据检查项id查询检查项与检查组的关系
public long selectCountByCheckItemId(Integer checkItemId);
//根据检查项id删除检查项
public void deleteById(Integer id);
```

上述代码中，selectCountByCheckItemId( )方法用于根据检查项id查询检查项与检查组的关系；deleteById( )方法用于根据检查项id删除检查项。

接下来，在 health_service_provider 子模块的 CheckItemDao.xml 映射文件中使用<select>标签映射查询语句，根据检查项id查询检查项与检查组的关系；使用<delete>标签映射删除语句，根据检查项id删除检查项。具体代码如下。

```xml
<!--根据检查项id查询检查项与检查组的关系-->
<select id="selectCountByCheckItemId" parameterType="int"
                                      resultType="long">
    SELECT count(1) FROM t_checkgroup_checkitem
         WHERE checkitem_id = #{checkitem_id}
</select>
<!--根据检查项id删除检查项-->
<delete id="deleteById" parameterType="int">
    DELETE FROM t_checkitem WHERE id = #{id}
</delete>
```

（6）测试删除检查项

依次启动 ZooKeeper 服务、health_service_provider 和 health_backend，在浏览器中访问 http://localhost:82/pages/checkitem.html。检查项管理页面如图2-31所示。

图2-31 检查项管理页面（4）

在图2-31中，以项目编码为0001的检查项为例，测试删除检查项。单击"删除"按钮，弹出提示对话框，如图2-32所示。

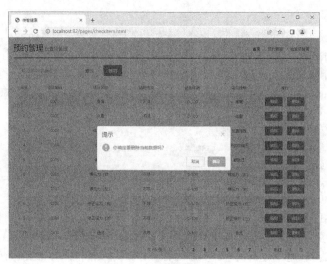

图 2-32　提示对话框（2）

在图 2-32 所示的页面中，单击"确定"按钮提交删除检查项的请求，如果删除成功，在页面提示"删除检查项成功"，如图 2-33 所示。

图 2-33　删除操作成功的执行结果

从图 2-33 可以看出，项目编码为 0001 的数据没有在列表中显示，说明删除检查项成功。

至此，检查项管理模块的删除检查项功能已经完成。

模块小结

本模块主要对管理端的检查项管理进行了讲解。首先讲解了 ZooKeeper 的基本操作、Axios 技术的使用，并实现了新增检查项的功能；然后介绍了 MyBatis 框架的分页插件 PageHelper，并实现了查询检查项的功能；最后实现了编辑检查项和删除检查项的功能。希望通过对本模块的学习，读者可以熟悉 ZooKeeper 的基本操作、Axios 技术的使用，以及分页插件 PageHelper 的使用，并能掌握检查项管理的增删改查操作。

模块三

管理端——检查组管理

技能目标

1. 掌握新增检查组功能的实现
2. 掌握查询检查组功能的实现
3. 掌握编辑检查组功能的实现
4. 掌握删除检查组功能的实现

体检的检查项种类繁多,为了方便管理和快速筛选出类别相同的检查项,传智健康将类别相同的检查项放到同一个检查组中进行管理,从而提高管理效率。这些检查组可以在管理端进行管理,包括检查组的新增、查询、编辑和删除。接下来,本模块将对管理端的检查组管理进行详细讲解。

任务 3-1 新增检查组

任务描述

传智健康中可以供用户检查的检查项有很多,如果想查找同一类别的检查项,每次都需要逐条筛选,这样不仅耗时,而且容易发生数据遗漏。为了提高工作效率、减少失误,统一管理这些检查项时,需要先新增一个检查组。具体介绍如下。

(1)使用浏览器访问 health_backend 子模块中的检查组管理页面 checkgroup.html,如图 3-1 所示。

图 3-1 检查组管理页面(1)

（2）单击图3-1所示页面中的"新增"按钮，弹出新增检查组对话框。该对话框用于填写新增检查组的信息，包括基本信息和检查项信息，其中，基本信息由编码、名称、适用性别、助记码、说明和注意事项组成；检查项信息由选择复选框、项目编码、项目名称和项目说明组成，如图3-2所示。

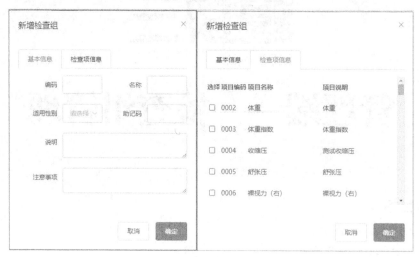

图3-2 新增检查组对话框（1）

（3）在图3-2所示的页面中输入检查组的基本信息，勾选检查项信息后，单击"确定"按钮完成检查组的新增。

任务分析

在checkgroup.html页面中单击"新增"按钮后会弹出新增检查组对话框，在对话框中填写基本信息和勾选检查项信息后，单击对话框中的"确定"按钮提交新增检查组的数据，实现检查组的新增。由此，可以将新增检查组分解成2个功能，分别是弹出带有检查项数据的新增检查组对话框、完成检查组的新增。接下来对这2个功能的实现思路进行分析。

1. 弹出带有检查项数据的新增检查组对话框

在checkgroup.html页面中单击"新增"按钮后弹出新增检查组对话框，将查询的检查项信息显示在对话框中，实现思路如下。

（1）弹出新增检查组对话框

为checkgroup.html页面的"新增"按钮绑定单击事件，在单击事件触发后弹出新增检查组对话框，再提交查询所有检查项的请求。

（2）接收和处理查询所有检查项请求

客户端发起查询所有检查项的请求后，由CheckItemController类的findAll()方法接收页面提交的请求，并调用CheckItemService接口的findAll()方法查询所有检查项。

（3）查询所有检查项

在CheckItemServiceImpl类中重写CheckItemService接口的findAll()方法，并在该方法中调用CheckItemDao接口的findAllCheckItem()方法从数据库中查询所有检查项。

（4）显示检查项查询结果

由CheckItemController类中的findAll()方法将查询检查项的结果返回checkgroup.html页面，checkgroup.html页面根据返回结果在新增检查组对话框中显示检查项信息。

为了让读者更清晰地了解弹出带有检查数据的新增检查组对话框的实现过程，下面通过一张图进行描述，如图3-3所示。

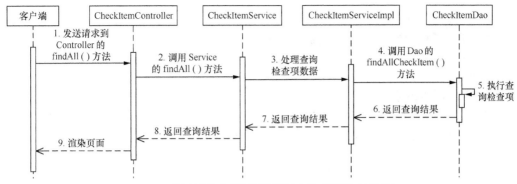

图 3-3 弹出带有检查项数据的新增检查组对话框的实现过程

2. 完成检查组的新增

在弹出的新增检查组对话框中填写检查组数据后,将对话框中的数据提交到后台,后台接收并处理请求后,将检查组数据保存到数据库中,实现思路如下。

(1)提交新增检查组数据

为 checkgroup.html 页面新增检查组对话框的"确定"按钮绑定单击事件,在单击事件触发后提交对话框中的数据。

(2)接收和处理新增检查组请求

客户端发起新增检查组的请求后,由控制器类 CheckGroupController 的 add()方法接收页面提交的请求,请求的参数中包含检查组基本信息和检查组对检查项的引用信息,因此,在新增检查组时,除了要提交检查组的基本信息外,还要提交检查组对检查项的引用信息,并在 add()方法中调用 CheckGroupService 接口的 add()方法新增检查组。

(3)保存新增检查组数据

在 CheckGroupServiceImpl 类中重写 CheckGroupService 接口的 add()方法,在该方法中调用 CheckGroupDao 接口用于新增基本信息的 add()方法和用于新增检查组对检查项引用信息的 setCheckGroupAndCheckItem()方法。

(4)提示新增检查组的结果

CheckGroupController 类中的 add()方法将新增检查组的结果返回 checkgroup.html 页面,checkgroup.html 页面根据返回结果提示新增检查组成功或失败的信息。

为了让读者更清晰地了解新增检查组的实现过程,下面通过一张图进行描述,如图 3-4 所示。

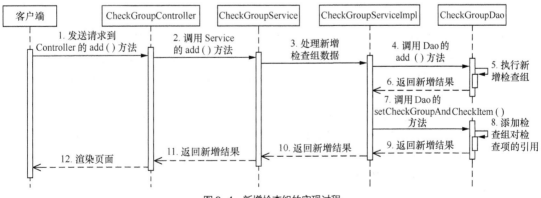

图 3-4 新增检查组的实现过程

任务实现

在分析任务时,将新增检查组分解为 2 个功能,分别是弹出带有检查项数据的新增检查组对话框、完成检查组的新增。接下来对这 2 个功能的实现进行详细讲解。

1. 弹出带有检查项数据的新增检查组对话框

在 checkgroup.html 页面中单击"新增"按钮后,需要弹出新增检查组对话框并且将查询到的所有检查项回显在对话框中,具体如下。

(1)弹出新增检查组对话框

此时访问 health_backend 子模块的 checkgroup.html 页面,单击"新增"按钮时页面没有任何变化。查看 checkgroup.html 页面中与"新增"按钮和新增检查组对话框相关的源代码,具体如下。

```
1  ......
2  <el-button type="primary" class="butT">新增</el-button>
3  ......
4  <!-- 新增检查组对话框 -->
5  <div class="add-form">
6      <el-dialog title="新增检查组" :visible.sync="dialogFormVisible">
7          ......
8          <el-tab-pane label="基本信息" name="first">
9              ......
10         </el-tab-pane>
11         <el-tab-pane label="检查项信息" name="second">
12             ......
13         </el-tab-pane>
14     </el-dialog>
15 </div>
16 <script>
17     var vue = new Vue({
18         el: '#app',
19         data:{
20             activeName:'first',//默认显示的标签名称
21             formData: {},//表单数据
22             tableData:[],//表单中对应的检查项列表数据
23             checkitemIds:[],//添加表单对话框中检查组复选框对应id
24             dialogFormVisible: false,//控制添加对话框的显示/隐藏
25             ......
26         },
27         ......
28     })
29 </script>
```

上述代码中,第 2 行代码用于实现"新增"按钮;第 5~15 行代码用于实现新增检查组对话框;第 20 行代码中的 activeName 属性表示当前显示的是哪个标签页,用于在对话框初始化时显示名称为"first"的标签页;第 22 行代码中的 tableData 对象用于存放检查项信息,初始值为空;第 23 行代码中的 checkitemIds 表示勾选的检查项 id 集合,初始值为空。

由于新增检查组对话框在页面初始化时已存在,只是处于隐藏状态,因此可以在 checkgroup.html 页面中定义 handleCreate() 方法,将 dialogFormVisible 的值修改为 true。为了保证每次弹出的对话框内均没有数据,在每次弹出对话框之前调用 resetForm() 方法将对话框中的数据清空。具体代码如下。

```
1  <script src="../js/axios-0.18.0.js"></script>
2  <script>
3      var vue = new Vue({
4          ......
5          methods: {
6              //清空对话框
7              resetForm(){
```

```
 8                      this.formData = {};           //清空对话框中的数据
 9                      this.activeName = 'first';    //默认显示基本信息
10                      this.checkitemIds = [];       //清空勾选的检查项
11                  },
12                  //弹出新增检查组对话框
13                  handleCreate() {
14                      this.resetForm();             //调用清空对话框的方法
15                      this.dialogFormVisible = true;//修改显示对话框的属性为true
16                      //发送 Axios 请求，查询所有的检查项信息，以表格的形式展示到对话框中
17                      axios.get("/checkitem/findAll.do").then((res) => {
18                          if(res.data.flag){
19                              //查询成功，为 tableData 赋值
20                              this.tableData = res.data.data;
21                          }else{
22                              this.$message.error(res.data.message);
23                          }
24                      });
25                  }
26              }
27          })
28 </script>
```

上述代码中，第17～24行代码使用 Axios 向项目中 "/checkitem/findAll.do" 路径发送异步请求，并对响应结果进行处理。

接下来，为 checkgroup.html 页面的"新增"按钮绑定单击事件，并设置在单击时调用 handleCreate()方法。具体代码如下：

```
<el-button type="primary" class="butT"
                    @click="handleCreate()">新增</el-button>
```

（2）实现查询所有检查项

在 health_backend 子模块的 CheckItemController 类中定义 findAll()方法，用于处理查询所有检查项的请求。具体代码如下：

```
//查询所有检查项
@RequestMapping("/findAll")
public Result findAll(){
    try {
        List<CheckItem> list = checkItemService.findAll();
        //返回查询结果与查询提示信息
        return new Result(true, MessageConstant.
                        QUERY_CHECKITEM_SUCCESS,list);
    }catch (Exception e){
        e.printStackTrace();
        //返回查询提示信息
        return new Result(false, MessageConstant.QUERY_CHECKITEM_FAIL);
    }
}
```

在 health_interface 子模块的 CheckItemService 接口中定义 findAll()方法，用于查询所有检查项。具体代码如下：

```
//查询所有检查项
public List<CheckItem> findAll();
```

在 health_service_provider 子模块的 CheckItemServiceImpl 类中重写 CheckItemService 接口的 findAll()方法，用于查询所有的检查项。具体代码如下：

```
//查询所有检查项
@Override
```

```
public List<CheckItem> findAll() {
    return checkItemDao.findAllCheckItem();//调用持久层接口中的方法
}
```

在health_service_provider 子模块的 CheckItemDao 接口中定义 findAllCheckItem()方法，用于查询所有的检查项。具体代码如下。

```
//查询所有检查项
public List<CheckItem> findAllCheckItem();
```

接下来，在 health_service_provider 子模块的 CheckItemDao.xml 映射文件中使用<select>元素映射查询语句，从数据库中查询所有的检查项。具体代码如下。

```
<!--查询所有的检查项-->
<select id="findAllCheckItem" resultType="com.itheima.pojo.CheckItem">
    SELECT * FROM t_checkitem
</select>
```

（3）测试弹出带有检查项数据的新增检查组对话框

启动 ZooKeeper 服务，在 IDEA 中依次启动 health_service_provider 和 health_backend，在浏览器中访问 http://localhost:82/pages/checkgroup.html，如图 3-5 所示。

图 3-5 检查组管理页面（2）

在图 3-5 所示的页面中，单击"新增"按钮，弹出新增检查组对话框，如图 3-6 所示。

图 3-6 新增检查组对话框（2）

在图 3-6 所示的页面中，单击对话框中的"检查项信息"选项卡，显示检查项信息，如图 3-7 所示。

图 3-7 检查项信息

从图 3-7 可以看出，已成功地显示了所有的检查项。

2. 完成检查组的新增

在图 3-7 所示的页面中，单击新增检查组对话框中的"确定"按钮，提交请求到后台，后台处理请求后，将新增结果返回 checkgroup.html 页面。接下来对新增检查组的功能进行详细讲解。

（1）提交新增检查组请求

分别为"取消"和"确定"按钮绑定单击事件，并设置单击时要执行的操作，即实现单击新增检查组对话框中的"取消"按钮时取消新增操作，单击"确定"按钮时提交新增操作。具体代码如下。

```
<div slot="footer" class="dialog-footer">
    <el-button @click="dialogFormVisible = false">取消</el-button>
    <el-button type="primary" @click="handleAdd()">确定</el-button>
</div>
```

接下来，在 checkgroup.html 页面中实现 handleAdd() 方法，用于提交新增检查组数据。具体代码如下。

```
1  <script>
2      var vue = new Vue({
3          ......
4          methods: {
5              ......
6              //新增检查组
7              handleAdd() {
8                  //发送Axios请求，提交检查组基本信息和勾选的检查项信息
9                  axios.post("/checkgroup/add.do?checkitemIds=" +
10                     this.checkitemIds,this.formData).then((res) => {
11                     if(res.data.flag){
12                         this.dialogFormVisible = false;//隐藏新增检查组对话框
13                         //弹出请求成功提示信息
14                         this.$message({
15                             type:'success',
16                             message:res.data.message
17                         });
18                     }else{
19                         //请求失败，弹出提示信息
20                         this.$message.error(res.data.message);
21                     }
```

```
22                    });
23                }
24            }
25        })
26 </script>
```

上述代码中，第 9～22 行代码使用 Axios 向当前项目的 "/checkgroup/add.do" 路径发送异步请求，并处理响应返回的结果。

（2）创建检查组类

在 health_common 子模块的 com.itheima.pojo 包下创建检查组类 CheckGroup，在类中声明检查组的属性，定义各个属性的 getter/setter 方法。具体代码如文件 3-1 所示。

文件 3-1　CheckGroup.java

```
1  /**
2   * 检查组
3   */
4  public class CheckGroup implements Serializable {
5      private Integer id;                        //主键
6      private String code;                       //检查组编码
7      private String name;                       //检查组名称
8      private String helpCode;                   //助记码
9      private String sex;                        //适用性别
10     private String remark;                     //检查组说明
11     private String attention;                  //注意事项
12     private List<CheckItem> checkItems;        //一个检查组包含的检查项
13     //......省略 getter/setter 方法
14 }
```

（3）实现新增检查组控制器

在 health_backend 子模块的 com.itheima.controller 包下创建控制器类 CheckGroupController，在类中定义 add() 方法，用于处理新增检查组的请求。具体代码如文件 3-2 所示。

文件 3-2　CheckGroupController.java

```
/**
 * 检查组管理
 */
@RestController
@RequestMapping("/checkgroup")
public class CheckGroupController {
    @Reference
    private CheckGroupService checkGroupService;
    //新增检查组方法
    @RequestMapping("/add")
    public Result add(@RequestBody CheckGroup checkGroup,
                                  Integer[] checkitemIds){
        try{
            checkGroupService.add(checkGroup,checkitemIds);
            //返回新增检查组结果及对应的提示信息
            return new Result(true,
                    MessageConstant.ADD_CHECKGROUP_SUCCESS);
        }catch (Exception e){
            e.printStackTrace();
            //返回新增检查组结果及对应的提示信息
            return new Result(false, MessageConstant.ADD_CHECKGROUP_FAIL);
        }
```

```
        }
   }
```

上述代码中，通过 add() 方法获取页面传递的检查组数据，并将获取的检查组数据传递到 Service 层执行新增检查组操作，然后将新增结果及对应的提示信息返回页面。

（4）创建新增检查组服务

在 health_interface 子模块的 com.itheima.service 包下创建接口 CheckGroupService，在接口中定义新增检查组的 add() 方法。具体代码如文件 3-3 所示。

文件 3-3　CheckGroupService.java

```
/**
 * 检查组接口
 */
public interface CheckGroupService {
    //新增检查组
    public void add(CheckGroup checkGroup,Integer[] checkitemIds);
}
```

（5）实现新增检查组服务

检查组包括基本信息和对检查项的引用，因此，在新增检查组时，除了新增基本信息外，还需要为检查组添加对检查项的引用。在 health_service_provider 子模块的 com.itheima.service.impl 包下创建 CheckGroup Service 接口的实现类 CheckGroupServiceImpl，并重写该接口的 add() 方法，用于新增检查组。具体代码如文件 3-4 所示。

文件 3-4　CheckGroupServiceImpl.java

```
 1  /**
 2   * 检查组接口实现类
 3   */
 4  @Service(interfaceClass = CheckGroupService.class)
 5  @Transactional
 6  public class CheckGroupServiceImpl implements CheckGroupService {
 7      @Autowired
 8      private CheckGroupDao checkGroupDao;
 9      //新增检查组，同时关联检查项（设置多对多关系）
10      @Override
11      public void add(CheckGroup checkGroup, Integer[] checkitemIds) {
12          checkGroupDao.add(checkGroup);//提交基本信息
13          Integer checkGroupId = checkGroup.getId();//获取检查组id
14          //设置检查组对检查项的引用
15          this.setCheckGroupAndCheckItem(checkGroupId,checkitemIds);
16      }
17      //设置检查组对检查项的引用
18      public void setCheckGroupAndCheckItem(Integer checkGroupId,
19                                  Integer[] checkitemIds){
20          //设置多对多关系
21          if(checkitemIds != null && checkitemIds.length > 0){
22              for (Integer checkitemId : checkitemIds) {//遍历检查项id
23                  Map<String,Integer> map = new HashMap<>();
24                  map.put("checkgroupId",checkGroupId);//检查组id
25                  map.put("checkitemId",checkitemId);//勾选的检查项id
26                  checkGroupDao.setCheckGroupAndCheckItem(map);//调用持久层接口中的方法
27              }
28          }
29      }
30  }
```

上述代码中,第 11~16 行代码用于新增检查组,包括提交检查组基本信息和检查组对检查项的引用;第 18~29 行代码设置检查组对检查项的引用,通过遍历数组 checkitemIds,把检查组 id 和遍历的检查项 id 存储到 map 集合中,再调用持久层 setCheckGroupAndCheckItem( )方法设置引用。

(6)实现持久层新增检查组

在 health_service_provider 子模块的 com.itheima.dao 包下创建持久层接口 CheckGroupDao,用于处理与检查组相关的操作。具体代码如文件 3-5 所示。

文件 3-5　CheckGroupDao.java

```java
/**
 * 持久层接口
 */
public interface CheckGroupDao {
    //新增检查组
    public void add(CheckGroup checkGroup);
    //设置检查组和检查项的多对多关系
    public void setCheckGroupAndCheckItem(Map<String, Integer> map);
}
```

上述代码中,第 6 行代码用于新增检查组;第 8 行代码用于设置检查组对检查项的引用。

接下来,在 health_service_provider 子模块的 resources 文件夹下 com.itheima.dao 目录下创建与 CheckGroupDao 接口同名的映射文件 CheckGroupDao.xml。在文件中使用<insert>元素映射新增语句,分别新增检查组的基本信息和检查组对检查项的引用。具体代码如文件 3-6 所示。

文件 3-6　CheckGroupDao.xml

```xml
<?xml version="1.0" encoding="UTF-8" ?>
<!DOCTYPE mapper PUBLIC "-//mybatis.org//DTD Mapper 3.0//EN"
        "http://mybatis.org/dtd/mybatis-3-mapper.dtd" >
<mapper namespace="com.itheima.dao.CheckGroupDao">
    <!--新增检查组基本信息-->
    <insert id="add" parameterType="com.itheima.pojo.CheckGroup">
        <selectKey keyProperty="id" resultType="int" order="AFTER">
            SELECT LAST_INSERT_ID()
        </selectKey>
        INSERT INTO t_checkgroup(code,name,helpCode,sex,remark,attention)
            VALUES (#{code},#{name},#{helpCode},#{sex},#{remark},#{attention})
    </insert>
    <!--新增检查组对检查项的引用,操作的是中间关系表-->
    <insert id="setCheckGroupAndCheckItem" parameterType="map">
        INSERT INTO t_checkgroup_checkitem(checkgroup_id,checkitem_id)
                VALUES (#{checkgroupId},#{checkitemId})
    </insert>
</mapper>
```

上述代码中,第 6~12 行代码用于新增检查组基本信息;第 14~17 行代码用于设置检查组对检查项的引用。

(7)测试新增检查组

依次启动 ZooKeeper 服务、health_service_provider 和 health_backend,在浏览器中访问 http://localhost:82/pages/checkgroup.html,单击"新增"按钮,弹出新增检查组对话框,在对话框中填写检查组的基本信息,如图 3-8 所示。

图 3-8 填写检查组基本信息

填写检查组基本信息后,单击"检查项信息"选项卡,勾选检查组包含的检查项信息,如图 3-9 所示。

图 3-9 勾选检查项信息

勾选检查项信息后,在图 3-9 所示的页面中,单击"确定"按钮,将数据提交到后台。如果新增失败,页面会提示"新增检查组失败",如果新增成功,页面会提示"新增检查组成功"。新增检查组成功提示如图 3-10 所示。

图 3-10 新增检查组成功提示

由于查询检查组的功能暂未开发完成，刚新增的检查组数据并不会展示在检查组管理页面中。检查组是否新增成功可以通过查询数据库中的数据表进行验证。查询结果如图 3-11 所示。

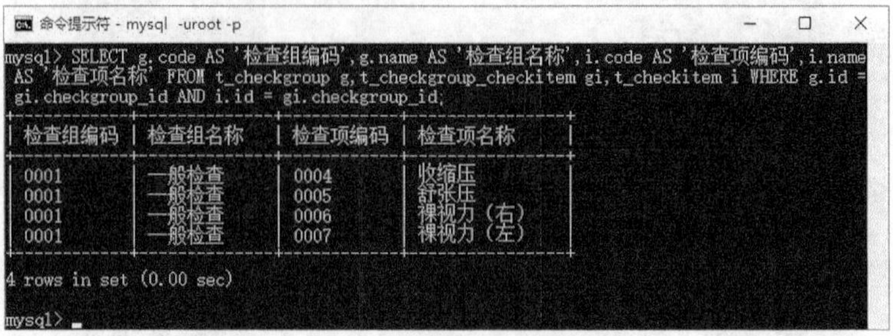

图 3-11 新增检查组查询结果

从图 3-11 可以看出，已成功查询出新增的检查组以及检查组对应的检查项信息，说明新增检查组成功。至此，检查组管理模块的新增检查组功能已经完成。

任务 3-2　查询检查组

任务描述

在实现新增检查组后，还不能立即在 checkgroup.html 页面中查看新增的检查组，为了便于查看检查组信息，可以在访问 checkgroup.html 页面时，自动将系统中的检查组查询出来并在页面上分页展示。查询检查组的页面效果如图 3-12 所示。

在图 3-12 中，输入框用于输入检查组的查询条件；单击"查询"按钮时，可根据输入框中的查询条件查询对应的检查组信息；检查组展示区用于展示检查组的具体内容；分页条用于切换页码，可根据页码跳转到对应的页面展示检查组数据。

图 3-12 查询检查组的页面效果

任务分析

从任务描述可以得知，查询检查组可以分解成 3 个功能，分别是分页展示检查组、页码切换、按条件查询检查组。接下来对这 3 个功能的实现思路进行分析。

1. 分页展示检查组

将查询的检查组数据分段展示在页面中，每次只展示一部分，通过分页的方式展示其余检查组数据，实现思路如下。

（1）提交分页查询检查组请求

在访问 checkgroup.html 页面时，提交分页查询检查组的请求。

（2）接收和处理分页查询检查组请求

客户端发起分页查询检查组的请求后，由 CheckGroupController 类的 findPage() 方法接收页面的请求，并调用 CheckGroupService 接口的 findPage() 方法分页查询检查组。

（3）分页查询检查组

在 CheckGroupServiceImpl 类中重写 CheckGroupService 接口的 findPage() 方法，并在该方法中调用 CheckGroupDao 接口的 findByCondition() 方法从数据库中分页查询检查组。

（4）展示分页查询结果

CheckGroupController 类中的 findPage() 方法将查询检查组的结果返回 checkgroup.html 页面，check group.html 页面根据返回结果分页展示查询到的检查组数据。

为了让读者更清晰地了解分页展示检查组的实现过程，下面通过一张图进行描述，如图 3-13 所示。

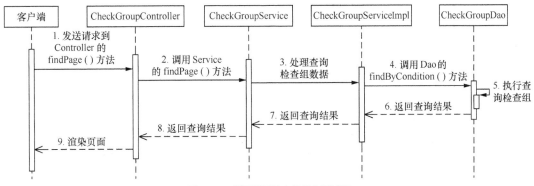

图 3-13 分页展示检查组的实现过程

2. 页码切换

为 checkgroup.html 页面的分页条绑定单击事件，在单击事件触发后根据要跳转的页码进行分页查询。

3. 按条件查询检查组

为 checkgroup.html 页面的"查询"按钮绑定单击事件，在单击事件触发后执行按条件的分页查询。

任务实现

在任务分析中将查询检查组分解成 3 个功能，分别是分页展示检查组、页码切换、按条件查询检查组。接下来对这 3 个功能的实现进行详细讲解。

1. 分页展示检查组

在访问 checkgroup.html 页面时，提交分页查询检查组的请求，后台接收并处理请求后，将查询结果返回到页面，具体实现如下。

（1）提交分页查询检查组的请求

此时访问检查组管理页面 checkgroup.html 是没有数据显示的。查看 health_backend 子模块下 checkgroup.html 页面中用于展示检查组的源代码，具体如下。

```
1  ......
2  <el-table size="small" current-row-key="id" :data="dataList" stripe
3      highlight-current-row>
4      ......
```

```
5    </el-table>
6    <div class="pagination-container">
7        <el-pagination class="pagination-right"
8            ......>
9        </el-pagination>
10   </div>
11   <script>
12       var vue = new Vue({
13           el: '#app',
14           data:{
15               pagination: {              //分页属性
16                   currentPage:1,         //当前页码
17                   pageSize:10,           //每页显示的记录数
18                   total:0,               //总记录数
19                   queryString:null       //查询条件
20               },
21               dataList: [],//当前页要展示的分页列表数据
22               ......
23           },
24           //钩子函数,Vue对象初始化完成后自动执行
25           created(){
26           },
27           ......
28       })
29   </script>
```

上述代码中,第2~5行代码用于展示检查组数据;第6~10行代码用于实现数据分页;第15~20行代码定义分页属性pagination,用于设置分页参数;第21行代码中的dataList属性表示当前页要展示的数据;第25~26行代码中的created()函数在Vue对象初始化完成后自动执行。

在checkgroup.html页面中定义findPage()方法,用于分页查询检查组,具体代码如下。

```
1    <script>
2        var vue = new Vue({
3            ......
4            methods: {
5                ......
6                //分页查询检查组
7                findPage(){
8                    //定义分页参数
9                    var param = {
10                       currentPage:this.pagination.currentPage,//当前页码
11                       pageSize:this.pagination.pageSize,      //每页显示的记录数
12                       queryString:this.pagination.queryString //查询条件
13                   };
14                   //发送Axios请求,分页查询检查组
15                   axios.post("/checkgroup/findPage.do",param).then((res)=> {
16                       this.dataList = res.data.rows;          //获取数据列表
17                       this.pagination.total = res.data.total;//获取总记录数
18                   });
19               }
20           }
21       })
22   </script>
```

上述代码中,第15~18行代码使用Axios向当前项目的"/checkgroup/findPage.do"路径发送异步请求,并处理响应返回的数据。

接下来，在钩子函数 created( )中调用 findPage( )方法，created( )函数在 Vue 对象初始化完成后自动执行，访问 checkgroup.html 页面后即可实现查询检查组并分页显示，具体代码如下。

```
//钩子函数，Vue 对象初始化完成后自动执行
created(){
    this.findPage();//调用分页查询方法完成分页查询
}
```

（2）实现查询检查组控制器

在 health_backend 子模块的 CheckGroupController 类中定义 findPage( )方法，用于处理分页查询检查组的请求。具体代码如下。

```
//分页查询检查组
@RequestMapping("/findPage")
public PageResult findPage(@RequestBody QueryPageBean pageBean){
    return checkGroupService.findPage(pageBean);//调用 findPage()方法
}
```

（3）创建查询检查组服务

在 health_interface 子模块的 CheckGroupService 接口中定义 findPage( )方法，用于分页查询检查组。具体代码如下。

```
//分页查询检查组
public PageResult findPage(QueryPageBean queryPageBean);
```

（4）实现查询检查组服务

在 health_service_provider 子模块的 CheckGroupServiceImpl 类中重写 CheckGroupService 接口的 findPage( )方法，用于分页查询检查组。具体代码如下。

```
//分页查询检查组
@Override
public PageResult findPage(QueryPageBean queryPageBean) {
    Integer currentPage = queryPageBean.getCurrentPage();//获取当前页码
    Integer pageSize = queryPageBean.getPageSize();//获取每页显示的记录数
    String queryString = queryPageBean.getQueryString();//获取查询条件
    //分页插件，会在执行 SQL 语句之前将分页关键字追加到 SQL 后面
    PageHelper.startPage(currentPage,pageSize);
    //调用持久层接口中的方法
    Page<CheckGroup> page = checkGroupDao.findByCondition(queryString);
    return new PageResult(page.getTotal(),page.getResult());//返回分页对象
}
```

（5）实现持久层查询检查组

在 health_service_provider 子模块的 CheckGroupDao 接口中定义 findByCondition( )方法，用于分页查询检查组。具体代码如下。

```
//分页查询检查组
public Page<CheckGroup> findByCondition(String queryString);
```

接下来，在 health_service_provider 子模块的 CheckGroupDao.xml 映射文件中使用<select>元素映射查询语句，进行检查组的条件查询、分页查询。具体代码如下。

```
<!--检查组的条件查询、分页查询-->
<select id="findByCondition" parameterType="string"
                    resultType="com.itheima.pojo.CheckGroup">
    SELECT * FROM t_checkgroup
    <if test="value != null and value.length > 0">
        WHERE code = #{value} OR name LIKE '%${value}%'
                    OR helpCode = #{value}
    </if>
</select>
```

（6）测试分页展示检查组

依次启动 ZooKeeper 服务、health_service_provider 和 health_backend，在浏览器中访问 http://localhost:82/pages/checkgroup.html，如图3-14所示。

图3-14 检查组管理页面（3）

（7）完善 checkgroup.html 页面的 handleAdd()方法

由于在新增检查组时没有实现分页查询检查组的方法，所以新增检查组成功后无法在 checkgroup.html 页面中查看最新添加的检查组，对此可以优化 handleAdd()方法，即在新增检查组成功后调用 findPage()方法，具体代码如下。

```
1  //新增检查组
2  handleAdd() {
3      ……
4      axios.post("/checkgroup/add.do?checkitemIds=" +
5          this.checkitemIds,this.formData).then((res) => {
6          if(res.data.flag){
7              ……
8              this.findPage();//分页查询检查组
9          }
10         ……
11     });
12 }
```

上述代码中，第8行代码调用 findPage()方法，在新增操作执行后分页查询检查组。

2. 页码切换

在 checkgroup.html 页面中定义 handleCurrentChange()方法，用于实现页码切换，具体代码如下。

```
<script>
    var vue = new Vue({
        ……
        methods: {
            ……
            //切换页码
            handleCurrentChange(currentPage) {
                this.pagination.currentPage = currentPage;//指定最新的页码
                this.findPage();//调用分页查询检查组的方法
            }
        }
    })
</script>
```

checkgroup.html 页面中提供了分页组件 el-pagination。接下来，为 el-pagination 组件设置与页码相关的属性值，具体代码如下。

```
1  <el-pagination
2      class="pagination-right"
3      @current-change="handleCurrentChange"
4      :current-page="pagination.currentPage"
5      :page-size="pagination.pageSize"
6      :total="pagination.total"
7      layout="total, prev, pager, next, jumper">
8  </el-pagination>
```

上述代码中，第 2~7 行代码用于设置分页组件的属性，其中@current-change 用于指定页码发生变化时触发的方法名称，此处为@current-change 属性绑定了 handleCurrentChange()方法。

为了测试分页效果，将事先准备好的检查组的测试数据导入数据表 t_checkgroup。依次启动 ZooKeeper 服务、health_service_provider 和 health_backend 之后，在浏览器中访问 http://localhost:82/pages/checkgroup.html。单击">"按钮跳转到下一页，效果如图 3-15 所示。

图 3-15　页码切换效果

在图 3-15 中，分页条显示当前页为第 2 页，说明页码切换成功。

3. 按条件查询检查组

在图 3-15 所示的页面中，输入查询条件 0011，单击"查询"按钮，此时页面没有任何变化。接下来，为"查询"按钮绑定单击事件，在单击时调用 handleCurrentChange(1)方法。具体代码如下。

```
<el-button class="dalfBut" @click="handleCurrentChange(1)">
                查询</el-button>
```

上述代码中，handleCurrentChange(1)方法中的参数表示设置 currentPage 等于 1。这是因为如果 currentPage 不为 1，findPage()方法返回的数据就不是从查询结果的第一条开始返回的，通过指定 currentPage 可以使 findPage()方法返回的数据从查询结果的第一条开始返回。

依次启动 ZooKeeper 服务、health_service_provider 和 health_backend，在浏览器中访问 http://localhost:82/pages/checkgroup.html。在查询条件输入框中输入查询条件，单击"查询"按钮进行条件查询。例如输入 0011，查询结果如图 3-16 所示。

图 3-16　按条件查询检查组的结果

在图 3-16 中，查询到一条编码为 0011 的检查组，说明通过条件查询成功查询到检查组编码为 0011 的检查组。

至此，检查组管理模块的查询检查组功能已经完成。

任务 3-3　编辑检查组

任务描述

编辑检查组时，可以根据需求对检查组的基本信息或关联的检查项信息进行修改。编辑对应的检查项时，弹出的编辑检查组对话框中需要显示当前检查组的基本信息和所有的检查项信息，并将检查组关联的检查项设置为勾选状态，如图 3-17 所示。

图 3-17　编辑检查组对话框（1）

在编辑检查组对话框中对检查组的基本信息或关联的检查项信息进行修改后，单击"确定"按钮即可完成检查组的编辑。

任务分析

通过对图 3-16 和图 3-17 的分析可知，在 checkgroup.html 页面中单击"编辑"按钮后会弹出编辑检查组对话框并显示检查组数据，修改对话框中的数据后，单击"确定"按钮提交检查组数据，完成检查组的编辑。由此，可以将编辑检查组分解成 2 个功能，分别是弹出带有检查组数据的编辑检查组对话框，以及完成检查组的编辑。接下来对这 2 个功能的实现思路进行分析。

1. 弹出带有检查组数据的编辑检查组对话框

在 checkgroup.html 页面中单击"编辑"按钮弹出编辑检查组对话框，将查询到的检查组基本信息与勾选的检查项信息显示在对话框中，实现思路如下。

（1）弹出编辑检查组对话框

为页面中的"编辑"按钮绑定单击事件，在单击事件触发后弹出编辑检查组对话框，再依次提交查询检查组基本信息、查询所有检查项、查询检查组对检查项的引用的请求。

（2）接收和处理查询检查组请求

检查组的数据包含基本信息和对检查项的引用，因此，客户端发起查询检查组的请求时，除了要提交查询检查组基本信息的请求外，还要提交查询所有检查项的请求、查询检查组对检查项的引用的请求。

由 CheckGroupController 类中的 findById()方法和 findCheckItemIdsByCheckGroupId()方法分别接收页面提

交的查询检查组基本信息、查询检查组对检查项的引用的请求。在 findById( )方法中调用 CheckGroupService 接口的 findById( )方法查询检查组基本信息；在 findCheckItemIdsByCheckGroupId( )方法中调用 CheckGroup Service 接口的 findCheckItemIdsByCheckGroupId( )方法查询检查组对检查项的引用。

由 CheckItemController 类中的 findAll( )方法接收页面提交的查询所有检查项的请求，并调用 CheckItem Service 接口的 findAll( )方法查询所有检查项。

（3）查询检查组数据

在 CheckGroupServiceImpl 类中重写 CheckGroupService 接口的方法。具体处理如下。

① 重写 CheckGroupService 接口的 findById( )方法，在该方法中调用 CheckGroupDao 接口中查询检查组基本信息的 findById( )方法。

② 重写 findCheckItemIdsByCheckGroupId( )方法，在该方法中调用 CheckGroupDao 接口中查询检查组对检查项的引用的 findCheckItemIdsByCheckGroupId( )方法。

（4）显示查询结果

将 CheckGroupController 类中 findById( )方法的查询结果、CheckItemController 类中 findAll( )方法的查询结果、CheckGroupController 类中 findCheckItemIdsByCheckGroupId( )方法的查询结果依次返回 checkgroup.html 页面。checkgroup.html 页面根据返回结果在编辑检查组对话框中展示检查组基本信息、所有的检查项信息和勾选的检查项信息。

为了让读者更清晰地了解弹出带有检查组数据的编辑检查组对话框的实现过程，下面通过一张图进行描述，如图 3-18 所示。

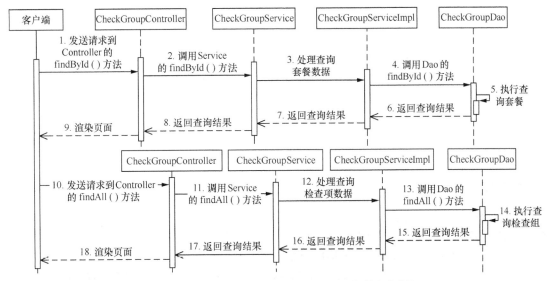

图 3-18 弹出带有检查组数据的编辑检查组对话框的实现过程

2. 完成检查组的编辑

在弹出的编辑检查组对话框中修改数据，单击对话框中的"确定"按钮将数据提交到后台，后台接收并处理请求后，将检查组数据保存到数据库中，实现思路如下。

（1）提交编辑检查组数据

为编辑检查组对话框的"确定"按钮绑定单击事件，在单击事件触发后提交对话框中的检查组数据。

（2）接收和处理编辑检查组请求

客户端发起编辑检查组数据的请求后，由控制器类 CheckGroupController 的 edit( )方法接收页面提交的请求，请求的参数中包含检查组基本信息和对检查项的引用，因此，在编辑检查组时，除了要提交检查组的基本信息外，还要提交检查组对检查项的引用。在 edit( )方法中调用 CheckGroupService 接口的 edit( )方法编辑检查组。

(3)编辑检查组数据

编辑检查组包含对检查组基本信息和检查组对检查项的引用信息的编辑,在编辑检查组对检查项的引用信息时,需要将页面传递过来的检查组对检查项的引用和原有的检查组对检查项的引用进行遍历比较,如果比较结果不一致,那么需要对检查组对检查项的引用进行更新。由于遍历的过程比较烦琐,我们可以将原有的检查组对检查项的引用信息删除,然后重新添加新的检查组对检查项的引用信息。

在 CheckGroupServiceImpl 类中重写 CheckGroupService 接口的 edit()方法,在该方法中调用 CheckGroupDao 接口中的相关方法实现编辑检查组。具体处理如下。

首先,调用 edit()方法修改检查组的基本信息。

其次,调用 deleteAssociation()方法删除检查组对检查项的引用。

最后,调用 setCheckGroupAndCheckItem()方法重新设置检查组对检查项的引用。

(4)提示编辑结果

CheckGroupController 类中的 edit()方法将编辑检查组的结果返回 checkgroup.html 页面,checkgroup.html 页面根据返回结果提示编辑成功或失败的信息。

为了让读者更清晰地了解检查组编辑的实现过程,下面通过一张图进行描述,如图 3-19 所示。

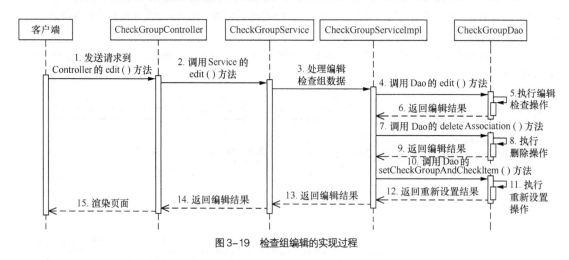

图 3-19 检查组编辑的实现过程

任务实现

在任务分析中将编辑检查组分解成 2 个功能,分别是弹出带有检查组数据的编辑检查组对话框、完成检查组的编辑。接下来对这 2 个功能的实现进行详细讲解。

1. 弹出带有检查组数据的编辑检查组对话框

在 checkgroup.html 页面中,单击"编辑"按钮,弹出编辑检查组对话框并且将当前检查组的基本信息和检查项信息进行回显,具体实现如下。

(1)弹出编辑检查组对话框

此时访问 health_backend 子模块中的 checkgroup.html 页面,单击"编辑"按钮时,页面没有任何变化。查看 checkgroup.html 页面中与"编辑"按钮和编辑检查组对话框相关的源代码,具体如下。

```
1  ......
2  <el-table-column label="操作" align="center">
3      <template slot-scope="scope">
4          <el-button type="primary" size="mini">编辑</el-button>
5          ......
6      </template>
7  </el-table-column>
```

```
8    <!-- 编辑检查项对话框 -->
9    <div class="edit-form">
10       <el-dialog title="编辑检查组" :visible.sync="dialogFormVisible4Edit">
11       ......
12       </el-dialog>
13   </div>
14   <script>
15       var vue = new Vue({
16           el: '#app',
17           data:{
18               ......
19               dialogFormVisible4Edit:false,//编辑检查项对话框是否可见
20           },
21           ......
22       })
23   </script>
```

上述代码中，第 4 行代码用于实现"编辑"按钮；第 9~13 行代码用于实现编辑检查组对话框，其中，第 10 行代码中的 ":visible.sync" 通过属性 dialogFormVisible4Edit 的值控制对话框的显示与隐藏；第 19 行代码设置 dialogFormVisible4Edit 的初始值为 false，表示对话框在页面初始化时隐藏。

在 checkgroup.html 页面中定义 handleUpdate() 方法，用于弹出编辑检查组对话框后回显数据。具体代码如下。

```
1    <script>
2        var vue = new Vue({
3            ......
4            //定义 Vue 实例中的方法
5            methods:{
6                ......
7                //弹出编辑检查组对话框
8                handleUpdate(row) {
9                    this.activeName = 'first';//每次弹出的编辑检查组对话框默认显示检查组基本信息
10                   this.dialogFormVisible4Edit = true;//显示编辑检查组对话框
11                   //发送 Axios 异步请求查询检查组基本信息并回显
12                   axios.get("/checkgroup/findById.do?id=" + row.id)
13                       .then((res) => {
14                           if(res.data.flag){
15                               //为模型数据赋值，基于 Vue 数据双向绑定进行回显
16                               this.formData = res.data.data;
17                           }
18                   });
19                   //发送 Axios 异步请求，加载检查项列表
20                   axios.get("/checkitem/findAll.do").then((res) => {
21                       if (res.data.flag){
22                           //查询检查项成功，为 tableData 赋值
23                           this.tableData = res.data.data;
24                           //查询检查组中包含的检查项
25                           axios.get("/checkgroup/" +
26                               "findCheckItemIdsByCheckGroupId.do?" +
27                               "checkgroupId=" + row.id).then((res) => {
28                               if (res.data.flag){
29                                   //查询成功，为 checkitemIds 赋值
30                                   this.checkitemIds = res.data.data;
31                               }
32                           });
```

```
33                    }else{
34                        //查询检查项失败，返回错误提示信息
35                        this.$message.error(res.data.message);
36                    }
37                });
38            }
39        }
40    })
41 </script>
```

上述代码中，第 9 行代码定义每次弹出的对话框默认显示检查组基本信息；第 12~18 行代码使用 Axios 发送异步请求查询检查组信息后回显数据；第 20~37 行代码使用 Axios 发送异步请求查询检查项信息后回显数据，其中，第 25~32 行代码使用 Axios 发送异步请求查询检查组引用的检查项有哪些并将其显示为已勾选。

接下来，为 checkgroup.html 页面的"编辑"按钮绑定单击事件，并设置单击按钮时调用 handleUpdate() 方法，具体代码如下。

```
<el-button type="primary" class="mini"
            @click="handleUpdate(scope.row)">编辑</el-button>
```

上述代码中，handleUpdate()方法中的参数 scope.row 表示当前所在行的数据。

(2) 实现查询检查组控制器

在 health_backend 子模块的 CheckGroupController 类中定义 findById()方法，用于处理根据检查组 id 查询检查组基本信息的请求。具体代码如下。

```
//根据检查组 id 查询检查组基本信息
@RequestMapping("/findById")
public Result findById(Integer id){
    try{
        //调用 findById()发送请求
        CheckGroup checkGroup = checkGroupService.findById(id);
        //返回查询结果及对应的提示信息
        return new Result(true,
                MessageConstant.QUERY_CHECKGROUP_SUCCESS,checkGroup);
    }catch (Exception e){
        e.printStackTrace();
        //返回查询结果及对应的提示信息
        return new Result(false, MessageConstant.QUERY_CHECKGROUP_FAIL);
    }
}
```

上述代码中，通过 findById()方法获取页面传递过来的检查组 id，并将获取的检查组 id 传递到 Service 层进行查询，然后将查询结果及对应的提示信息返回页面。

在 CheckGroupController 类中定义 findCheckItemIdsByCheckGroupId()方法，用于处理根据检查组 id 查询检查组对检查项的引用的请求。具体代码如下。

```
//根据检查组 id 查询检查组对检查项的引用
@RequestMapping("/findCheckItemIdsByCheckGroupId")
public Result findCheckItemIdsByCheckGroupId(Integer checkgroupId){
    try{
        //调用 checkGroupService 接口的方法
        List<Integer> list = checkGroupService.
                findCheckItemIdsByCheckGroupId(checkgroupId);
        //返回查询结果及对应的提示信息
        return new Result(true,
                MessageConstant.QUERY_CHECKITEM_SUCCESS,list);
```

```
    }catch (Exception e){
        e.printStackTrace();
        //返回查询结果及对应的提示信息
        return new Result(false,MessageConstant.QUERY_CHECKITEM_FAIL);
    }
}
```

上述代码中，调用 CheckGroupService 接口的 findCheckItemIdsByCheckGroupId( )方法查询检查组对检查项的引用，然后将查询结果及对应的提示信息返回页面。

（3）创建查询检查组服务

在 health_interface 子模块的 CheckGroupService 接口中定义 findById( )方法，用于根据检查组 id 查询检查组的基本信息；定义 findCheckItemIdsByCheckGroupId( )方法，用于根据检查组 id 查询检查组对检查项的引用。具体代码如下。

```
//根据检查组id查询检查组基本信息
public CheckGroup findById(Integer id);
//根据检查组id查询检查组对检查项的引用
public List<Integer> findCheckItemIdsByCheckGroupId(Integer checkgroupId);
```

（4）实现查询检查组服务

在 health_service_provider 子模块的 CheckGroupServiceImpl 类中重写 CheckGroupService 接口的 findById( )方法和 findCheckItemIdsByCheckGroupId( )方法。具体代码如下。

```
//根据检查组id查询检查组基本信息
public CheckGroup findById(Integer id) {
    //调用持久层接口中的方法
    return checkGroupDao.findById(id);
}
//根据检查组id查询检查组对检查项的引用
public List<Integer> findCheckItemIdsByCheckGroupId(Integer checkgroupId) {
    //调用持久层接口中的方法
    return checkGroupDao.findCheckItemIdsByCheckGroupId(checkgroupId);
}
```

（5）实现持久层查询检查组

在 health_service_provider 子模块的 CheckGroupDao 接口中定义 findById( )方法，用于根据检查组 id 查询检查组基本信息；定义 findCheckItemIdsByCheckGroupId( )方法，用于根据检查组 id 查询检查组对检查项的引用。具体代码如下。

```
//根据检查组id查询检查组基本信息
public CheckGroup findById(Integer id);
//根据检查组id查询检查组对检查项的引用
public List<Integer> findCheckItemIdsByCheckGroupId(Integer checkgroupId);
```

接下来，在 health_service_provider 子模块的 CheckGroupDao.xml 映射文件中使用<select>元素映射查询语句，分别查询检查组基本信息、查询检查组对检查项的引用。具体代码如下。

```xml
<!--根据检查组id查询检查组基本信息-->
<select id="findById" parameterType="int"
                    resultType="com.itheima.pojo.CheckGroup">
    SELECT * FROM t_checkgroup WHERE id = #{id}
</select>
<!--根据检查组id查询检查组对检查项的引用-->
<select id="findCheckItemIdsByCheckGroupId"
                    parameterType="int" resultType="int">
    SELECT checkitem_id FROM t_checkgroup_checkitem
        WHERE checkgroup_id = #{checkgroup_id}
</select>
```

（6）测试弹出带有检查组数据的编辑检查组对话框

依次启动 ZooKeeper 服务、health_service_provider 和 health_backend，在浏览器中访问 http://localhost:82/pages/checkgroup.html，检查组管理页面如图 3-20 所示。

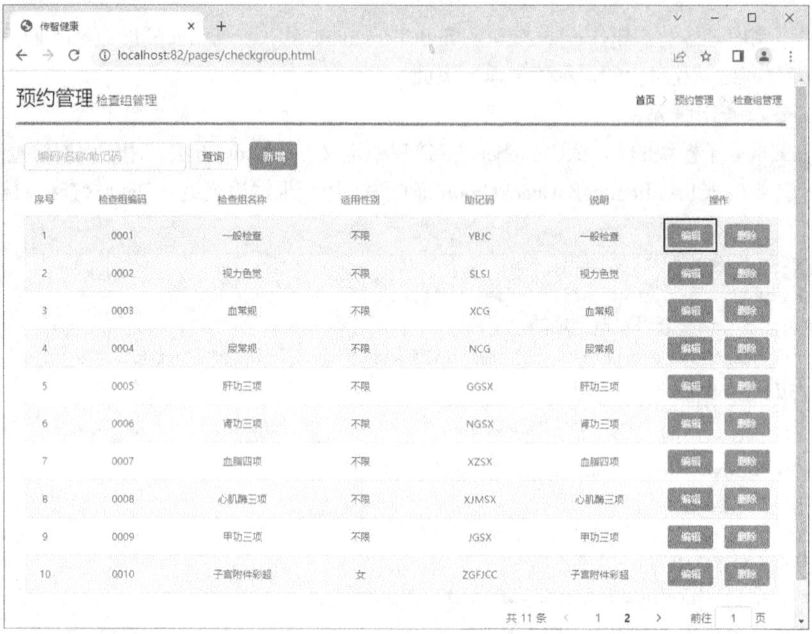

图 3-20　检查组管理页面（4）

在图 3-20 所示的页面中，找到检查组编码为 0001 的检查组，单击其右侧的"编辑"按钮，弹出编辑检查组对话框，如图 3-21 所示。

图 3-21　编辑检查组对话框（2）

在图 3-21 中，编辑检查组对话框中显示被编辑的检查组的基本信息，单击"检查项信息"，跳转到检查项信息选项卡，如图 3-22 所示。

图 3-22　查看检查项信息

在图 3-22 中，编辑检查组对话框中展示了所有的检查项信息和检查组对检查项的引用信息。勾选的检查项与新增检查组时图 3-9 中勾选的检查项一致。

2. 完成检查组的编辑

在图 3-22 所示的页面中，单击编辑检查组对话框中的"确定"按钮，提交编辑检查组的请求到后台，后台接收并处理请求后，将编辑结果返回 checkgroup.html 页面，具体实现如下。

（1）提交编辑检查组数据

分别为"取消"和"确定"按钮绑定单击事件，并设置单击时要执行的操作，具体代码如下。

```html
<div slot="footer" class="dialog-footer">
    <el-button @click="dialogFormVisible4Edit = false">取消</el-button>
    <el-button type="primary" @click="handleEdit()">确定</el-button>
</div>
```

在 checkgroup.html 页面中定义 handleEdit() 方法，用于提交编辑检查组数据。具体代码如下。

```
1  <script>
2      var vue = new Vue({
3          ......
4          //定义 Vue 实例中的方法
5          methods:{
6              ......
7              //编辑检查组
8              handleEdit(){
9                  axios.post("/checkgroup/edit.do?checkitemIds="
10                     + this.checkitemIds,this.formData).then((res) => {
11                     if (res.data.flag){
12                         this.dialogFormVisible4Edit = false;//隐藏编辑检查组对话框
13                         //弹出提示信息
14                         this.$message({
15                             type:'success',
16                             message:res.data.message
17                         });
18                         this.findPage();//执行分页查询
19                     }else{
20                         //执行失败，弹出提示信息
21                         this.$message.error(res.data.message);
22                     }
23                 });
24             }
25         }
```

```
26     })
27 </script>
```

上述代码中，第 9～23 行代码使用 Axios 向当前项目的 "/checkgroup/edit.do" 路径发送异步请求，并处理响应返回的结果。

（2）实现编辑检查组控制器

在 health_backend 子模块的 CheckGroupController 类中定义 edit()方法，用于处理编辑检查组的请求。具体代码如下。

```
//编辑检查组
@RequestMapping("/edit")
public Result edit(@RequestBody CheckGroup checkGroup,
                                Integer[] checkitemIds){
    try{
        //调用 edit()发送请求
        checkGroupService.edit(checkGroup,checkitemIds);
        //返回编辑结果及对应的提示信息
        return new Result(true, MessageConstant.EDIT_CHECKGROUP_SUCCESS);
    }catch (Exception e){
        e.printStackTrace();
        //返回编辑结果及对应的提示信息
        return new Result(false, MessageConstant.EDIT_CHECKGROUP_FAIL);
    }
}
```

上述代码中，通过调用 edit()方法执行编辑操作，然后将编辑结果及对应的提示信息返回页面。

（3）创建编辑检查组服务

在 health_interface 子模块的 CheckGroupService 接口中定义 edit()方法，用于编辑检查组。具体代码如下。

```
//编辑检查组
public void edit(CheckGroup checkGroup, Integer[] checkitemIds);
```

（4）实现编辑检查组服务

在 health_service_provider 子模块的 CheckGroupServiceImpl 类中重写 CheckGroupService 接口的 edit()方法。具体代码如下。

```
1  //编辑检查组，同时设置检查组对检查项的引用
2  @Override
3  public void edit(CheckGroup checkGroup, Integer[] checkitemIds) {
4      //编辑检查组基本信息
5      checkGroupDao.edit(checkGroup);
6      //删除检查组对检查项的引用
7      checkGroupDao.deleteAssociation(checkGroup.getId());
8      //重新设置检查组对检查项的引用
9      this.setCheckGroupAndCheckItem(checkGroup.getId(),checkitemIds);
10 }
```

上述代码中，第 5 行代码用于实现编辑检查组基本信息；第 7 行代码用于实现删除检查组对检查项的引用；第 9 行代码用于重新设置检查组对检查项的引用。

（5）实现持久层编辑检查组

在 health_service_provider 子模块的 CheckGroupDao 接口中定义 edit()方法以编辑检查组基本信息；定义 deleteAssociation()方法以删除检查组对检查项的引用。具体代码如下。

```
//编辑检查组基本信息
public void edit(CheckGroup checkGroup);
//删除检查组引用的检查项（操作中间关系表）
public void deleteAssociation(Integer checkgroupId);
```

在 CheckGroupDao.xml 映射文件中使用<update>元素映射更新语句，修改检查组的基本信息。具体代码

如下。

```xml
<!--根据检查组id修改检查组基本信息-->
<update id="edit" parameterType="com.itheima.pojo.CheckGroup">
    UPDATE t_checkgroup
    <set>
        <if test="name != null">
            name = #{name},
        </if>
        <if test="sex != null">
            sex = #{sex},
        </if>
        <if test="code != null">
            code = #{code},
        </if>
        <if test="helpCode != null">
            helpCode = #{helpCode},
        </if>
        <if test="attention != null">
            attention = #{attention},
        </if>
        <if test="remark != null">
            remark = #{remark},
        </if>
    </set>
    WHERE id = #{id}
</update>
```

在 CheckGroupDao.xml 映射文件中使用<delete>元素映射删除语句，删除检查组对检查项的引用。具体代码如下。

```xml
<!--根据检查组id删除检查组对检查项的引用-->
<delete id="deleteAssociation" parameterType="int">
    DELETE FROM t_checkgroup_checkitem
        WHERE checkgroup_id = #{checkgroup_id}
</delete>
```

（6）测试编辑检查组

依次启动 ZooKeeper 服务、health_service_provider 和 health_backend，在浏览器中访问 http://localhost:82/pages/checkgroup.html。选择检查组编码为 0001 的检查组进行编辑，将"说明"的值修改为"一般检查无须空腹"，如图 3-23 所示。

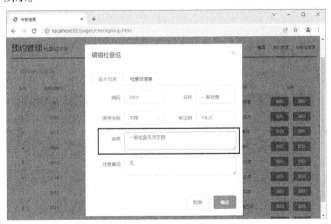

图 3-23　修改检查组基本信息

在图 3-23 所示的页面中，单击"检查项信息"，将项目编码为 0006 的检查项取消勾选，如图 3-24 所示。

图 3-24　修改检查项信息

在图 3-24 所示的页面中，单击"确定"按钮，提交检查组数据，页面会提示"编辑检查组失败"或者"编辑检查组成功"。编辑检查项成功提示如图 3-25 所示。

图 3-25　编辑检查组成功提示

从图 3-25 可以看出，检查组编码为 0001 的数据中，"说明"已经修改为"一般检查无须空腹"，单击其右侧的"编辑"按钮，查看勾选的检查项是否修改成功，如图 3-26 所示。

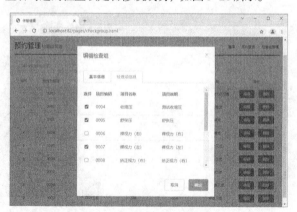

图 3-26　查看修改后的检查项信息

从图 3-26 可以看到，对话框中显示勾选的检查项与图 3-24 中的一致，说明编辑检查组成功。

至此，检查组管理模块的编辑检查组功能已经完成。

任务 3-4　删除检查组

任务描述

对于检查组列表中重复出现的、与检查项搭配不合理的检查组，或者是已经过时的检查组，除了可以进行编辑外，还可以进行删除。

从图 3-25 可以看到，每个检查组右侧都有一个"删除"按钮，单击"删除"按钮可提交删除检查组的请求。为了防止误删数据，在单击"删除"按钮后会弹出提示对话框，让用户确认是否删除该检查组，如图 3-27 所示。

图 3-27　提示对话框（1）

在图 3-27 所示的页面中，单击"确定"按钮提交删除检查组的请求。

任务分析

在 checkgroup.html 页面中单击"删除"按钮后，弹出提示对话框，并根据删除确认的选择决定是否删除检查组。接下来以此分析删除检查组的实现思路，具体如下。

（1）弹出提示对话框

为 checkgroup.html 页面的"删除"按钮绑定单击事件，在单击事件触发后弹出提示对话框。

（2）提交删除检查组请求

为提示对话框中的"确定"按钮绑定单击事件，在单击事件触发后提交要删除的检查组数据。

（3）接收和处理删除检查组请求

客户端发起删除检查组的请求后，由 CheckGroupController 类的 delete( )方法接收页面提交的请求，并调用 CheckGroupService 接口的 delete( )方法删除检查组。

（4）删除检查组数据

通过对模块一中项目功能的学习可知，套餐中包含对检查组的引用，虽然暂时没有开发套餐的相关功能，但是我们在实现检查组删除时应该考虑套餐和检查组的关系。如果检查组被套餐引用，那么该检查组不能被直接删除。因为检查组中包含基本信息和对检查项的引用信息，所以在删除时，只有二者的信息都被删除了，才说明删除检查组成功。

在 CheckGroupServiceImpl 类中重写 CheckGroupService 接口的 delete( )方法，在该方法中调用 CheckGroup Dao 接口中的相关方法实现删除检查组。具体处理如下。

首先，调用 selectCountByCheckGroupId( )方法查询被套餐引用的检查组。

其次，调用 deleteAssociation( )方法删除检查组对检查项的引用。

最后，调用 deleteById( )方法删除检查组基本信息。

（5）提示删除检查组的结果

由 CheckGroupController 类中的 delete( )方法将删除结果返回 checkgroup.html 页面，checkgroup.html 页面根据结果提示删除成功或失败的信息。

为了让读者更清晰地了解删除检查组的实现过程，下面通过一张图进行描述，如图 3-28 所示。

84 Java EE 企业级应用开发项目教程（SSM）

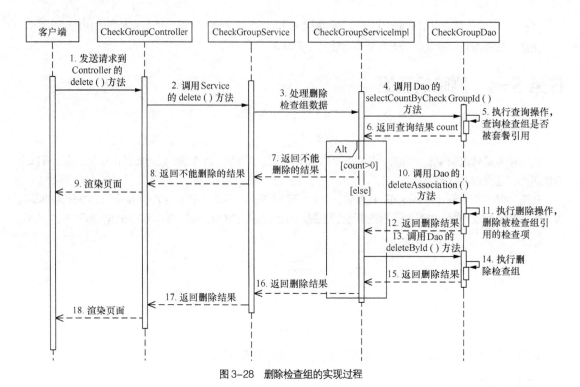

图 3-28 删除检查组的实现过程

在图 3-28 中，序号 6 用于返回获取到的当前被套餐关联的检查组个数，如果个数大于 0，说明当前检查组已经被套餐关联，不能直接删除，然后依次执行序号 7~9；如果个数不大于 0，则说明当前检查组没有被套餐关联，可以直接删除，然后依次执行序号 10~18。

任务实现

在 checkgroup.html 页面中单击"删除"按钮后弹出提示对话框，单击对话框中的"取消"按钮执行取消删除检查组的操作，单击对话框中的"确定"按钮提交删除检查组的请求。接下来将对删除检查组的实现进行详细讲解。

（1）弹出提示对话框

为 checkgroup.html 页面中的"删除"按钮绑定单击事件，并设置在单击"删除"按钮时调用 handleDelete()方法，具体代码如下。

```
<el-button size="mini" type="danger"
           @click="handleDelete(scope.row)">删除</el-button>
```

上述代码中，handleDelete()方法的参数 scope.row 为表格中当前行的数据对象。

接下来，在 checkgroup.html 页面中实现 handleDelete()方法，用于删除检查组。具体代码如下。

```
<script>
    var vue = new Vue({
        ......
        methods: {
            ......
            //删除检查组
            handleDelete(row) {
                //弹出提示对话框
                this.$confirm('你确定要删除当前数据吗？','提示',{
                    confirmButtonText: '确定',
                    cancelButtonText: '取消',
                    type: 'warning'
```

```
            }).then(() => {
                //发送Axios请求,把要删除的检查组id提交到控制器
                axios.get("/checkgroup/delete.do?id=" + row.id)
                                        .then((res) => {
                    if (res.data.flag){
                        //处理成功
                        this.$message({
                            type:'success',
                            message: res.data.message
                        });
                        this.findPage();//调用分页查询方法
                    }else{
                        this.$message.error(res.data.message);//处理失败
                    }
                });
            }).catch(() => {
                this.$message("已取消");
            })
        }
    }
})
</script>
```

上述代码中,使用 Axios 向当前项目的 "/checkgroup/delete.do" 路径发送异步请求,并处理响应返回的结果。

(2)实现删除检查组控制器

在 health_backend 子模块的 CheckGroupController 类中定义方法 delete( ),用于处理根据检查组 id 删除检查组的请求。具体代码如下。

```java
//根据检查组id删除检查组
@RequestMapping("/delete")
public Result delete(Integer id){
    try {
        checkGroupService.delete(id);//调用delete()方法发送请求
        //返回删除结果及对应的提示信息
        return new Result(true,
            MessageConstant.DELETE_CHECKGROUP_SUCCESS);
    }catch (Exception e){
        e.printStackTrace();
        //返回删除结果及对应的提示信息
        return new Result(false,MessageConstant.DELETE_CHECKGROUP_FAIL);
    }
}
```

上述代码中,调用 CheckGroupService 接口的 delete( )方法删除检查组,然后将删除结果及对应的提示信息响应给页面。

(3)创建删除检查组服务

在 health_interface 子模块的 CheckGroupService 接口中定义 delete( )方法,用于根据检查组 id 删除检查组。具体代码如下。

```java
//根据检查组id删除检查组
public void delete(Integer id);
```

(4)实现删除检查组服务

在 health_service_provider 子模块的 CheckGroupServiceImpl 类中重写 CheckGroupService 接口的 delete( )方法,用于根据检查组 id 删除检查组。具体代码如下。

```java
1  //根据检查组id删除检查组
2  @Override
3  public void delete(Integer id) {
```

```
4      //根据检查组id查询套餐对检查组的引用
5      long count = checkGroupDao.selectCountByCheckGroupId(id);
6      if (count > 0){
7          //不能删除，已经被套餐引用
8          throw new RuntimeException(MessageConstant.DELETE_CHECKGROUP_FAIL);
9      }else{
10         checkGroupDao.deleteAssociation(id);//根据检查组id删除检查组对检查项的引用
11         checkGroupDao.deleteById(id);//删除检查组基本信息
12     }
13 }
```

上述代码中，第5行代码查询套餐对检查组的引用，如果返回值count大于0，说明检查组被套餐引用，不能执行删除操作；如果返回值count小于或等于0，说明检查组没有被引用，可以执行删除操作。第10行和第11行代码分别实现删除检查组对检查项的引用和删除检查组基本信息。

（5）实现持久层删除检查组

在health_service_provider子模块的CheckGroupDao接口中定义selectCountByCheckGroupId()方法和deleteById()方法。由于deleteAssociation()方法在编辑检查组时已经实现，此处不再重复介绍。具体代码如下。

```
//根据检查组id查询套餐对检查组的引用
public long selectCountByCheckGroupId(Integer id);
//根据检查组id删除检查组基本信息
public void deleteById(Integer id);
```

上述代码中，selectCountByCheckGroupId()方法用于根据检查组id查询套餐对检查组的引用；deleteById()方法用于根据检查组id删除检查组基本信息。

下面在health_service_provider子模块的CheckGroupDao.xml映射文件中使用<select>元素映射查询语句，查询套餐对检查组的引用；使用<delete>元素映射删除语句，删除检查组基本信息。具体代码如下。

```
<!--根据检查组id查询套餐对检查组的引用-->
<select id="selectCountByCheckGroupId" parameterType="int"
                                       resultType="long">
    SELECT count(1) FROM t_setmeal_checkgroup
              WHERE checkgroup_id = #{checkgroup_id}
</select>
<!--根据检查组id删除检查组基本信息-->
<delete id="deleteById" parameterType="int">
    DELETE FROM t_checkgroup WHERE id = #{id}
</delete>
```

（6）测试删除检查组

依次启动 ZooKeeper 服务、health_service_provider 和 health_backend，在浏览器中访问 http://localhost:82/pages/checkgroup.html，检查组管理页面如图3-29所示。

图3-29　检查组管理页面（5）

在图 3-29 中，以检查组编码为 0009 的检查组为例，测试删除检查组。单击"删除"按钮，弹出提示对话框，如图 3-30 所示。

图 3-30　提示对话框（2）

在图 3-30 所示的页面中，单击"确定"按钮提交删除检查组的请求，如果删除成功，在页面提示"删除检查组成功"，如图 3-31 所示。

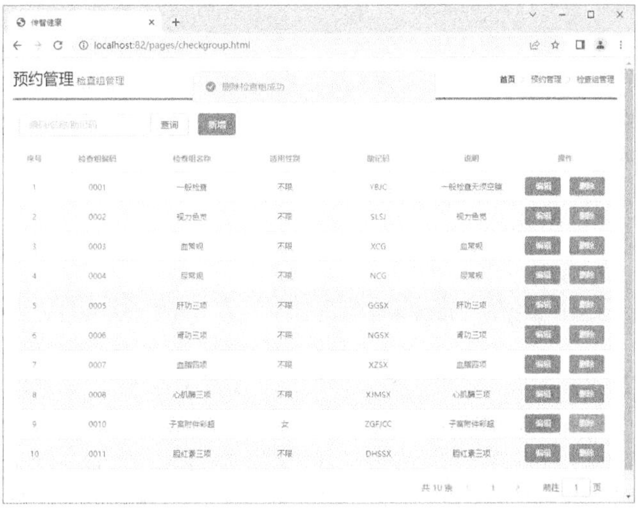

图 3-31　删除操作执行成功的结果

从图 3-31 可以看出，检查组编号为 0009 的数据没有在列表中显示，说明删除检查组成功。
至此，检查组管理模块的删除检查组功能已经完成。

模块小结

本模块主要对管理端的检查组管理进行了讲解。首先讲解了新增检查组的功能，然后讲解了查询检查组的功能，接下来讲解了编辑检查组和删除检查组的功能。希望通过对本模块的学习，读者可以掌握检查组管理的增删改查操作。

模块四

管理端——套餐管理

知识目标

1. 了解七牛云存储服务，能够说出七牛云存储服务的使用步骤
2. 熟悉 Redis 的基本操作，能够独立完成 Redis 的下载、配置与启动
3. 熟悉 Redis 可视化工具，能够完成 Redis 可视化工具的安装并使用 Redis 可视化工具连接 Redis

技能目标

1. 掌握七牛云存储服务的实现方式，能够使用七牛云实现图片上传的功能
2. 掌握新增套餐功能的实现方法
3. 掌握查询套餐功能的实现方法
4. 掌握编辑套餐功能的实现方法
5. 掌握删除套餐功能的实现方法
6. 掌握 Redis 和 Quartz 的实现方式，能够使用 Redis 和 Quartz 实现定时清理垃圾图片的功能

在日常的体检中，客户并不知道哪些检查是必须的，为了避免客户盲目选择体检项目而导致时间、金钱的浪费，一般情况下，健康管理机构不直接将单个的检查项或检查组在线上对客户进行销售。为了给客户提供方便，健康管理机构会根据群体需求推出不同类型的体检套餐，套餐中包含客户需要的所有检查项目。这些体检套餐可以在管理端进行新增、查询、编辑和删除。接下来，本模块将对管理端的套餐管理进行详细讲解。

任务 4-1　新增套餐

任务描述

用户在预约体检时需要选择相应的套餐，体检套餐的丰富程度会间接影响客户的选择。为了满足各个用户群的体检需求，应该尽可能地丰富套餐种类，使体检套餐更有针对性。套餐可以在管理端的套餐管理中进行新增，具体介绍如下。

（1）使用浏览器访问 health_backend 子模块下的套餐管理页面 setmeal.html，如图 4-1 所示。

图 4-1　套餐管理页面（1）

（2）单击图 4-1 所示页面中的"新增"按钮弹出新增套餐对话框，如图 4-2 所示，该对话框用于填写新增套餐的信息，包括基本信息、检查组信息。基本信息由编码、名称、适用性别、助记码、套餐价格、适用年龄、上传图片、说明和注意事项组成；检查组信息由选择复选框、检查组编码、检查组名称和检查组说明组成。

图 4-2　新增套餐对话框（1）

（3）在图 4-2 所示的页面中输入套餐的基本信息并上传图片，勾选检查组信息后，单击"确定"按钮完成套餐的新增。

任务分析

通过对图 4-1 和图 4-2 的分析，可以将新增套餐分解成 2 个功能，分别是弹出带有检查组数据的新增套餐对话框、完成套餐的新增。接下来对这 2 个功能的实现思路进行分析。

1. 弹出带有检查组数据的新增套餐对话框

在 setmeal.html 页面中单击"新增"按钮后会弹出新增套餐对话框，并显示所有的检查组，在对话框中填写基本信息和勾选检查组信息，实现思路如下。

（1）弹出新增套餐对话框

为 setmeal.html 页面的"新增"按钮绑定单击事件，在单击事件触发后弹出新增套餐对话框，再提交查询所有检查组的请求。

（2）接收和处理查询所有检查组请求

客户端发起查询所有检查组的请求后，由 CheckGroupController 类的 findAll( )方法接收页面提交的请求，并调用 CheckGroupService 接口的 findAll( )方法查询所有检查组。

（3）查询所有检查组

在 CheckGroupServiceImpl 类中重写 CheckGroupService 接口的 findAll( )方法，并调用 CheckGroupDao 接口的 findAll( )方法从数据库中查询所有检查组。

（4）显示查询结果

CheckGroupController 类中的 findAll( )方法将查询结果返回 setmeal.html 页面，setmeal.html 页面根据结果在新增套餐对话框中显示所有的检查组信息。

为了让读者更清晰地了解弹出带有检查组数据的新增套餐对话框的实现过程，下面通过一张图进行描述，如图 4-3 所示。

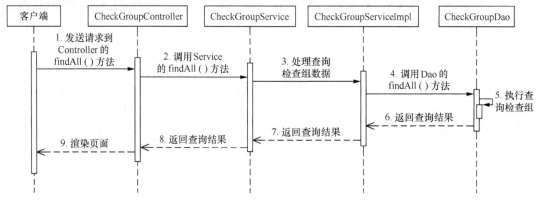

图 4-3 弹出带有检查组数据的新增套餐对话框的实现过程

2. 完成套餐的新增

在弹出的新增套餐对话框中填写套餐数据后，将对话框中的数据提交到后台，后台接收并处理请求后，将套餐数据保存到数据库中，实现思路如下。

（1）提交新增套餐请求

为 setmeal.html 页面新增套餐对话框中的"确定"按钮绑定单击事件，在单击事件触发后提交对话框中的数据。

（2）接收和处理新增套餐请求

客户端发起新增套餐的请求后，由控制器类 SetmealController 中的 add( )方法接收页面提交的请求，请求的参数中包含套餐基本信息和套餐对检查组的引用信息，因此，在新增套餐时，除了要提交套餐的基本信息，还要提交套餐对检查组的引用信息。在 add( )方法中调用 SetmealService 接口的 add( )方法新增套餐。

（3）保存新增套餐数据

在 SetmealServiceImpl 类中重写 SetmealService 接口的 add( )方法，调用 SetmealDao 接口中用于新增套餐基本信息的 add( )方法、用于新增套餐对检查组的引用的 setSetmealAndCheckGroup( )方法。

（4）提示新增套餐结果

SetmealController 类中的 add( )方法将新增套餐的结果返回 setmeal.html 页面，setmeal.html 页面根据返回结果提示新增套餐成功或失败的信息。

为了让读者更清晰地了解新增套餐的实现过程，下面通过一张图进行描述，如图 4-4 所示。

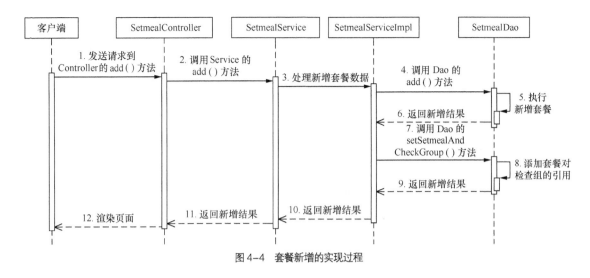

图 4-4 套餐新增的实现过程

知识进阶

在新增套餐的过程中涉及图片的存储,在实际项目开发中有多种存储图片的方式。例如 Nginx 搭建的图片服务器、开源的分布式文件存储系统、云存储等,由于云存储使用简便,这里我们采用云存储的方式实现图片存储。

实现图片云存储的方式有多种,例如阿里云、七牛云等,其中,七牛云提供了免费的存储服务,本书选择七牛云进行图片存储。

七牛云存储服务

七牛云是国内知名的云计算及数据服务提供商,推出了对象存储、融合 CDN 加速、容器云等服务。在七牛云提供的多种服务中,我们主要使用的是七牛云提供的对象存储服务,该服务将图片存储在七牛云的存储空间中。接下来对七牛云存储空间的常规使用进行详细讲解。

(1)注册七牛云

在使用七牛云之前,需要注册七牛云的账号。访问七牛云官方网站首页,如图 4-5 所示。

图 4-5 七牛云官方网站首页

在图 4-5 所示的页面中,单击右上角"立即注册"按钮,进入七牛云注册页面,如图 4-6 所示。

图 4-6　七牛云注册页面

在图 4-6 所示的页面中，填写注册信息，单击"免费注册"按钮，完成七牛云账号的注册。

（2）实名认证

使用注册好的账号进行登录，登录成功后还不能进行后续操作，因为需要对账号进行实名认证。实名认证在"个人中心"→"个人信息"中完成。实名认证页面如图 4-7 所示。

图 4-7　实名认证页面

在图 4-7 所示的页面中，填写实名认证信息，包括真实姓名、身份证号等。

（3）新建存储空间

实名认证完成后，返回七牛云产品主页面，如图 4-8 所示。

模块四 管理端——套餐管理 93

图 4-8 七牛云产品主页面

在图 4-8 所示的页面中，单击"资源管理"中的"+新建存储空间"，新建存储空间，如图 4-9 所示。

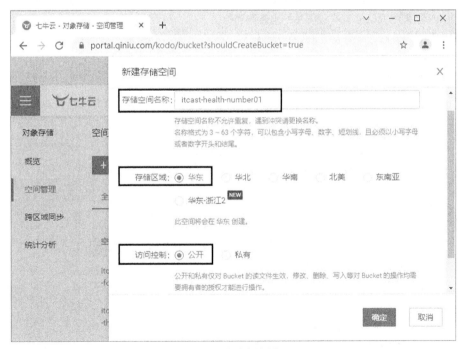

图 4-9 新建存储空间

在图 4-9 所示的页面中，输入存储空间名称，选择存储区域和访问控制方式，单击"确定"按钮，完成存储空间的创建。创建的存储空间如图 4-10 所示。

图 4-10　创建的存储空间

从图 4-10 可以看出，已创建了名称为 itcast-health-number01 的存储空间。需要注意的是，系统会自动为该空间配备测试域名，有效期为 30 天，仅用于业务对接测试。30 天后系统会自动回收测试域名，为了不影响使用，读者可以重新创建新的存储空间。生成的默认域名需要读者记录，因为在后续开发中需要使用该域名。

（4）操作七牛云存储服务

七牛云为多种编程语言接入七牛云存储服务提供了不同的软件开发工具包，例如 Java SDK、JavaScript SDK、PHP SDK 等，读者可以通过七牛开发者中心加以了解，这里不再赘述。由于本书的代码是使用 Java 语言编写的，所以采用 Java SDK 完成图片的上传和删除。

在操作七牛云存储服务时需要引入七牛云的依赖，打开 health_parent 父工程的 pom.xml 文件，引入七牛云的 JAR 包，具体代码如下。

```xml
<dependencyManagement>
    <dependencies>
        ......
            <!--七牛云图片上传-->
            <dependency>
                <groupId>com.qiniu</groupId>
                <artifactId>qiniu-java-sdk</artifactId>
                <version>7.7.0</version>
            </dependency>
    </dependencies>
</dependencyManagement>
```

打开 health_common 子模块的 pom.xml 文件，引入七牛云的 JAR 包，具体代码如下。

```xml
<dependencies>
    ......
    <!--七牛云图片上传-->
    <dependency>
        <groupId>com.qiniu</groupId>
        <artifactId>qiniu-java-sdk</artifactId>
    </dependency>
</dependencies>
```

（5）鉴权

Java SDK 的所有功能都需要合法的授权才能使用。授权凭证的签名算法需要七牛云账号下的一对有效的 Access Key 和 Secret Key，这对密钥可以通过"个人中心"→"密钥管理"进行查看，如图 4-11 所示。

图 4-11 查看 Access Key 和 Secret Key

一个账号最多拥有两对密钥（Access/Secret Key）；如果只创建了一个密钥，那么在更换密钥时，需要先创建一个新的密钥后再更换；删除密钥前必须停用服务。出于安全考虑，建议读者定期更换密钥。

（6）封装工具类

在七牛开发者中心的 Java SDK 帮助文档中提供了图片上传和删除的官方使用案例，为了方便读者操作七牛云存储服务，我们对官方提供的使用案例进行了简单改造，封装成工具类 QiniuUtils，在项目中进行图片上传与删除时直接调用该工具类即可。

在 health_common 子模块的 com.itheima.utils 包下创建 QiniuUtils 类，在类中定义 upload2Qiniu()方法，用于图片上传。具体代码如文件 4-1 所示。

文件 4-1　QiniuUtils.java

```java
1  /**
2   * 七牛云工具类
3   */
4  public class QiniuUtils {
5      public static String accessKey =
6              "D_GFS78LwSUukMZtGPtMOVsIOFcUR05t36PqYck3";//传输密钥
7      public static String secretKey =
8              "7Fj1StB4St.sWVTCn0n4XN8c3vadYL8tcqbzvRkWH";//密钥
9      public static String bucket = "itcast-health-numbero/";//存储空间名
10     //上传文件
11     public static void upload2Qiniu(byte[] bytes, String fileName){
12         //构造一个带指定 Zone 对象的配置类
13         Configuration cfg = new Configuration(Zone.zone0());
14         //其他参数参考类注释
15         UploadManager uploadManager = new UploadManager(cfg);
16         //默认不指定 key 的情况下，以文件内容的哈希值作为文件名
17         String key = fileName;
18         Auth auth = Auth.create(accessKey, secretKey);//鉴权
19         String upToken = auth.uploadToken(bucket);//用于文件上传的 token
20         try {
21             Response response = uploadManager.put(bytes, key, upToken);
22             //解析上传成功的结果
23             DefaultPutRet putRet = new Gson().fromJson(
```

```
24                      response.bodyString(), DefaultPutRet.class);
25              System.out.println(putRet.key);
26              System.out.println(putRet.hash);
27          } catch (QiniuException ex) {
28              Response r = ex.response;
29              System.err.println(r.toString());
30              try {
31                  System.err.println(r.bodyString());
32              } catch (QiniuException ex2) {
33              }
34          }
35      }
36  }
```

在文件4-1中，第5~9行代码定义密钥accessKey、secretKey、存储空间名称bucket。第11~35行代码是上传文件的函数，其中，第13行代码通过指定Zone对象的配置类设置存储区域，需要与创建空间时选择的存储区域保持一致；第17行代码指定key作为上传图片的文件名；第18~19行代码鉴权并生成token；第21行代码执行图片上传的操作。

在QiniuUtils类中定义deleteFileFromQiniu()方法，用于删除图片。具体代码如下。

```
1   //删除文件
2   public static void deleteFileFromQiniu(String fileName){
3       //构造一个带指定Zone对象的配置类
4       Configuration cfg = new Configuration(Zone.zone0());
5       String key = fileName;//指定文件名
6       Auth auth = Auth.create(accessKey, secretKey);//鉴权
7       //获取存储空间
8       BucketManager bucketManager = new BucketManager(auth, cfg);
9       try {
10          bucketManager.delete(bucket, key);//删除指定图片
11      } catch (QiniuException ex) {
12          //如果遇到异常，说明删除失败
13          System.err.println(ex.code());
14          System.err.println(ex.response.toString());
15      }
16  }
```

上述代码中，第10行代码通过delete()方法删除图片。

在QiniuUtils类中配置存储区域时，需要注意Zone对象与存储区域的对应关系，如果对应关系错误，会导致上传和删除图片失败。下面通过一张表格介绍七牛云的存储区域与Zone对象的对应关系，如表4-1所示。

表4-1 七牛云的存储区域与Zone对象的对应关系

存储区域	Zone 对象
华东	Zone.zone0()
华北	Zone.zone1()
华南	Zone.zone2()
北美	Zone.zoneNa0()
东南亚	Zone.zoneAs0()

在表4-1中，记录了每个存储区域对应的Zone对象。需要注意的是，其中的内容是本书截稿时七牛云官方网站提供的存储区域与Zone对象的对应关系，如果读者在编写代码时出现对应关系不匹配，可以前往官网获取最新的对应关系。

任务实现

从任务分析可以得出,在单击"新增"按钮后,需要弹出新增套餐对话框,单击对话框中的"确定"按钮提交数据到后台,完成套餐的新增。接下来对新增套餐的实现进行详细讲解。

1. 弹出带有检查组数据的新增套餐对话框

在 setmeal.html 页面中,单击"新增"按钮,弹出新增套餐对话框并且将查询到的所有检查组数据进行回显,具体实现如下。

(1)弹出新增套餐对话框

此时访问 health_backend 子模块的 setmeal.html 页面,单击"新增"按钮,页面没有任何变化。查看 setmeal.html 页面中与"新增"按钮和新增套餐对话框相关的源代码,具体代码如下。

```
1  ......
2  <el-button type="primary" class="butT">新增</el-button>
3  ......
4  <!-- 新增套餐对话框 -->
5  <div class="add-form">
6      <el-dialog title="新增套餐" :visible.sync="dialogFormVisible">
7          ......
8          <el-tab-pane label="基本信息" name="first">
9              ......
10         </el-tab-pane>
11         <el-tab-pane label="检查组信息" name="second">
12             ......
13         </el-tab-pane>
14     </el-dialog>
15 </div>
16 <script>
17     var vue = new Vue({
18         el: '#app',
19         data:{
20             activeName:'first',//默认显示的标签名称
21             formData: {},//表单数据
22             tableData:[],//添加表单对话框中检查组列表数据
23             checkgroupIds:[],//添加表单对话框中检查组复选框对应 id
24             dialogFormVisible: false,//设置添加检查组对话框是否显示,值为 false 则隐藏
25             ......
26         },
27         ......
28     })
29 </script>
```

上述代码中,第 2 行代码用于实现"新增"按钮;第 20 行代码中的 activeName 属性表示当前显示的是哪个标签页,用于在对话框初始化时显示名称为"first"的标签;第 24 行代码定义 dialogFormVisible 的初始值为 false,表示隐藏对话框。

新增套餐对话框在页面初始化时已存在,只是处于隐藏状态。在 setmeal.html 页面中定义 handleCreate() 方法,将 dialogFormVisible 的值修改为 true。为了保证每次弹出的对话框内均没有数据,在每次弹出对话框之前,调用 resetForm() 方法将对话框中的数据清空。具体代码如下。

```
1  <script src="../js/axios-0.18.0.js"></script>
2  <script>
3      var vue = new Vue({
4          ......
5          methods: {
```

```
 6              // 清空对话框
 7              resetForm() {
 8                  this.formData = {};         //清空对话框中的数据
 9                  this.checkgroupIds = [];    //清空勾选的检查组
10                  this.imageUrl = null;       //清除上传的图片
11              },
12              // 弹出新增套餐对话框
13              handleCreate() {
14                  //清空对话框
15                  this.resetForm();
16                  this.activeName = 'first';//每次弹出的新增套餐对话框默认显示基本信息
17                  this.dialogFormVisible = true;//显示新增套餐对话框
18                  //发送 Axios 请求, 查询所有检查组信息, 以表格的形式展示到对话框中
19                  axios.get("/checkgroup/findAll.do").then((res)=> {
20                      if(res.data.flag){
21                          //为 tableData 赋值, 基于 Vue 数据双向绑定将数据展示到表单中
22                          this.tableData = res.data.data;
23                      }else{
24                          this.$message.error(res.data.message);
25                      }
26                  });
27              }
28          }
29      })
30 </script>
```

上述代码中, 第 7~11 行代码用于清空对话框中的数据; 第 19~26 行代码使用 Axios 向项目中的 "/checkgroup/findAll.do" 路径发送异步请求, 并对响应结果进行处理。

接下来, 为"新增"按钮绑定单击事件, 并设置单击时调用 handleCreate()方法, 具体代码如下。

```
<el-button type="primary" class="butT"
                    @click="handleCreate()">新增</el-button>
```

（2）实现查询所有检查组

在 health_backend 子模块的 CheckGroupController 类中定义 findAll()方法, 用于处理查询所有检查组的请求。具体代码如下。

```
//查询所有检查组
@RequestMapping("/findAll")
public Result findAll(){
    try {
        //调用 findAll()方法发送请求
        List<CheckGroup> list = checkGroupService.findAll();
        //返回检查组列表与查询提示信息
        return new Result(true, MessageConstant.
                        QUERY_CHECKGROUP_SUCCESS,list);
    }catch (Exception e){
        e.printStackTrace();
        //返回查询提示信息
        return new Result(false,MessageConstant.QUERY_CHECKGROUP_FAIL);
    }
}
```

在 health_interface 子模块的 CheckGroupService 接口中定义 findAll()方法, 用于查询所有检查组。具体代码如下。

```
//查询所有检查组
public List<CheckGroup> findAll();
```

在 health_service_provider 子模块的 CheckGroupServiceImpl 类中重写 CheckGroupService 接口的 findAll( )方法，用于查询所有检查组。具体代码如下。

```
//查询所有检查组
@Override
public List<CheckGroup> findAll() {
    return checkGroupDao.findAll();
}
```

在 health_service_provider 子模块的 CheckGroupDao 接口中定义 findAll( )方法，用于查询所有检查组。具体代码如下。

```
//查询所有检查组
public List<CheckGroup> findAll();
```

在 health_service_provider 子模块的 CheckGroupDao.xml 文件中，使用<select>标签映射查询语句查询所有检查组。具体代码如下。

```
<!--查询所有检查组-->
<select id="findAll" resultType="com.itheima.pojo.CheckGroup">
    SELECT * FROM t_checkgroup
</select>
```

（3）测试弹出带有检查组数据的新增套餐对话框

启动 ZooKeeper 服务，在 IDEA 中依次启动 health_service_provider 和 health_backend，在浏览器中访问 http://localhost:82/pages/setmeal.html，如图 4-12 所示。

图 4-12 套餐管理页面（2）

在图 4-12 所示的页面中，单击"新增"按钮，弹出新增套餐对话框，如图 4-13 所示。

图 4-13 新增套餐对话框（2）

在图 4-13 所示的页面中,单击"检查组信息",显示检查组信息,如图 4-14 所示。

图 4-14 检查组信息

从图 4-14 可以看出,新增套餐对话框中显示了所有检查组,这说明成功弹出新增套餐对话框并回显了检查组信息。

2. 图片上传

在实际项目开发中,很多 Web 项目都会涉及文件的上传功能,例如图片的上传、文档的上传等。要想实现 Web 项目中的文件上传功能,需要先在 Web 项目的页面中配置传输项,然后将读取的上传文件的数据保存到指定的目标路径。

本任务要求在新增套餐时上传套餐图片,接下来对图片上传功能进行详细讲解。

(1)配置文件上传组件

要想实现图片上传功能,需要使用文件上传组件 commons-fileupload,并在 springmvc.xml 文件中配置 commons-fileupload 组件的信息,具体如下。

首先在 health_parent 父工程的 pom.xml 文件中引入 commons-fileupload 的依赖信息,具体代码如下。

```xml
<properties>
    ......
    <commons-fileupload.version>1.3.1</commons-fileupload.version>
</properties>
<dependencyManagement>
    <dependencies>
        ......
        <!-- 文件上传组件 -->
        <dependency>
            <groupId>commons-fileupload</groupId>
            <artifactId>commons-fileupload</artifactId>
            <version>${commons-fileupload.version}</version>
        </dependency>
    </dependencies>
</dependencyManagement>
```

然后在 health_common 子模块的 pom.xml 文件中引入 commons-fileupload 的依赖信息,具体代码如下。

```xml
<dependencies>
    ......
    <!--文件上传组件-->
    <dependency>
        <groupId>commons-fileupload</groupId>
```

```xml
            <artifactId>commons-fileupload</artifactId>
        </dependency>
    </dependencies>
```
接着在 health_backend 子模块的 springmvc.xml 文件中配置文件上传组件，具体代码如下。
```xml
<?xml version="1.0" encoding="UTF-8"?>
<beans xmlns="http://www.springframework.org/schema/beans"
    ......
    <!--文件上传组件-->
    <bean id="multipartResolver"
        class="org.springframework.web.multipart.commons.CommonsMultipartResolver">
        <property name="maxUploadSize" value="104857600" />
        <property name="maxInMemorySize" value="4096" />
        <property name="defaultEncoding" value="UTF-8"/>
    </bean>
</beans>
```
上述代码中，maxUploadSize 表示以字节为单位的最大文件大小；maxInMemorySize 表示读取文件到内存中的最大字节数，默认是 1024；defaultEncoding 用于指定文件上传的编码，注意 defaultEncoding 必须与 HTML 页面中的 charset 属性一致，以便能正常读取文件。

（2）提交图片上传的请求

访问 health_backend 子模块的 setmeal.html 页面，单击"新增"按钮弹出新增套餐对话框，单击对话框中"基本信息"中的"+"，此时页面并未发生变化。查看 setmeal.html 页面的源代码，具体代码如下。

```
1  ......
2  <el-form-item label="上传图片">
3      <el-upload
4              class="avatar-uploader">
5          <img v-if="imageUrl" :src="imageUrl" class="avatar" />
6          <i v-else class="el-icon-plus avatar-uploader-icon"></i>
7      </el-upload>
8  </el-form-item>
9  ......
10 <script>
11     var vue = new Vue({
12         el: '#app',
13         data:{
14             imageUrl:null,//图片模型数据，用于完成图片上传后进行图片预览
15             ......
16         },
17         ......
18     })
19 </script>
```
上述代码中，第 2~8 行代码定义上传组件 el-upload，其中，第 4 行代码用于设置组件的属性值；第 5 行代码通过:src="imageUrl"获取图片上传后的路径地址，如果 imageUrl 是 null 则显示默认图片，如果 imageUrl 不是 null 则显示上传的图片。第 14 行代码定义图片模型数据，用于完成图片上传后进行图片预览，初始值为 null。

接下来，为 setmeal.html 页面中的上传组件 el-upload 设置对应属性的值，具体代码如下。

```
1  <el-form-item label="上传图片">
2      <el-upload
3              class="avatar-uploader"
4              action="/setmeal/upload.do"
5              :auto-upload="true"
6              name="imgFile"
7              :show-file-list="false"
```

```
8              :on-success="handleAvatarSuccess"
9              :before-upload="beforeAvatarUpload">
10       <!--用于上传图片预览-->
11       <img v-if="imageUrl" :src="imageUrl" class="avatar" />
12       <!--用于展示图片预览-->
13       <i v-else class="el-icon-plus avatar-uploader-icon"></i>
14   </el-upload>
15 </el-form-item>
```

上述代码中，第 4～9 行代码设置 el-upload 组件属性值，各属性表示的含义如下。

- action：上传的图片提交到后台的地址。
- :auto-upload：选中文件后是否自动上传，true 代表自动上传，false 代表手动上传。
- name：上传文件的名称，服务端可以根据名称获得上传的文件对象。
- :show-file-list：是否显示已上传文件列表，true 代表显示，false 代表不显示。
- :on-success：文件上传成功后执行的钩子函数。
- :before-upload：上传文件之前执行的钩子函数。

在实际项目开发之前，都会对项目中可能使用到的一些文档和图片的格式、大小提出具体要求。本书在图片上传时，要求设置的图片格式为 JPG，图片大小不超过 2MB，如果上传的图片不符合条件，则不允许上传，所以在上传图片之前需要对图片进行校验。

在 setmeal.html 页面中定义 beforeAvatarUpload() 方法，用于校验图片的格式和大小，具体代码如下。

```
1  <script>
2      var vue = new Vue({
3          ……
4          methods: {
5              ……
6              //上传图片之前执行
7              beforeAvatarUpload(file) {
8                  const isJPG = file.type === 'image/jpeg';
9                  const isLt2M = file.size / 1024 / 1024 < 2;
10                 if (!isJPG) {
11                     this.$message.error('上传套餐图片只能是JPG 格式!');
12                 }
13                 if (!isLt2M) {
14                     this.$message.error('上传套餐图片大小不能超过 2MB!');
15                 }
16                 return isJPG && isLt2M;
17             }
18         }
19     })
20 </script>
```

上述代码中，第 8～9 行代码设置参数值；第 10～12 行代码表示只支持上传 JPG 格式的图片；第 13～15 行代码表示图片大小不能超过 2MB。如果校验结果为 true，自动向当前项目的 "/setmeal/upload.do" 路径发送请求到后台进行图片上传；如果校验结果为 false，页面提示无法上传的原因。

需要注意的是，JPG 一般指 JPEG 格式，JPEG 是 Joint Photographic Experts Group 的缩写，是比较常用的图像文件格式，扩展名为.jpg 或.jpeg。

在图片上传之后，需对上传结果进行处理并在页面中显示，用于告知用户图片上传是否成功，如果上传成功，在对话框中预览上传的图片；如果上传失败，在页面展示失败提示信息。

在 setmeal.html 页面中定义 handleAvatarSuccess() 方法，用于返回上传成功或失败的提示信息，具体代码如下。

```
1  <script>
```

```
2    var vue = new Vue({
3        ......
4        methods: {
5            ......
6            /**文件上传成功后执行的钩子函数,
7             * response 为服务端返回的值,file 为当前上传的文件封装成的 JS 对象*/
8            handleAvatarSuccess(response, file) {
9                this.$message({
10                   type:response.flag?"success":"error",
11                   message:response.message
12               });
13               if(response.flag){
14                   //预览刚刚上传的文件
15                   this.imageUrl = "http://r8ezj7hhr.hd-bkt.clouddn.com/"
16                       +response.data;
17                   //将文件名称赋值给模型数据,用于表单提交
18                   this.formData.img = response.data;
19               }
20           }
21       }
22   })
23 </script>
```

上述代码中,第 9~12 行代码用于判断图片上传是否成功;第 13~19 行代码用于实现图片上传成功后返回图片名称与图片的完整路径,其中,第 15~16 行代码给图片模型数据 imageUrl 绑定图片地址,用于在页面中预览图片。图片地址由两部分组成:第 1 部分 "http://r8ezj7hhr.hd-bkt.clouddn.com/" 是七牛云存储空间的域名,读者需要依照自己创建的存储空间的域名进行替换;第 2 部分 "response.data" 表示图片名称。

(3) 实现图片上传控制器

在 health_backend 子模块的 com.itheima.controller 包下创建控制器类 SetmealController,在类中定义 upload() 方法,用于处理图片上传的请求。具体代码如文件 4-2 所示。

文件 4-2　SetmealController.java

```
1  /**
2   * 套餐管理
3   */
4  @RestController
5  @RequestMapping("/setmeal")
6  public class SetmealController {
7      @Reference
8      private SetmealService setmealService;
9      //图片上传
10     @RequestMapping("/upload")
11     public Result upload(@RequestParam("imgFile") MultipartFile imgFile){
12         //获取原始文件名
13         String originalFilename = imgFile.getOriginalFilename();
14         int index = originalFilename.lastIndexOf(".");
15         String suffix = originalFilename.substring(index);//获取文件扩展名
16         //使用 UUID 随机产生文件名称,防止同名文件覆盖
17         String fileName = UUID.randomUUID().toString() + suffix;
18         try{
19             //将图片保存到七牛云
20             QiniuUtils.upload2Qiniu(imgFile.getBytes(),fileName);
21             return new Result(true,
22                 MessageConstant.PIC_UPLOAD_SUCCESS,fileName);
```

```
23        }catch (Exception e){
24            e.printStackTrace();
25            return new Result(false,MessageConstant.PIC_UPLOAD_FAIL);
26        }
27    }
28 }
```

上述代码中，第13~17行代码用于设置图片名称；第20行代码调用 QiniuUtils 工具类将图片上传到七牛云。需要注意的是，获取上传文件时，注解@RequestParam 指定的请求参数必须与 setmeal.html 页面中上传组件 el-upload 的 name 属性值保持一致。

（4）测试图片上传

依次启动 ZooKeeper 服务、health_service_provider 和 health_backend，在浏览器中访问 http://localhost:82/pages/setmeal.html。单击"+"，选择图片进行上传。图片上传结果如图4-15所示。

图4-15 图片上传结果

从图4-15可以看出，页面提示"图片上传成功"，并展示了上传的图片，说明图片上传成功。

3. 完成套餐的新增

在图4-15所示的页面中，单击新增套餐对话框中的"确定"按钮，提交请求到后台，后台接收并处理请求后，将新增结果返回 setmeal.html 页面。接下来对新增套餐的实现进行详细讲解。

（1）提交新增套餐请求

分别为"取消"和"确定"按钮绑定单击事件，并设置单击时要执行的操作，具体代码如下。

```
1 <div slot="footer" class="dialog-footer">
2     <el-button @click="dialogFormVisible = false">取消</el-button>
3     <el-button type="primary" @click="handleAdd()">确定</el-button>
4 </div>
```

上述代码中，第2行代码设置 dialogFormVisible 的值为 false，用于隐藏新增套餐对话框。

在 setmeal.html 页面中定义 handleAdd()方法，用于提交新增套餐请求，具体代码如下。

```
<script>
    var vue = new Vue({
        ......
        methods: {
```

```
        ......
        //新增套餐
        handleAdd () {
            //发送Axios请求，提交的数据包括两部分：套餐基本信息、套餐关联的检查组id数组
            axios.post("/setmeal/add.do?checkgroupIds="
                + this.checkgroupIds,this.formData).then((res) => {
                if(res.data.flag){
                    //执行成功，提示信息
                    this.$message({
                        type:'success',
                        message:res.data.message
                    });
                    this.dialogFormVisible = false;//隐藏新增对话框
                }else{
                    this.$message.error(res.data.message);
                }
            });
        }
    }
})
</script>
```

上述代码中，使用Axios向当前项目的"/setmeal/add.do"路径发送异步请求，并对返回的响应结果进行处理。

（2）创建套餐类

在health_common子模块的com.itheima.pojo包下创建Setmeal类，在类中声明套餐的属性，并定义各个属性的getter/setter方法。具体代码如文件4-3所示。

文件4-3　Setmeal.java

```
1  /**
2   * 套餐
3   */
4  public class Setmeal implements Serializable {
5      private Integer id;
6      private String name;
7      private String code;
8      private String helpCode;
9      private String sex; //套餐适用性别，0表示不限，1表示男，2表示女
10     private String age; //套餐适用年龄范围
11     private Float price;//套餐价格
12     private String remark;
13     private String attention;
14     private String img; //套餐对应的图片存储路径
15     private List<CheckGroup> checkGroups;//体检套餐对应的检查组，多对多关系
16     //......省略getter/setter方法
17 }
```

（3）实现新增套餐控制器

在health_common子模块的SetmealController类中定义add()方法，用于处理新增套餐的请求，具体代码如下。

```
//新增套餐
@RequestMapping("/add")
public Result add(@RequestBody Setmeal setmeal, Integer[] checkgroupIds){
    try{
        setmealService.add(setmeal,checkgroupIds);//调用add()发送请求
```

```
            //返回新增套餐结果及对应的提示信息
            return new Result(true,MessageConstant.ADD_SETMEAL_SUCCESS);
        }catch (Exception e){
            e.printStackTrace();
            //返回新增套餐结果及对应的提示信息
            return new Result(false,MessageConstant.ADD_SETMEAL_FAIL);
        }
    }
```

上述代码中，调用 SetmealService 接口的 add()方法获取页面传递的套餐数据，并将获取的套餐数据传递到 Service 层进行新增处理，然后将新增结果及对应的提示信息返回页面。

（4）创建新增套餐服务

在 health_interface 子模块的 com.itheima.service 包下创建接口 SetmealService，在接口中定义新增套餐的 add()方法。具体代码如文件 4-4 所示。

文件 4-4　SetmealService.java

```
/**
 * 套餐接口
 */
public interface SetmealService {
    public void add(Setmeal setmeal, Integer[] checkgroupIds);//新增套餐
}
```

（5）实现新增套餐服务

在 health_service_provider 子模块的 com.itheima.service.impl 包下创建 SetmealService 接口的实现类 SetmealServiceImpl，并重写接口的 add()方法，用于新增套餐。具体代码如文件 4-5 所示。

文件 4-5　SetmealServiceImpl.java

```
1  /**
2   * 套餐接口实现类
3   */
4  @Service(interfaceClass = SetmealService.class)
5  @Transactional
6  public class SetmealServiceImpl implements SetmealService {
7      @Autowired
8      private SetmealDao setmealDao;
9      //新增套餐，同时关联检查组
10     public void add(Setmeal setmeal, Integer[] checkgroupIds) {
11         setmealDao.add(setmeal);//新增套餐基本信息
12         Integer setmealId = setmeal.getId();//获取套餐id
13         //为套餐设置关联检查组
14         this.setSetmealAndCheckGroup(setmealId,checkgroupIds);
15     }
16     //设置套餐对检查组的引用
17     public void setSetmealAndCheckGroup(Integer setmealId,
18                                          Integer[] checkgroupIds){
19         if(checkgroupIds != null && checkgroupIds.length > 0){
20             for (Integer checkgroupId : checkgroupIds) {//遍历检查组id
21                 Map<String,Integer> map = new HashMap<>();
22                 map.put("setmealId",setmealId);//套餐id
23                 map.put("checkgroupId",checkgroupId);//勾选的检查组id
24                 //调用持久层接口中的方法，新增套餐与检查组关联信息
25                 setmealDao.setSetmealAndCheckGroup(map);
26             }
27         }
```

```
28    }
29 }
```

上述代码中，第 10~15 行代码实现新增套餐，套餐中包括其基本信息和对检查组的引用信息，其中，第 11 行代码实现新增套餐的基本信息，第 14 行代码实现新增套餐对检查组的引用；第 17~28 行代码设置套餐对检查组的引用。

（6）实现持久层新增套餐

在 health_service_provider 子模块的 com.itheima.dao 包下创建持久层接口 SetmealDao，用于处理与套餐相关的操作。具体代码如文件 4-6 所示。

文件 4-6　SetmealDao.java

```
1  /**
2   * 套餐持久层接口
3   */
4  public interface SetmealDao {
5      public void add(Setmeal setmeal);//新增套餐的基本信息
6      //设置套餐对检查组的引用
7      public void setSetmealAndCheckGroup(Map<String, Integer> map);
8  }
```

上述代码中，第 5 行代码用于新增套餐的基本信息；第 7 行代码用于设置套餐对检查组的引用。

在 health_service_provider 子模块的 resources 文件夹的 com.itheima.dao 目录下创建与 SetmealDao 接口同名的映射文件 SetmealDao.xml。在文件中使用<insert>标签映射新增语句，分别新增套餐的基本信息和套餐对检查组的引用。具体代码如文件 4-7 所示。

文件 4-7　SetmealDao.xml

```
1  <?xml version="1.0" encoding="UTF-8" ?>
2  <!DOCTYPE mapper PUBLIC "-//mybatis.org//DTD Mapper 3.0//EN"
3          "http://mybatis.org/dtd/mybatis-4-mapper.dtd" >
4  <mapper namespace="com.itheima.dao.SetmealDao">
5      <!--新增套餐基本信息-->
6      <insert id="add" parameterType="com.itheima.pojo.Setmeal">
7          <selectKey keyProperty="id" resultType="int" order="AFTER">
8              SELECT LAST_INSERT_ID()
9          </selectKey>
10         INSERT INTO t_setmeal
11         (code,name,sex,age,helpCode,price,remark,attention,img)
12         VALUES
13         (#{code},#{name},#{sex},#{age},#{helpCode},
14             #{price},#{remark},#{attention},#{img})
15     </insert>
16     <!--新增套餐对检查组的引用，操作的是中间关系表-->
17     <insert id="setSetmealAndCheckGroup" parameterType="map">
18         INSERT INTO t_setmeal_checkgroup(setmeal_id,checkgroup_id)
19             VALUES (#{setmealId},#{checkgroupId})
20     </insert>
21 </mapper>
```

上述代码中，第 6~15 行代码用于新增套餐的基本信息；第 17~20 行代码用于新增套餐对检查组的引用。

（7）测试新增套餐

依次启动 ZooKeeper 服务、health_service_provider 和 health_backend，在浏览器中访问 http://localhost:82/pages/setmeal.html，按照要求填写套餐的基本信息，如图 4-16 所示。

图 4-16 填写套餐的基本信息

填写套餐基本信息后，单击"检查组信息"，勾选套餐包含的检查组信息，如图 4-17 所示。

图 4-17 勾选检查组信息

勾选检查组信息后，在图 4-17 所示的页面中，单击"确定"按钮，将数据提交到后台。如果新增失败，页面会提示"新增套餐失败"，如果新增成功，页面会提示"新增套餐成功"。提交数据结果如图 4-18 所示。

图 4-18 提交数据结果

由于查询套餐的功能暂未开发完成，刚新增的套餐数据并不会展示在套餐管理页面中。套餐是否新增成功可以通过查询数据库中的数据表进行验证。查询结果如图4-19所示。

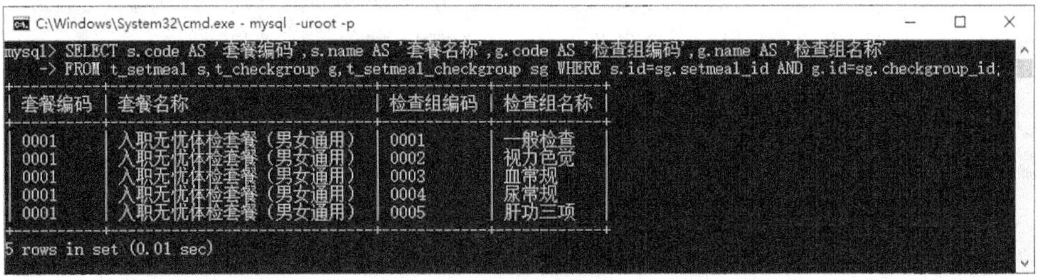

图4-19　查询结果

由图4-19可知，已成功查询出新增的套餐以及套餐对应的检查组信息，说明新增套餐成功。至此，套餐管理模块的新增套餐功能已经完成。

任务4-2　查询套餐

任务描述

本任务需要实现既可以根据指定需求查询套餐，也可以查询所有套餐。考虑到页面可视化效果，本任务通过分页形式展示查询出的套餐。查询套餐的页面效果如图4-20所示。

图4-20　查询套餐的页面效果

在图4-20中，输入框用于输入套餐的查询条件；单击"查询"按钮后，程序将根据输入框中的内容查询套餐信息；套餐展示区用于展示套餐的具体内容；分页条用于切换页码，根据页码跳转到对应的页面展示套餐数据。

任务分析

从任务描述可以得知，查询套餐可以分解成3个功能，分别是分页展示套餐、页码切换、按条件查询套餐。接下来对这3个功能的实现思路进行分析。

1. 分页展示套餐

将查询的套餐数据分段展示在页面中，每次只展示一部分，通过分页的方式展示其余套餐数据，实现思路如下。

（1）提交分页查询套餐的请求

在访问 setmeal.html 页面时，提交分页查询套餐的请求。

（2）接收和处理分页查询套餐请求

客户端发起分页查询套餐的请求后，由 SetmealController 类的 findPage()方法接收页面的请求，并调用 SetmealService 接口的 findPage()方法分页查询套餐。

（3）分页查询套餐

在 SetmealServiceImpl 类中重写 SetmealService 接口的 findPage()方法，并调用 SetmealDao 接口的 findByCondition()方法从数据库中分页查询套餐。

（4）展示分页查询结果

SetmealController 类中的 findPage()方法将分页查询的结果返回 setmeal.html 页面，setmeal.html 页面根据返回结果分页展示查询到的套餐数据。

为了让读者更清晰地了解分页展示套餐的实现过程，下面通过一张图进行描述，如图 4-21 所示。

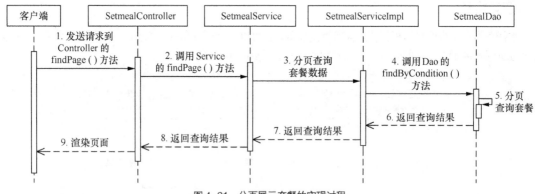

图 4-21 分页展示套餐的实现过程

2. 页码切换

为 setmeal.html 页面的分页条绑定单击事件，在单击事件触发后根据要跳转的页码进行分页查询。

3. 按条件查询套餐

为 setmeal.html 页面的"查询"按钮绑定单击事件，在单击事件触发后执行按条件的分页查询。

任务实现

在任务分析中将查询套餐分解成3个功能，分别是分页展示套餐、页码切换、按条件查询套餐。接下来对这3个功能的实现进行详细讲解。

1. 分页展示套餐

在访问 setmeal.html 页面时，提交分页查询套餐的请求，后台接收请求并处理后，将查询结果返回到页面，具体实现如下。

（1）提交分页查询套餐的请求

此时访问 health_backend 子模块的 setmeal.html 页面没有数据显示。查看 setmeal.html 页面用于展示套餐的源代码，具体如下。

```
1  ......
2  <el-table size="small" current-row-key="id" :data="dataList" stripe
```

```
3          highlight-current-row>
4          ......
5    </el-table>
6    <div class="pagination-container">
7        <el-pagination class="pagination-right"
8              ......>
9        </el-pagination>
10   </div>
11   <script>
12       var vue = new Vue({
13           el: '#app',
14           data:{
15               pagination: {              //分页属性
16                   currentPage:1,    //当前页码
17                   pageSize:5,       //每页显示的记录数
18                   total:0,          //总记录数
19                   queryString:null//查询条件
20               },
21               dataList: [],//当前页要展示的分页列表数据
22               ......
23           },
24           //钩子函数,Vue对象初始化完成后自动执行
25           created(){
26           },
27           ......
28       })
29   </script>
```

上述代码中,第 2~5 行代码用于展示套餐数据;第 6~10 行代码用于实现数据分页;第 15~20 行代码定义分页属性 pagination;第 25~26 行代码定义的 created( )函数在 Vue 对象初始化完成后自动执行。

在 setmeal.html 页面中定义 findPage( )方法,用于分页查询套餐,具体代码如下。

```
1    <script>
2        var vue = new Vue({
3            ......
4            methods: {
5                ......
6                //分页查询套餐
7                findPage(){
8                    //定义分页参数
9                    var param = {
10                       currentPage:this.pagination.currentPage,//当前页
11                       pageSize:this.pagination.pageSize,      //每页显示的记录数
12                       queryString:this.pagination.queryString //查询条件
13                   };
14                   //发送Axios请求,进行分页查询
15                   axios.post("/setmeal/findPage.do",param).then((res)=> {
16                       this.pagination.total = res.data.total;//获取总记录数
17                       this.dataList = res.data.rows;         //获取数据列表
18                   });
19               }
20           }
21       })
22   </script>
```

上述代码中,第 15~18 行代码使用 Axios 向当前项目的"/setmeal/findPage.do"路径发送异步请求,并

处理响应数据。

接下来,在钩子函数 created()中调用 findPage()方法,访问 setmeal.html 页面后即可实现查询套餐并分页显示,具体代码如下。

```
//钩子函数,Vue 对象初始化完成后自动执行
created(){
    this.findPage();//调用分页查询方法完成分页查询
}
```

(2)实现查询套餐控制器

在 health_backend 子模块的 SetmealController 类中定义 findPage()方法,用于处理分页查询套餐的请求。具体代码如下。

```
//分页查询套餐
@RequestMapping("/findPage")
public PageResult findPage(@RequestBody QueryPageBean pageBean){
    return setmealService.findPage(pageBean);//调用 findPage()发送请求
}
```

(3)创建查询套餐服务

在 health_interface 子模块的 SetmealService 接口中定义 findPage()方法,用于分页查询套餐。具体代码如下。

```
//分页查询套餐
public PageResult findPage(QueryPageBean pageBean);
```

(4)实现查询套餐服务

在 health_service_provider 子模块的 SetmealServiceImpl 类中重写 SetmealService 接口的 findPage()方法,用于分页查询套餐。具体代码如下。

```
//分页查询套餐
@Overrid
public PageResult findPage(QueryPageBean pageBean) {
    Integer currentPage = pageBean.getCurrentPage();//当前页
    Integer pageSize = pageBean.getPageSize();       //每页显示的记录数
    String queryString = pageBean.getQueryString();  //查询条件
    PageHelper.startPage(currentPage,pageSize);//使用分页插件实现分页查询
    //调用持久层接口中的方法
    Page<Setmeal> page = setmealDao.findByCondition(queryString);
    return new PageResult(page.getTotal(),page.getResult());//返回分页对象
}
```

(5)实现持久层查询套餐

在 health_service_provider 子模块的 SetmealDao 接口中定义 findByCondition()方法,用于分页查询套餐。具体代码如下。

```
//分页查询套餐
public Page<Setmeal> findByCondition(String queryString);
```

在 health_service_provider 子模块的 SetmealDao.xml 映射文件中使用<select>元素映射查询语句,进行套餐的条件查询、分页查询。具体代码如下。

```
<!--套餐的条件查询、分页查询-->
<select id="findByCondition" parameterType="string"
    resultType="com.itheima.pojo.Setmeal">
    SELECT * FROM t_setmeal
    <if test="value != null and value.length > 0">
        WHERE code = #{value} OR name LIKE '%${value}%'
        OR helpCode = #{value}
    </if>
</select>
```

（6）测试分页展示套餐

依次启动 ZooKeeper 服务、health_service_provider 和 health_backend，在浏览器中访问 http://localhost:82/pages/setmeal.html，分页查询结果如图 4-22 所示。

图 4-22　分页查询结果

（7）完善 setmeal.html 页面的 handleAdd( )方法

由于新增套餐时没有实现分页查询套餐的方法，所以新增套餐成功后无法在 setmeal.html 页面中查看最新添加的套餐，对此可以优化 handleAdd( )方法，即在新增套餐成功后调用 findPage( )方法，具体代码如下。

```
1  //新增套餐
2  handleAdd () {
3      ……
4      //发送 Axios 请求，提交的数据包括两部分：套餐基本信息、套餐关联的检查组 id 数组
5      axios.post("/setmeal/add.do?checkgroupIds="
6          + this.checkgroupIds,this.formData).then((res) => {
7          if(res.data.flag){
8              ……
9              this.findPage();//分页查询套餐
10         }
11         ……
12     });
13 }
```

上述代码中，第 9 行代码的 findPage( )方法在新增套餐成功后调用，以展示系统中最新的套餐。

2. 页码切换

在 setmeal.html 页面中定义 handleCurrentChange( )方法，该方法会在页码发生改变时被调用，具体代码如下。

```
<script>
    var vue = new Vue({
        ……
        methods: {
            ……
            //切换页码
            handleCurrentChange(currentPage) {
                this.pagination.currentPage = currentPage;//指定最新的页码
                this.findPage();//调用分页查询方法
            }
        }
    })
</script>
```

在上述代码中，通过数据双向绑定的方式为分页参数 currentPage 指定最新的页码，再调用 findPage( )方法查询指定页码下的套餐数据。

接下来，为分页组件 el-pagination 设置对应属性的值，具体代码如下。

```
<el-pagination
        class="pagination-right"
        @current-change="handleCurrentChange"
        :current-page="pagination.currentPage"
```

```
            :page-size="pagination.pageSize"
            :total="pagination.total"
            layout="total, prev, pager, next, jumper">
</el-pagination>
```

上述代码中，@current-change 用于指定页码发生变化时触发的方法的名称，此处为@current-change 属性绑定了 handleCurrentChange()方法。

为了测试分页效果，将事先准备好的套餐的测试数据导入数据表 t_setmeal。依次启动 ZooKeeper 服务、health_service_provider 和 health_backend，在浏览器中访问 http://localhost:82/pages/setmeal.html，如图 4-23 所示。

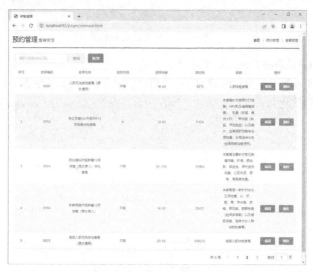

图 4-23 访问 setmeal.html 页面的结果

从图 4-23 可以看出，共查询出 6 条数据，每页显示 5 条，单击 ">" 按钮，跳转到第 2 页，结果如图 4-24 所示。

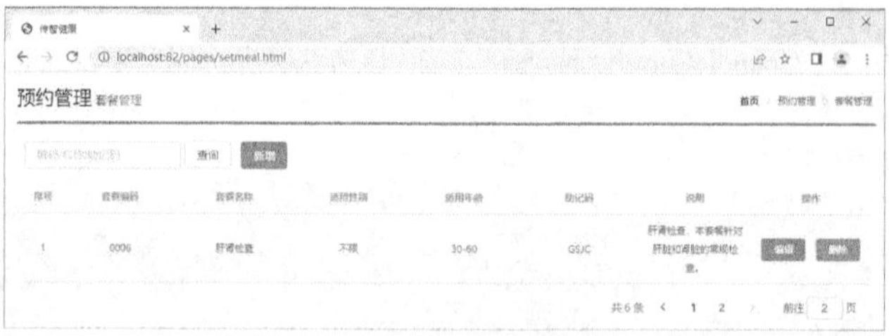

图 4-24 页码切换结果

在图 4-24 中，分页条显示当前页为第 2 页，并展示了数据，说明页码切换成功。

3. 按条件查询套餐

在图 4-24 所示的页面中，输入查询条件 0002，单击"查询"按钮，此时页面没有任何变化。接下来，为"查询"按钮绑定单击事件，并在单击时调用 handleCurrentChange(1)方法。具体代码如下。

```
<el-button class="dalfBut" @click="handleCurrentChange(1)">
查询</el-button>
```

上述代码中，handleCurrentChange(1)方法中的参数表示设置 currentPage 等于 1。这是为了避免 currentPage 修改后，导致 findPage()方法的查询结果不是从第一条开始返回的，通过强制指定 currentPage 的方式可以使返回的数据从查询结果第一条开始返回。

依次启动 ZooKeeper 服务、health_service_provider 和 health_backend，在浏览器中访问 http://localhost:82/pages/setmeal.html。在查询条件输入框输入 0002 后，单击"查询"按钮，查询结果如图 4-25 所示。

图 4-25　按条件查询套餐的结果

在图 4-25 中，查询到一条套餐编码为 0002 的数据，说明根据套餐编码 0002 进行条件查询成功。至此，套餐管理模块的查询套餐功能已经完成。

任务 4-3　编辑套餐

任务描述

由于套餐是针对不同的用户群体的需求设计的，当群体需求发生变化时，不可避免地会对套餐进行修改，这时就可以进行套餐的编辑，具体如下。

（1）单击图 4-23 所示页面中套餐右侧的"编辑"按钮，会弹出编辑套餐对话框，该对话框中展示对应套餐的基本信息和所有的检查组信息，并将套餐中包含的检查组信息设置为勾选状态，如图 4-26 所示。

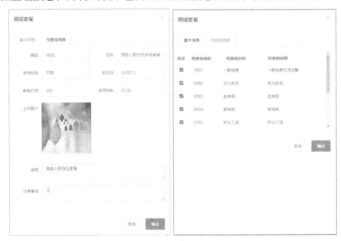

图 4-26　编辑套餐对话框（1）

（2）在图 4-26 所示的页面中，可以对套餐的基本信息和勾选的检查组信息进行编辑，编辑完成后，单击"确定"按钮即可完成套餐的编辑。

任务分析

通过对图 4-23 和图 4-26 的分析，可以将编辑套餐分解成 2 个功能，分别是弹出带有套餐数据的编辑套餐对话框、完成套餐的编辑。接下来对这 2 个功能的实现思路进行分析。

1. 弹出带有套餐数据的编辑套餐对话框

在 setmeal.html 页面中单击"编辑"按钮弹出编辑套餐对话框，将查询到的套餐基本信息与勾选的检查组信息显示在对话框中，具体思路如下。

（1）弹出编辑套餐对话框

为 setmeal.html 页面的 "编辑" 按钮绑定单击事件，在单击事件触发后弹出编辑套餐对话框，再提交查询套餐基本信息、查询所有检查组、查询套餐对检查组的引用的请求。

（2）接收和处理查询套餐请求

套餐数据包含套餐基本信息和套餐对检查组的引用信息，因此，客户端发起查询套餐的请求时，除了要提交查询套餐基本信息的请求外，还要提交查询所有检查组的请求、查询套餐对检查组的引用的请求。

由 SetmealController 类中的 findById() 方法和 findCheckGroupIdsBySetmealId() 方法分别接收页面提交的查询套餐基本信息、查询套餐对检查组的引用的请求。在 findById() 方法中调用 SetmealService 接口的 findById() 方法查询套餐基本信息；在 findCheckGroupIdsBySetmealId() 方法中调用 SetmealService 接口的 findCheck GroupIdsBySetmealId() 方法查询套餐对检查组的引用。

由 CheckGroupController 类中的 findAll() 方法接收页面提交的查询所有检查组的请求，并调用 CheckGroupService 接口的 findAll() 方法查询所有检查组。

（3）查询套餐数据

在 SetmealServiceImpl 类中实现查询套餐基本信息、查询套餐对检查组的引用的相关方法。

① 重写 SetmealService 接口的 findById() 方法，在该方法中调用 SetmealDao 接口中查询套餐基本信息的 findById() 方法。

② 重写 SetmealService 接口的 findCheckGroupIdsBySetmealId() 方法，在该方法中调用 SetmealDao 接口中查询套餐对检查组的引用的 findCheckGroupIdsBySetmealId() 方法。

（4）显示查询结果

将 SetmealController 类中 findById() 方法的查询结果、CheckGroupController 类中 findAll() 方法的查询结果、SetmealController 类中 findCheckGroupIdsBySetmealId() 方法的查询结果依次返回 setmeal.html 页面，setmeal.html 页面根据返回结果在编辑套餐对话框中展示套餐基本信息、所有的检查组信息和勾选的检查组信息。

为了让读者更清晰地了解弹出带有套餐数据的编辑套餐对话框的实现过程，下面通过一张图进行描述，如图 4-27 所示。

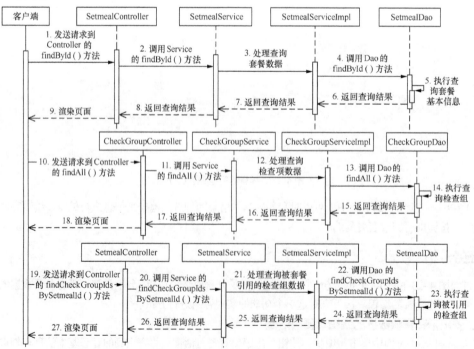

图 4-27　弹出带有套餐数据的套餐编辑对话框的实现过程

2. 完成套餐的编辑

在弹出的编辑套餐对话框中修改数据，单击对话框中的"确定"按钮将数据提交到后台，后台接收并处理请求后，将套餐数据保存到数据库中，实现思路如下。

（1）提交编辑套餐请求

为 setmeal.html 页面编辑套餐对话框中的"确定"按钮绑定单击事件，在单击事件触发后提交对话框中的数据。

（2）接收和处理编辑套餐请求

客户端发起编辑套餐的请求后，由 SetmealController 类的 edit( )方法接收页面提交的请求，并调用 SetmealService 接口的 edit( )方法编辑套餐。

（3）编辑套餐数据

编辑套餐包括对套餐基本信息的编辑和套餐对检查组的引用信息的编辑，在编辑套餐对检查组的引用信息时，通过遍历的方式判断套餐对检查组的引用信息是否需要更新。由于遍历的过程比较烦琐，可以先将原有的套餐对检查组的引用信息删除，然后重新添加新的套餐对检查组的引用信息。

在 SetmealServiceImpl 类中重写 SetmealService 接口的 edit( )方法，调用 SetmealDao 接口中的相关方法实现编辑套餐。具体处理如下。

首先，调用 edit( )方法修改套餐的基本信息。

其次，调用 deleteAssociation( )方法删除套餐对检查组的引用。

最后，调用 setSetmealAndCheckGroup( )方法重新设置套餐对检查组的引用。

（4）提示编辑结果

SetmealController 类中的 edit( )方法将编辑结果返回 setmeal.html 页面，setmeal.html 页面根据返回结果提示编辑成功或失败的信息。

为了让读者更清晰地了解套餐编辑的实现过程，下面通过一张图进行描述，如图4-28所示。

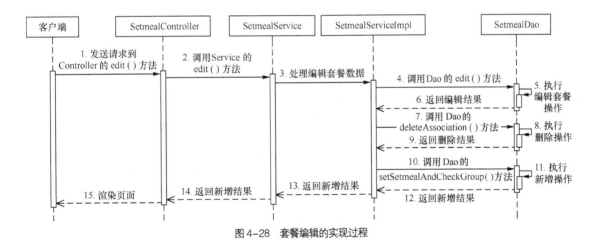

图 4-28 套餐编辑的实现过程

任务实现

在任务分析中将编辑套餐分解成 2 个功能，分别是弹出带有套餐数据的编辑套餐对话框、完成套餐的编辑。接下来对这 2 个功能的实现进行详细讲解。

1. 弹出带有套餐数据的编辑套餐对话框

在 setmeal.html 页面中，单击"编辑"按钮后，需要弹出编辑套餐对话框并且将当前套餐的基本信息和检查组信息进行回显，具体实现如下。

（1）弹出编辑套餐对话框

此时访问 health_backend 子模块中的 setmeal.html 页面，单击"编辑"按钮时，页面没有任何变化。查看 setmeal.html 页面中与"编辑"按钮和编辑套餐对话框相关的源代码，具体代码如下。

```
1  ......
2  <el-table-column label="操作" align="center">
3      <template slot-scope="scope">
4          <el-button type="primary" size="mini">编辑</el-button>
5          ......
6      </template>
7  </el-table-column>
8  <!-- 编辑标签对话框 -->
9  <div class="edit-form">
10     <el-dialog title="编辑套餐" :visible.sync="dialogFormVisible4Edit">
11         ......
12     </el-dialog>
13 </div>
14 <script>
15     var vue = new Vue({
16         el: '#app',
17         data:{
18             ......
19             dialogFormVisible4Edit:false,//编辑套餐对话框是否可见
20         },
21         ......
22     })
23 </script>
```

上述代码中，第 4 行代码用于实现"编辑"按钮；第 9～13 行代码用于实现编辑套餐对话框；第 19 行代码设置属性 dialogFormVisible4Edit 的初始值为 false，表示页面初始化时隐藏对话框。

在 setmeal.html 页面中定义 handleUpdate() 方法，用于弹出编辑套餐对话框、回显套餐数据，具体代码如下。

```
1  <script>
2      var vue = new Vue({
3          ......
4          methods:{
5              ......
6              //弹出编辑套餐对话框
7              handleUpdate(row) {
8                  this.imageUrl = null;//清空图片模型数据
9                  this.activeName = 'first';//每次弹出的编辑套餐对话框默认显示套餐基本信息
10                 this.dialogFormVisible4Edit = true;//显示编辑套餐对话框
11                 //发送 Axios 请求查询套餐基本信息并回显
12                 axios.get("/setmeal/findById.do?id="+row.id).then((res) => {
13                     if(res.data.flag){
14                         //为模型数据赋值，基于 Vue 数据绑定进行回显
15                         this.formData = res.data.data;
16                         this.imageUrl="http://r8ezj7hhr.hd-bkt.clouddn.com/"
17                                     +res.data.data.img;//显示套餐图片
18                     }
19                 });
20                 //发送 Axios 请求，加载检查组
21                 axios.get("/checkgroup/findAll.do").then((res) => {
22                     if (res.data.flag){
```

```
23                  this.tableData = res.data.data;//为tableData赋值
24                  //查询套餐中包含的检查组
25                  axios.get("/setmeal/findCheckGroupIdsBySetmealId.do"
26                      +"?setmealId=" + row.id).then((res) => {
27                      if (res.data.flag){
28                          //查询成功，为checkgroupIds 赋值
29                          this.checkgroupIds = res.data.data;
30                      }
31                  });
32              }else{
33                  this.$message.error(res.data.message);
34              }
35          });
36      }
37   }
38  })
39  </script>
```

上述代码中，第12~19行代码使用Axios发送异步请求查询套餐基本信息并回显；第21~35行代码发送两个Axios异步请求，分别用于加载检查组信息、加载套餐中包含的对检查组的引用。

下面为setmeal.html页面中的"编辑"按钮绑定单击事件，并设置在单击时调用handleUpdate()方法，具体代码如下。

```
<el-button type="primary" class="mini"
    @click="handleUpdate(scope.row)">编辑</el-button>
```

上述代码中，handleUpdate()方法的参数scope.row为当前所在行的数据。

（2）实现查询套餐控制器

在health_backend子模块的SetmealController类中定义findById()方法，用于接收和处理根据套餐id查询套餐基本信息的请求，具体代码如下。

```java
//根据套餐id查询套餐基本信息
@RequestMapping("/findById")
public Result findById(Integer id){
    try{
        Setmeal setmeal = setmealService.findById(id);
        //返回查询结果及对应的提示信息
        return new Result(true, MessageConstant.
                QUERY_SETMEAL_SUCCESS,setmeal);
    }catch (Exception e){
        e.printStackTrace();
        //返回查询结果及对应的提示信息
        return new Result(false, MessageConstant.QUERY_SETMEAL_FAIL);
    }
}
```

在SetmealController类中定义findCheckGroupIdsBySetmealId()方法，用于接收和处理根据套餐id查询套餐对检查组的引用的请求，具体代码如下。

```java
//根据套餐id查询套餐对检查组的引用
@RequestMapping("/findCheckGroupIdsBySetmealId")
public Result findCheckGroupIdsBySetmealId(Integer setmealId){
    try{
        //发送请求，返回关联的检查组id列表
        List<Integer> list = setmealService
                .findCheckGroupIdsBySetmealId(setmealId);
        //返回查询结果及对应的提示信息
```

```
                return new Result(true,MessageConstant.
                        QUERY_CHECKGROUP_SUCCESS,list);
        }catch (Exception e){
            e.printStackTrace();
            //返回查询结果及对应的提示信息
            return new Result(false,MessageConstant.QUERY_CHECKGROUP_FAIL);
        }
    }
```

（3）创建查询套餐服务

在 health_interface 子模块的 SetmealService 接口中定义 findById()方法，用于根据套餐 id 查询套餐基本信息；定义 findCheckGroupIdsBySetmealId()方法，用于根据套餐 id 查询套餐对检查组的引用，具体代码如下。

```
//根据套餐id查询套餐基本信息
public Setmeal findById(Integer id);
//根据套餐id查询套餐对检查组的引用
public List<Integer> findCheckGroupIdsBySetmealId(Integer setmealId);
```

（4）实现查询套餐服务

在 health_service_provider 子模块的 SetmealServiceImpl 类中重写 SetmealService 接口的 findById()方法和 findCheckGroupIdsBySetmealId()方法，具体代码如下。

```
1  //根据套餐id查询套餐基本信息
2  @Override
3  public Setmeal findById(Integer id) {
4      return setmealDao.findById(id);
5  }
6  //根据套餐id查询套餐对检查组的引用
7  @Override
8  public List<Integer> findCheckGroupIdsBySetmealId(Integer setmealId) {
9      return setmealDao.findCheckGroupIdsBySetmealId(setmealId);
10 }
```

上述代码中，第 3~5 行代码用于根据套餐 id 查询套餐基本信息；第 8~10 行代码用于根据套餐 id 查询套餐对检查组的引用。

（5）实现持久层查询套餐

在 health_service_provider 子模块的 SetmealDao 接口中定义 findById()方法，用于根据套餐 id 查询套餐基本信息；定义 findCheckGroupIdsBySetmealId()方法，用于根据套餐 id 查询套餐对检查组的引用，具体代码如下。

```
//根据套餐id查询套餐基本信息
public Setmeal findById(Integer id);
//根据套餐id查询套餐对检查组的引用
public List<Integer> findCheckGroupIdsBySetmealId(Integer setmealId);
```

在 health_service_provider 子模块的 SetmealDao.xml 映射文件中使用<select>元素映射查询语句，分别根据套餐 id 查询套餐基本信息、根据套餐 id 查询套餐对检查组的引用，具体代码如下。

```
<!--根据套餐id查询套餐基本信息-->
<select id="findById" parameterType="int"
        resultType="com.itheima.pojo.Setmeal">
    SELECT * FROM t_setmeal WHERE id = #{id}
</select>
<!--根据套餐id查询套餐对检查组的引用-->
<select id="findCheckGroupIdsBySetmealId"
                    parameterType="int" resultType="int">
    SELECT checkgroup_id FROM t_setmeal_checkgroup
        WHERE setmeal_id = #{setmeal_id}
```

```
</select>
```

（6）测试弹出带有套餐数据的编辑套餐对话框

依次启动 ZooKeeper 服务、health_service_provider 和 health_backend，在浏览器中访问 http://localhost:82/pages/setmeal.html，套餐管理页面如图 4-29 所示。

图 4-29　套餐管理页面（3）

在图 4-29 中，以编辑套餐编码 0005 的套餐为例，单击套餐右侧的"编辑"按钮，弹出编辑套餐对话框，如图 4-30 所示。

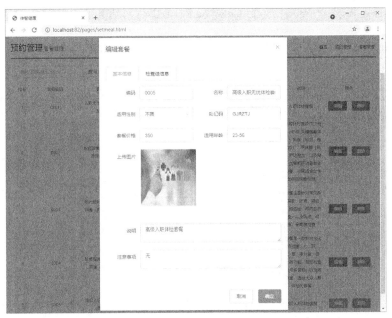

图 4-30　编辑套餐对话框（2）

在图4-30中，对话框中显示的是该套餐的基本信息，单击"检查组信息"，跳转到检查组信息选项卡，如图4-31所示。

图4-31　查看检查组信息

2. 完成套餐的编辑

在图4-31所示的页面中，单击编辑套餐对话框中的"确定"按钮，提交编辑套餐的请求到后台，后台接收并处理请求后，将编辑结果返回setmeal.html页面。接下来对编辑套餐的功能进行详细讲解。

（1）提交编辑套餐请求

分别为"取消"和"确定"按钮绑定单击事件，并设置单击时要执行的操作，即单击编辑套餐对话框中的"取消"按钮取消编辑操作，单击"确定"按钮提交编辑套餐请求，具体代码如下。

```
<div slot="footer" class="dialog-footer">
    <el-button @click="dialogFormVisible4Edit = false">取消</el-button>
    <el-button type="primary" @click="handleEdit()">确定</el-button>
</div>
```

在setmeal.html页面中定义handleEdit()方法，用于提交套餐请求，具体代码如下。

```
<script>
    var vue = new Vue({
        ......
        methods:{
            ......
            //编辑套餐
            handleEdit(){
                axios.post("/setmeal/edit.do?checkgroupIds="
                    +this.checkgroupIds,this.formData).then((res) => {
                    if (res.data.flag){
                        this.dialogFormVisible4Edit = false;//隐藏编辑套餐对话框
                        this.$message({
                            type:'success',
                            message:res.data.message
                        });
                        this.findPage();//执行分页查询
                    }else{
```

```
                        this.$message.error(res.data.message);
                    }
                });
            }
        }
    })
</script>
```

上述代码中，使用 Axios 向当前项目的 "setmeal/edit.do" 路径发送异步请求，并处理响应结果。

（2）实现编辑套餐控制器

在 health_backend 子模块的 SetmealController 类中定义 edit()方法，用于接收和处理编辑套餐数据的请求。具体代码如下。

```
//编辑套餐
@RequestMapping("/edit")
public Result edit(@RequestBody Setmeal setmeal,Integer[] checkgroupIds){
    try{
        setmealService.edit(setmeal,checkgroupIds);//调用edit()发送请求
        //返回编辑结果及对应的提示信息
        return new Result(true, MessageConstant.EDIT_SETMEAL_SUCCESS);
    }catch (Exception e){
        e.printStackTrace();
        //返回编辑结果及对应的提示信息
        return new Result(false, MessageConstant.EDIT_SETMEAL_FAIL);
    }
}
```

（3）创建编辑套餐服务

在 health_interface 子模块的 SetmealService 接口中定义 edit()方法，用于编辑套餐，具体代码如下。

```
//编辑套餐
public void edit(Setmeal setmeal, Integer[] checkgroupIds);
```

（4）实现编辑套餐服务

在 health_service_provider 子模块的 SetmealServiceImpl 类中重写 SetmealService 接口的 edit()方法，用于编辑套餐，具体代码如下。

```
//编辑套餐
@Override
public void edit(Setmeal setmeal, Integer[] checkgroupIds) {
    //编辑套餐基本信息
    setmealDao.edit(setmeal);
    //删除套餐对检查组的引用
    setmealDao.deleteAssociation(setmeal.getId());
    //重新设置套餐对检查组的引用
    this.setSetmealAndCheckGroup(setmeal.getId(),checkgroupIds);
}
```

（5）实现持久层编辑套餐

在 health_service_provider 子模块的 SetmealDao 接口中定义 edit()方法和 deleteAssociation()方法，具体代码如下。

```
//编辑套餐基本信息
public void edit(Setmeal setmeal);
//删除套餐对检查组的引用
public void deleteAssociation(Integer id);
```

上述方法中，edit()方法用于编辑套餐基本信息；deleteAssociation()方法用于删除套餐对检查组的引用。

在 health_service_provider 子模块的 SetmealDao.xml 映射文件中，使用<update>元素映射更新语句编辑套餐基本信息，具体代码如下。

```xml
<!--编辑套餐基本信息-->
<update id="edit" parameterType="com.itheima.pojo.Setmeal">
    UPDATE t_setmeal
    <set>
        <if test="name != null">
            name = #{name},
        </if>
        <if test="code != null">
            code = #{code},
        </if>
        <if test="helpCode != null">
            helpCode = #{helpCode},
        </if>
        <if test="sex != null">
            sex = #{sex},
        </if>
        <if test="age != null">
            age = #{age},
        </if>
        <if test="price != null">
            price = #{price},
        </if>
        <if test="remark != null">
            remark = #{remark},
        </if>
        <if test="attention != null">
            attention = #{attention},
        </if>
        <if test="img != null">
            img = #{img},
        </if>
    </set>
    WHERE id = #{id}
</update>
```

在 SetmealDao.xml 映射文件中使用<delete>元素映射删除语句，删除套餐对检查组的引用，具体代码如下。

```xml
<!--删除套餐对检查组的引用-->
<delete id="deleteAssociation" parameterType="int">
    DELETE FROM t_setmeal_checkgroup
        WHERE setmeal_id = #{setmeal_id}
</delete>
```

（6）测试编辑套餐

依次启动 ZooKeeper 服务、health_service_provider 和 health_backend，在浏览器中访问 http://localhost:82/pages/setmeal.html。在编辑套餐对话框中，将"适用年龄"修改为"18-56"，将"说明"修改为"需要空腹"，如图 4-32 所示。

图 4-32 修改套餐基本信息

在图 4-32 所示的页面中,单击"确定"按钮,提交套餐数据,页面会提示"编辑套餐失败"或"编辑套餐成功"。编辑套餐成功提示如图 4-33 所示。

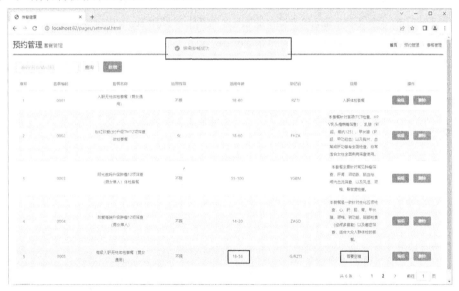

图 4-33 编辑套餐成功提示

由图 4-33 可以看出,套餐编码为 0005 的"适用年龄"和"说明"已修改,说明已成功编辑套餐的信息。至此,套餐管理模块的编辑套餐功能已经完成。

任务 4-4 删除套餐

任务描述

在生活中,健康管理机构提供的套餐不可能是一成不变的,会根据各个群体的需求进行适当的调整。当某个套餐不足以满足用户的需求时,可以将其删除。

从图 4-33 可以看到，每个套餐右侧都有一个"删除"按钮，单击"删除"按钮可提交删除套餐的请求。为了防止误删数据，在单击"删除"按钮后会弹出提示对话框，让用户确认是否删除该套餐，如图 4-34 所示。

在图 4-34 所示的页面中，单击"确定"按钮可完成套餐的删除。

任务分析

在 setmeal.html 页面中单击"删除"按钮后，弹出提示对话框，并根据删除确认的选择决定是否删除套餐。接下来以此分析删除套餐的实现思路，具体如下。

（1）弹出提示对话框

为 setmeal.html 页面的"删除"按钮绑定单击事件，在单击事件触发后弹出提示对话框。

（2）提交删除套餐请求

为提示对话框中的"确定"按钮绑定单击事件，在单击事件触发后提交要删除的套餐请求。

（3）接收和处理删除套餐请求

客户端发起删除套餐的请求后，由 SetmealController 类的 delete( )方法接收页面提交的请求，并调用 SetmealService 接口的 delete( )方法删除套餐。

（4）删除套餐数据

套餐中包含基本信息和对检查组的引用信息，在删除时只有二者都被删除了，才说明删除套餐成功。在 SetmealServiceImpl 类中重写 SetmealService 接口的 delete( )方法，并调用 SetmealDao 接口中的 deleteById( )方法删除套餐基本信息，调用 SetmealDao 接口中的 deleteAssociation( )方法删除对检查组的引用。

（5）提示删除结果

SetmealController 类中的 delete( )方法将删除结果返回 setmeal.html 页面，setmeal.html 页面根据返回结果提示删除成功或失败的信息。

为了让读者更清晰地了解删除套餐的实现过程，下面通过一张图进行描述，如图 4-35 所示。

图 4-34 提示对话框（1）

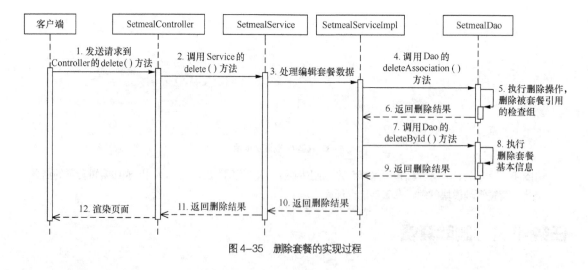

图 4-35 删除套餐的实现过程

任务实现

在 setmeal.html 页面中单击"删除"按钮后弹出提示对话框，单击"取消"按钮不做任何操作，单击"确定"按钮提交删除套餐的请求。接下来将对删除套餐的实现进行详细讲解。

（1）弹出提示对话框

在 setmeal.html 页面中定义 handleDelete( )方法，用于弹出提示对话框、删除套餐，具体代码如下。

```
<script>
    var vue = new Vue({
        ......
        methods: {
            ......
            //删除套餐
            handleDelete(row){
                //弹出提示对话框
                this.$confirm('你确定要删除当前数据吗？','提示',{
                    confirmButtonText: '确定',
                    cancelButtonText: '取消',
                    type: 'warning'
                }).then(() => {
                    //发送 Axios 请求，把要删除的套餐 id 提交到控制器
                    axios.get("/setmeal/delete.do?id="+row.id).then((res)=>{
                        if (res.data.flag){
                            //处理成功
                            this.$message({
                                type:'success',
                                message: res.data.message
                            });
                            this.findPage();//调用分页查询方法
                        }else{
                            this.$message.error(res.data.message);//处理失败
                        }
                    });
                }).catch(() => {
                    this.$message("已取消");
                });
            }
        }
    })
</script>
```

上述代码中，使用 Axios 向当前项目的"/setmeal/delete.do"路径发送异步请求，并处理响应返回的结果。接下来，为 setmeal.html 页面中的"删除"按钮绑定单击事件，并设置在单击时调用 handleDelete( )方法，具体代码如下。

```
<el-button size="mini" type="danger"
           @click="handleDelete(scope.row)">删除</el-button>
```

上述代码中，handleDelete( )方法的参数 scope.row 为表格中当前行的数据对象。

（2）实现删除套餐控制器

在 health_backend 子模块的 SetmealController 类中定义 delete( )方法，用于接收和处理根据套餐 id 删除套餐的请求，具体代码如下。

```
//根据套餐 id 删除套餐
@RequestMapping("/delete")
public Result delete(Integer id){
    try {
        setmealService.delete(id);//调用 delete()方法发送请求
        //返回删除结果及对应的提示信息
```

```
                return new Result(true,MessageConstant.DELETE_SETMEAL_SUCCESS);
            }catch (Exception e){
                e.printStackTrace();
                //返回删除结果及对应的提示信息
                return new Result(false,MessageConstant.DELETE_SETMEAL_FAIL);
            }
        }
```

(3) 创建删除套餐服务

在 health_interface 子模块的 SetmealService 接口中定义 delete()方法,用于根据套餐 id 删除套餐,具体代码如下。

```
//根据套餐id删除套餐
public void delete(Integer id);
```

(4) 实现删除套餐服务

在 health_service_provider 子模块的 SetmealServiceImpl 类中重写 delete()方法,用于根据套餐 id 删除套餐,具体代码如下。

```
1   //根据套餐id删除套餐
2   @Override
3   public void delete(Integer id) {
4       Setmeal setmeal = setmealDao.findById(id);//查询套餐基本信息
5       //判断套餐基本信息中的图片是否为空
6       if (!setmeal.getImg().equals(null) && setmeal.getImg() != ""){
7           //图片不为空,删除七牛云服务器上的图片
8           QiniuUtils.deleteFileFromQiniu(setmeal.getImg());
9       }
10      setmealDao.deleteAssociation(id);//删除套餐对检查组的引用
11      setmealDao.deleteById(id);//删除套餐基本信息
12  }
```

上述代码中,第3~9行代码用于删除七牛云服务器中的套餐图片;第10行代码用于删除套餐对检查组的引用;第11行代码调用持久层接口中的方法 deleteById()删除套餐基本信息。

(5) 实现持久层删除套餐

在 health_service_provider 子模块的 SetmealDao 接口中定义接口方法 deleteById(),用于根据套餐 id 删除套餐基本信息,具体代码如下。

```
//根据套餐id删除套餐基本信息
public void deleteById(Integer id);
```

在 health_service_provider 子模块的 SetmealDao.xml 映射文件中使用<delete>元素映射删除语句,根据套餐 id 删除套餐基本信息,具体代码如下。

```
<!--根据套餐id删除套餐基本信息-->
<delete id="deleteById" parameterType="int">
    DELETE FROM t_setmeal WHERE id = #{id}
</delete>
```

(6) 测试删除套餐

依次启动 ZooKeeper 服务、health_service_provider 和 health_backend,在浏览器中访问 http://localhost:82/pages/setmeal.html,如图 4-36 所示。

在图 4-36 中,以删除套餐编码为 0005 的套餐为例,测试删除套餐的功能。单击该套餐右侧的"删除"按钮,弹出提示对话框,如图 4-37 所示。

在图 4-37 所示的页面中,单击"确定"按钮执行删除操作,如果删除成功,在页面提示"删除套餐成功",如图 4-38 所示。

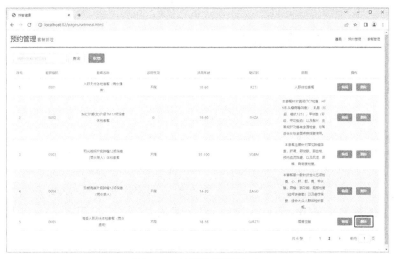

图 4-36　套餐管理页面（4）

图 4-37　提示对话框（2）

图 4-38　删除操作的执行结果

从图 4-38 可以看出，套餐编码为 0005 的数据没有在列表中显示，说明删除套餐成功。至此，套餐管理模块的删除套餐功能已经完成。

任务 4-5 定时清理垃圾图片

任务描述

在新增套餐时发现，选择需要上传的图片后，系统会自动将图片上传到七牛云服务器中进行保存，而其他的信息需要通过单击对话框中的"确定"按钮提交到后台再保存到数据库中。如果这个过程中只上传了图片，没有将填写的其他信息提交或者提交失败了，导致刚刚上传的图片信息并没有在数据库中进行记录，此时保存在七牛云服务器中的图片是我们无法获取的，那么这些图片即可定义为垃圾图片。

系统产生的垃圾图片太多会造成七牛云存储空间的损耗，这时很有必要对这些垃圾图片进行删除。如果采用人工查询的方式删除这些图片，不仅效率低，而且浪费人力资源，我们可以创建一个程序，通过定时执行该程序，查询垃圾图片并将其删除。

任务分析

对于系统产生的垃圾图片，我们可以通过调用程序将其删除。在删除前应该想办法查询出所有的垃圾图片，然后进行删除。具体实现思路如下。

（1）获取垃圾图片

首先甄别哪些是垃圾图片，哪些不是垃圾图片。通过将七牛云存储空间中的图片与数据库中保存的图片的记录进行对比来甄别。当一张图片在七牛云存储空间中存在，而数据库中没有记录时，该图片就是垃圾图片。我们可以定义两个容器，分别在图片上传后和保存数据到数据库后对图片名称进行记录，通过计算两个容器的差值获取所有的垃圾图片。容器中的图片名称一般不需要进行持久化，所以可以将这两个容器存储在缓存服务器中。

（2）清理垃圾图片

计算出垃圾图片后，创建定时任务，利用定时任务清理垃圾图片。

知识进阶

通过任务分析可知，本任务要使用缓存服务器，在实际企业项目开发中，可以作为缓存服务器的数据库有很多，例如 Redis、Memcached 等。其中，Redis 查询数据速度快，支持简单的键值对类型的数据，同时支持 list、set、hash 等多种数据类型的存储，支持数据持久化，服务重启后可以再次加载之前的数据并使用。Redis 操作简单，性能好，支持多种数据类型存储的优点为选择容器提供了多种可能。本书选择 Redis 作为缓存服务器存储图片名称。

在 Java 程序中常用的实现定时任务的方式有 3 种，包括 Timer、ScheduledExecutorService 和定时任务组件 Quartz。其中，定时任务组件 Quartz 是一个功能比较强大的的调度器，可以让程序在指定时间执行，也可以让程序按照某一个频率执行，使用相对灵活。本书选择使用定时任务组件 Quartz 设置定时任务。

为了读者能够更好地应用 Redis 和定时任务组件 Quartz，接下来对 Redis、Redis 可视化工具和定时任务组件 Quartz 的相关知识进行详细讲解。

1. Redis

Redis（Remote Dictionary Server，远程字典服务）是用 C 语言开发的一个开源的高性能键值对存储系统，是跨平台的非关系型数据库。Redis 支持 string、list、set、zset 和 hash 等类型数据。接下来对 Redis 的下载、配置与启动进行详细讲解。

（1）下载 Redis

访问 GitHub 官网进入 Redis 的下载页面。Redis 下载页面如图 4-39 所示。

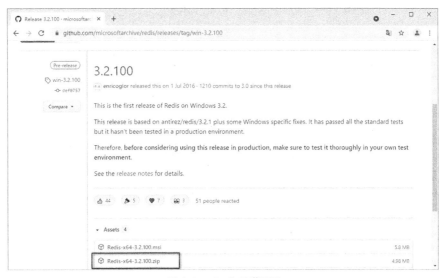

图 4-39　Redis 下载页面

在图 4-39 中，以 .msi 结尾的文件下载后需要安装，而以 .zip 结尾的文件无须安装，下载完成后解压即可使用。为了方便读者使用，这里选择 Redis-x64-3.2.100.zip 进行下载，下载后会得到一个名称为 Redis-x64-3.2.100.zip 的压缩包，解压后的文件目录如图 4-40 所示。

图 4-40　解压后的文件目录

为了方便读者使用，本书提前下载了名称为 Redis-x64-3.2.100.zip 的压缩包，读者可以在本书提供的配套资源中进行获取。

（2）为 Redis 设置密码

由于 Redis 默认没有密码，为了保证数据安全，可以在启动 Redis 服务前设置密码。使用记事本打开 Redis-x64-3.2.100 文件夹下名称为 redis.windows.conf 的文件，找到内容为 "# requirepass foobared" 的这一行，这行内容用于设置密码的格式，其中 requirepass 为固定写法，foobared 为需要设置的具体密码，可以自定义。在这一行内容下面新增一行内容，用于为 Redis 设置密码，如图 4-41 所示。

图 4-41 设置 Redis 密码

保存 redis.windows.conf 文件，完成 Redis 密码的设置，后续使用客户端连接 Redis 时需要验证密码。

（3）启动 Redis 服务

重新打开命令行窗口，执行 cd 命令切换到 Redis 的解压目录，在 Redis 目录下输入启动 Redis 的命令。启动 Redis 服务的命令如下。

```
redis-server.exe redis.windows.conf
```

执行上述命令后，启动 Redis 服务的结果如图 4-42 所示。

图 4-42 启动 Redis 服务的执行结果（1）

由图 4-42 可以看出，输出"The server is now ready to accept connections on port 6379"，表示 Redis 服务启动成功。

多学一招：另一种方式启动 Redis

在 Redis 服务启动的过程中，有时会遇到报错的情况，导致 Redis 服务无法正常启动。例如，出现如下错误提示信息。

```
D:\Redis-x64-3.2.100>redis-server.exe redis.windows.conf
[11444] 12 Oct 11:40:31.142 # Creating Server TCP listening socket
127.0.0.1:6379: bind: No error
```

上述错误提示信息表示端口 6379 被占用了，如果想要正常启动服务，需要先解除端口的占用，具体执行的命令如下。

```
1  redis-cli.exe
2  auth test123
3  shutdown
4  exit
5  redis-server.exe redis.windows.conf
```

在上述命令中，第 2 行命令用于检测输入的密码与配置文件中的密码是否匹配，如果匹配，返回 OK，如果不匹配，返回错误提示信息；第 3 行命令用于停止所有客户端；第 4 行命令用于退出当前连接；第 5 行命令用于重新启动 Redis 服务。

按照顺序执行上述命令后，启动 Redis 服务的结果如图 4-43 所示。

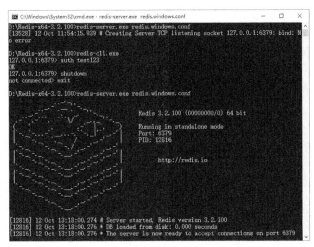

图 4-43　启动 Redis 服务的执行结果（2）

从图 4-43 可以看出，Redis 服务启动成功。

至此，Redis 的下载、配置与启动已经完成。

2. Redis 可视化工具

在使用 Redis 查询数据时，可以通过 Redis 客户端 redis-cli.exe 进行查询。但是对于初学者来说，使用命令行的效率不高，查询结果的显示也不直观。

为了应对这种情况，Redis 可视化工具应运而生，它可以直观地显示数据，而且操作非常简单。常用的 Redis 可视化工具有 Redis Desktop Manager、FastoRedis 等。这 2 个工具都是收费的，使用方式大同小异，这里我们选择了用户使用量较大的 Redis Desktop Manager。下面对 Redis Desktop Manager 的安装与使用进行详细讲解。

为了方便读者使用，在本书配套资源中提供了 Redis Desktop Manager 的安装包，如图 4-44 所示。

图 4-44　Redis Desktop Manager 安装包

在图 4-44 所示的界面中，双击 "redis-desktop-manager-0.8.8.384.exe" 文件，进入 Welcome to Redis Desktop Manager Setup 界面，如图 4-45 所示。

在图 4-45 所示的界面中，单击 "Next>" 按钮，进入 License Agreement 界面，如图 4-46 所示。

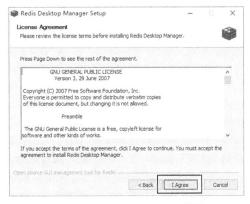

图 4-45　Welcome to Redis Desktop Manager Setup 界面　　　图 4-46　License Agreement 界面

在图 4-46 所示的界面中，阅读协议后，单击 "I Agree" 按钮，进入 Choose Install Location 界面，如

图 4-47 所示。

在图 4-47 所示的界面中，可以单击"Browse..."按钮，更换安装目录；单击"Install"按钮，开始安装，进入 Installation Complete 界面，如图 4-48 所示。

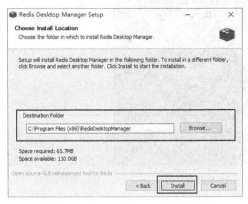

图 4-47　Choose Install Location 界面　　　　图 4-48　Installation Complete 界面

从图 4-48 中可以看出，应用安装完成。单击"Next>"按钮，进入 Completing Redis Desktop Manager Setup 界面，如图 4-49 所示。

在图 4-49 所示的界面中，单击"Finish"按钮，结束安装过程。安装完成后会在桌面生成快捷图标，双击启动，启动后的界面如图 4-50 所示。

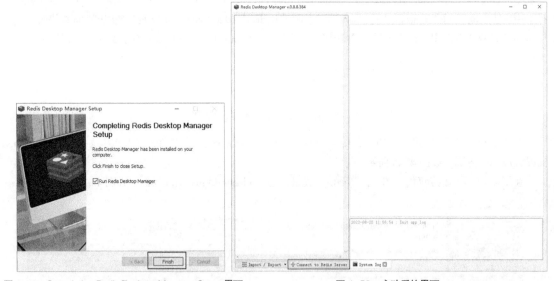

图 4-49　Completing Redis Desktop Manager Setup 界面　　　　图 4-50　启动后的界面

从图 4-50 可以看到，客户端没有任何连接，在启动 Redis 服务之后，单击"Connect to Redis Server"按钮，弹出创建连接对话框，如图 4-51 所示。

在图 4-51 中，Name 代表连接名称；Host 代表指定主机，因为 Redis 服务配置在本地，所以填写 localhost 即可；Port 代表端口，默认显示 6379。填写连接信息后，可以通过"Test Connection"测试连接。在创建连接对话框中单击"OK"完成创建，创建连接后的界面如图 4-52 所示。

从图 4-52 可以看出，在 health-one 连接中默认有 16 个数据库，从 db0 开始存储数据，如果空间占满，依次往下存储。在后续的开发中可以使用 Redis Desktop Manager 工具观察图片存储的情况。

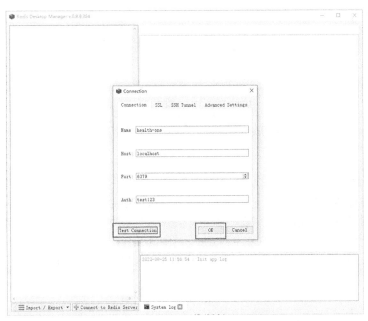

图 4-51　创建连接对话框

图 4-52　创建连接后的界面

3. 定时任务组件 Quartz

Quartz 是 Job scheduling 领域的一个开源项目。Quartz 既可以单独使用，也可以与 Spring 框架整合使用。由于本书是基于 SSM 框架开发的，这里采用 Quartz 与 Spring 框架整合的方式。使用 Quartz 可以开发一个或者多个定时任务，每个定时任务可以单独指定执行的时间，例如每隔 1 小时执行一次、每个月的第一天上午 10 点执行一次、每个月最后一天下午 5 点执行一次等。

接下来对定时任务组件 Quartz 的使用方式进行详细讲解。

（1）引入 Quartz 组件

通过导入 Quartz 依赖 JAR 包的方式引入定时任务组件 Quartz，相关依赖如下。

```xml
<dependency>
    <groupId>org.quartz-scheduler</groupId>
    <artifactId>quartz</artifactId>
    <version>2.2.1</version>
</dependency>
<dependency>
    <groupId>org.quartz-scheduler</groupId>
    <artifactId>quartz-jobs</artifactId>
    <version>2.2.1</version>
</dependency>
```

（2）Cron 表达式

创建定时任务时，执行时间的设置至关重要。为了能够灵活地定义符合要求的程序执行时间，可以使用表达式，这种表达式称为 Cron 表达式。接下来将介绍 Cron 表达式的使用方法。

Cron 表达式分为 7 个域，域之间使用空格分隔。其中最后一个域（年）可以为空。每个域都由自己允许的值和一些特殊字符构成。使用这些特殊字符可以使我们定义的表达式更加灵活。Cron 表达式的 7 个域如表 4-2 所示。

表 4-2 Cron 表达式的 7 个域

名称	是否必须	允许值	特殊字符
秒	是	0~59	,、-、*、/
分钟	是	0~59	,、-、*、/
小时	是	0~23	,、-、*、/
日	是	1~31	,、-、*、?、/、L、W、C
星期	是	1~7 或 SUN~SAT	,、-、*、?、/、L、C、#
月	是	1~12 或 JAN~DEC	,、-、*、/
年	否	空或 1970~2099	,、-、*、/

在表 4-2 中，有一些特殊字符，下面对这些特殊字符进行简单说明。

- 逗号（,）：指定一个值列表，例如 1,4,5,7 使用在月域上表示 1 月、4 月、5 月和 7 月。
- 短横线（-）：指定一个范围，例如 3-6 在小时域上表示 3 点到 6 点（即 3 点、4 点、5 点、6 点）。
- 星号（*）：表示这个域上包含的所有合法的值。例如，在月域上使用星号意味着每个月都会触发。
- 斜线（/）：表示递增，例如 0/15 使用在秒域上表示每隔 15s。
- 问号（?）：只能用在日域和星期域上，但是不能在这两个域上同时使用，表示不指定。
- 井号（#）：只能使用在星期域上，用于指定月份中的第几周的哪一天，例如 6#3，表示某月的第三个周五（6 表示星期五，3 表示某月中的第三周）。
- L：某域上允许的最后一个值。只能使用在日域和星期域上。当用在日域上时，表示的是在月域上指定的月份的最后一天。当用在星期域上时，表示周的最后一天，也就是星期六。
- W：代表工作日（星期一到星期五），只能使用在日域上，它用于指定离指定日最近的一个工作日。
- C：允许在星期域和日域中使用，该字符的使用依靠指定的"日历"，如果其没有与"日历"关联，则等价于所有包含的"日历"。

下面使用 Cron 表达式定义一个执行时间，要求每隔 10s 执行一次。具体代码如下。

```
0/10 * * * * ?
```

上述代码中，0/10 表示每隔 10s；4 个*分别表示在分域、时域、日域、月域都会触发；?表示在周域上不指定。

（3）在线 Cron 表达式生成器

由于 Cron 表达式的写法比较复杂，编写时会有一些困难，这时可以借助在线 Cron 表达式生成器生成对应的表达式，如图 4-53 所示。

图 4-53　在线 Cron 表达式生成器

至此，已完成对定时任务组件 Quartz 的基本用法的讲解。

任务实现

定时清理垃圾图片可以分解为 2 个功能，分别是使用 Redis 保存图片名称、创建和使用定时任务。接下来对这 2 个功能的实现进行详细讲解。

1. 使用 Redis 保存图片名称

在新增套餐的过程中，当图片上传成功后，将图片名称保存到一个 Set 集合中；当套餐数据保存到数据库后，将图片名称保存到另一个 Set 集合中。清理垃圾图片时通过计算这两个集合的差值，获得所有垃圾图片的名称，具体实现如下。

（1）引入 Redis 依赖

在 Java 程序中访问 Redis 服务，需要引入 Redis 依赖。打开 health_parent 父工程的 pom.xml 文件引入 Redis 依赖，具体代码如下。

```xml
<properties>
    ......
    <jedis.version>2.9.0</jedis.version>
</properties>
<dependencyManagement>
    <dependencies>
        ......
        <!-- Redis -->
        <dependency>
            <groupId>redis.clients</groupId>
            <artifactId>jedis</artifactId>
            <version>${jedis.version}</version>
        </dependency>
    </dependencies>
</dependencyManagement>
```

打开 health_common 子模块的 pom.xml 文件，引入 Redis 依赖，具体代码如下。

```xml
<dependencies>
    ......
```

```xml
<!-- Redis -->
<dependency>
    <groupId>redis.clients</groupId>
    <artifactId>jedis</artifactId>
</dependency>
</dependencies>
```

（2）编写 Spring 配置文件

在使用 Redis 时，单纯引入依赖是不够的，还需要在程序中对 Redis 进行配置。例如配置 Jedis 连接池、端口、访问地址等信息。

通过对新增套餐的学习可知，图片上传是通过 health_backend 子模块下的 SetmealController 类中的 upload() 方法完成的；将套餐数据保存到数据库是 health_service_provider 子模块下的 SetmealServiceImpl 类中的 add() 方法完成的，因此需要将这 2 个方法中的图片名称分别保存到对应的 Set 集合中，然后将这 2 个 Set 集合保存到 Redis 数据库中，用于计算垃圾图片的名称。

接下来分别在这两个模块的 src/main/resources 目录下创建 spring-redis.xml 文件，配置 Redis 服务，具体代码如文件 4-8 所示。

文件 4-8　spring-redis.xml

```xml
<?xml version="1.0" encoding="UTF-8"?>
<beans xmlns="http://www.springframework.org/schema/beans"
       ......
    <!--Jedis 连接池的相关配置-->
    <bean id="jedisPoolConfig"
          class="redis.clients.jedis.JedisPoolConfig">
        <property name="maxTotal">
            <value>200</value>
        </property>
        <property name="maxIdle">
            <value>50</value>
        </property>
        <property name="testOnBorrow" value="true"/>
        <property name="testOnReturn" value="true"/>
    </bean>
    <bean id="jedisPool" class="redis.clients.jedis.JedisPool">
        <constructor-arg name="poolConfig" ref="jedisPoolConfig" />
        <constructor-arg name="host" value="127.0.0.1" />
        <constructor-arg name="port" value="6379" type="int" />
        <constructor-arg name="timeout" value="30000" type="int" />
    </bean>
</beans>
```

需要注意的是，在 web.xml 中指定被加载的是 springmvc.xml 文件，spring-redis.xml 文件并不能在项目启动时被加载，如果想在项目启动时加载 spring-redis.xml，可以在 springmvc.xml 文件中引用 spring-redis.xml，具体代码如下。

```xml
<?xml version="1.0" encoding="UTF-8"?>
<beans xmlns="http://www.springframework.org/schema/beans"
       ......
    <import resource="classpath:spring-redis.xml"></import>
</beans>
```

（3）创建 Redis 常量类

在 health_common 子模块的 com.itheima.constant 包下新建 RedisConstant 类，在类中声明两个静态常量，表示两个 Set 集合的名称，在保存图片时调用，具体代码如文件 4-9 所示。

文件 4-9　RedisConstant.java

```java
1  //Redis 常量类
2  public class RedisConstant {
3      //所有套餐图片名称
4      public static final String SETMEAL_PIC_RESOURCES = "setmealPicResources";
5      //套餐图片中保存在数据库中的图片名称
6      public static final String SETMEAL_PIC_DB_RESOURCES =
7                                   "setmealPicDbResources";
8  }
```

上述代码中，第 4 行代码声明了一个名称为 SETMEAL_PIC_RESOURCES 的常量；第 6~7 行代码声明了一个名称为 SETMEAL_PIC_DB_RESOURCES 的常量。

（4）完善图片上传方法 upload()

在图片上传成功后，将图片名称保存到一个 Set 集合中。完善 health_backend 子模块下 SetmealController 类的 upload()方法，具体代码如下。

```java
1  @Autowired
2  private JedisPool jedisPool;
3  //图片上传
4  @RequestMapping("/upload")
5  public Result upload(@RequestParam("imgFile") MultipartFile imgFile){
6      ......
7      try{
8          QiniuUtils.upload2Qiniu(imgFile.getBytes(),fileName);
9          //图片上传成功后，需要将图片名称保存到 Redis 中
10         jedisPool.getResource().sadd(
11                 RedisConstant.SETMEAL_PIC_RESOURCES,fileName);
12         ......
13     }
14     ......
15 }
```

上述代码中，第 1~2 行代码使用 JedisPool 操作 Redis 服务；第 10~11 行代码把图片名称保存到 Redis 中名称为 SETMEAL_PIC_RESOURCES 的 Set 集合中。

（5）完善新增套餐方法 add()

在 health_service_provider 子模块的 SetmealServiceImpl 类的 add()方法中，将新增的套餐数据存储到数据库后，再把图片名称保存到另一个 Set 集合中，具体代码如下。

```java
1  @Autowired
2  private JedisPool jedisPool;
3  //新增套餐，同时关联检查组
4  public void add(Setmeal setmeal, Integer[] checkgroupIds) {
5      ......
6      //完成所有数据库新增操作后需要将图片名称保存到 Redis
7      jedisPool.getResource().sadd(RedisConstant.
8              SETMEAL_PIC_DB_RESOURCES,setmeal.getImg());
9  }
```

上述代码中，第 1~2 行代码使用 JedisPool 操作 Redis；第 7~8 行代码在完成新增套餐后，将图片名称保存到 Redis 中名称为 SETMEAL_PIC_DB_RESOURCES 的 Set 集合中。

2．创建和使用定时任务

将图片名称保存到 Redis 之后，在程序中读取 Redis 中的两个集合，并计算集合的差值，得到所有垃圾图片的名称，再调用定时任务执行垃圾图片清理。接下来对定时任务的创建与使用进行详细讲解。

（1）创建 health_jobs 子模块

在 health_parent 父工程下创建 health_jobs 子模块，用于实现定时清理图片。从功能来说，该模块是一个单独发布服务的 Web 工程，所以打包方式为 WAR。接下来对 health_jobs 子模块的创建、配置文件的设置进行讲解，具体步骤如下。

第 1 步，选中 health_parent 父工程后右键单击，在弹出的菜单中依次选择 "New" → "Module" → "Maven"，勾选 "Create from archetype"，选择骨架 "org.apache.maven.archetypes:maven-archetype-webapp"，创建名称为 health_jobs 的子模块。

第 2 步，创建并设置根目录。在 src/main 目录下创建 java 文件夹并将其设置为 Source Root，在 java 文件夹下创建 com.itheima.jobs 包，用于存放定时任务类。在 src/main 目录下创建 resources 文件夹并将其设置为 Resource Root。

第 3 步，设置 health_jobs 子模块相关的配置文件，包括 pom.xml 和 web.xml 的设置，具体如下。

- 在 pom.xml 中引入 health_interface 依赖、Quartz 依赖；引入 tomcat7-maven 插件，指定端口号为 83 的端口。
- 在 web.xml 中配置 ContextLoaderListener 监听器。

第 4 步，在 resources 文件夹下创建 health_jobs 子模块所需的配置文件，包括 log4j.properties、spring-jobs.xml、spring-redis.xml。上述文件可以从本书提供的资源中获取。下面对各个配置文件的作用进行说明。

- log4j.properties 用于在项目启动或者运行时详细地观察输出的日志。
- spring-redis.xml 用于访问本地 Redis 服务。
- spring-jobs.xml 用于配置定时任务，包括自定义 JOB、任务描述、触发器、调度工厂等。

至此，health_jobs 子模块的创建和配置文件的设置已经完成。

（2）实现定时任务

在 health_jobs 子模块的 com.itheima.jobs 包下创建定时任务类 ClearImgJob，在类中定义 clearImg() 方法，用于清理图片，具体代码如文件 4-10 所示。

文件 4-10　ClearImgJob.java

```java
1  //自定义任务，定时清理垃圾图片
2  public class ClearImgJob {
3      @Autowired
4      private JedisPool jedisPool;
5      //清理图片
6      public void clearImg(){
7          System.out.println("定时清理垃圾图片");
8          Set<String> set = jedisPool.getResource().sdiff(
9                  RedisConstant.SETMEAL_PIC_RESOURCES,
10                 RedisConstant.SETMEAL_PIC_DB_RESOURCES);
11         if(set != null){
12             for (String fileName : set) {
13                 System.out.println("定时清理垃圾图片：" + fileName);
14                 //根据图片名称从七牛云服务器中删除图片
15                 QiniuUtils.deleteFileFromQiniu(fileName);
16                 //从 Redis 中删除图片名称
17                 jedisPool.getResource().srem(
18                         RedisConstant.SETMEAL_PIC_RESOURCES,fileName);
19             }
20         }
21     }
22 }
```

上述代码中，第 8~10 行代码读取 Redis 中所有套餐图片名称和保存在数据库中的套餐图片名称，并计算这两部分的差值，得到垃圾图片的集合 set；第 11~20 行代码判断集合 set 是否为空，如果不为空，遍历集合 set，调用 QiniuUtils 类中的 deleteFileFromQiniu() 方法删除七牛云服务器中存储的图片，然后从 Redis 数据库中删除该图片名称。

需要注意的是，在创建定时任务类时，类名及类路径必须与 spring-jobs.xml 中注册的定时任务保持一致。

（3）测试定时任务

依次启动 ZooKeeper 服务、Redis 服务、health_service_provider 和 health_backend，在浏览器中访问 http://localhost:82/pages/setmeal.html，通过"新增"按钮新增 4 条套餐数据，其中 2 条套餐数据上传图片并将数据保存到数据库中，另外 2 条只上传图片。此过程不展示，读者自行操作。添加套餐数据后，登录七牛云账号，查看上传图片的数量，如图 4-54 所示。

图 4-54　上传图片的数量

从图 4-54 可以看出，在存储空间中存储了 4 张图片。启动 Redis 可视化工具，查看在 Redis 数据库中的 setmealPicResources 集合和 setmealPicDbResources 集合的存储情况。

setmealPicResources 集合的存储情况如图 4-55 所示。

图 4-55　setmealPicResources 集合的存储情况

从图 4-55 可以看出，setmealPicResources 集合中存储了 4 张图片的图片名称。setmealPicDbResources 集合的存储情况如图 4-56 所示。

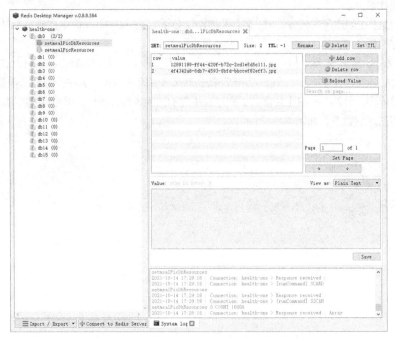

图 4-56　setmealPicDbResources 集合的存储情况

从图 4-56 可以看出，setmealPicDbResources 集合中存储了 2 张图片的图片名称。计算两个集合的差值得出有 2 张垃圾图片，分别是 2cefde24-52cd-4efc-97e6-d7bb46f687b9.jpg 和 ed355d16-9631-460d-b4ca-63ea4b1074e7.jpg。

在程序中通过计算两个集合的差值得到垃圾图片后，在 IDEA 中启动 health_jobs 子模块，执行定时清理垃圾图片的任务。控制台输出的执行结果如图 4-57 所示。

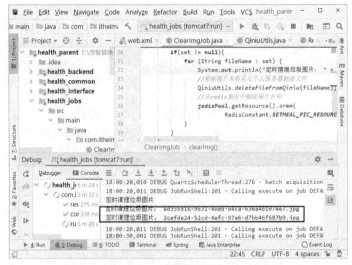

图 4-57　控制台输出的执行结果

从图 4-57 可以看出，虽然执行了垃圾图片的删除操作，但是无法确定是否从七牛云服务器中进行了删除。我们可以访问七牛云的存储空间，如图 4-58 所示。

图 4-58 执行定时任务后的七牛云的存储空间

由图 4-58 可以看出,存储空间中没有名称为 2cefde24-52cd-4efc-97e6-d7bb46f687b9.jpg 和 ed355d16-9631-460d-b4ca-63ea4b1074e7.jpg 的图片,说明定时任务执行成功。

至此,定时清理垃圾图片功能已经完成。

模块小结

本模块主要对管理端的套餐管理进行了讲解。首先讲解了七牛云的使用及配置,并实现了新增套餐的功能。然后讲解了查询套餐、编辑套餐和删除套餐的功能。最后讲解了 Redis 的下载、配置与启动,Redis Desktop Manager 的安装与使用,定时任务组件 Quartz 的使用,并且实现了在套餐中定时清理垃圾图片的功能。希望通过对本模块的学习,读者可以了解七牛云存储服务,掌握 Redis 的下载、配置与启动,了解 Redis Desktop Manager 的安装与使用,掌握定时任务组件 Quartz 的使用,并能掌握套餐管理的增删改查操作。

模块五

管理端——预约设置

知识目标

1. 了解 Apache POI，能够说出 Apache POI 的概念和作用
2. 掌握 Apache POI 读取文件的方法，能够使用 Apache POI 读取 Excel 文件中的信息

技能目标

1. 掌握批量导入预约设置信息的实现方法，能够使用 Apache POI 实现批量导入预约设置信息
2. 掌握预约设置信息的展示方法，能够使用日历展示预约设置信息
3. 掌握预约信息的设置方法，能够基于日历实现预约信息的设置

鉴于医疗资源和医疗空间有限，传智健康管理端提供预约设置功能，该功能可以设置健康管理机构每天可接纳的体检用户数量，其设置方式有两种：一种是通过批量导入的方式设置，另一种是在日历中直接设置。接下来，本模块将通过 3 个任务实现管理端的预约设置。

任务 5-1 批量导入预约设置信息

任务描述

预约设置主要是针对健康管理机构每天可预约人数的设置，如果工作人员手动设置每天可预约人数，不仅工作耗时较长，而且工作效率较低。此时，可以通过上传包含可预约人数信息的文件，然后读取文件中的可预约人数信息，来完成批量导入预约设置信息。

在浏览器中访问预约设置页面 ordersetting.html，如图 5-1 所示。

在图 5-1 所示的页面中，单击"模板下载"按钮下载模板文件。模板文件格式如图 5-2 所示。

由图 5-2 可知，这里使用 Excel 文件作为模板文件，按照 Excel 模板文件格式要求填写每天可预约的人数，填写完成后，单击"上传文件"按钮将模板文件上传至数据库。上传后的页面效果如图 5-3 所示。

在图 5-3 中，提示"批量导入预约设置数据成功"，说明上传文件的操作成功。需要注意的是，这里只是将模板中的数据写入数据库，并没有实现在日历中展示上传的数据。

模块五　管理端——预约设置

图 5-1　预约设置页面（1）

图 5-2　模板文件格式

图 5-3　上传后的页面效果

任务分析

在 ordersetting.html 页面中，单击"模板下载"按钮后下载 Excel 模板文件，按要求填写好模板文件后，单击"上传文件"按钮提交填写好的模板文件，实现批量导入预约设置信息。由此，可以将批量导入预约设置信息分解为 2 个功能，分别是模板下载、上传文件。接下来对这 2 个功能的实现思路进行分析。

1. 模板下载

按照图 5-2 所示的模板文件格式，创建 Excel 模板文件，并将其添加到程序的指定目录中。为 ordersetting.html 页面的"模板下载"按钮绑定单击事件，在单击事件触发后提交模板下载的请求。

2. 上传文件

在 ordersetting.html 页面中，单击"上传文件"按钮弹出选择文件对话框，在选择文件对话框中选择填写好数据的模板文件，将文件内容保存到数据库中。上传文件的实现思路如下。

（1）提交上传文件请求

为 ordersetting.html 页面的"上传文件"按钮绑定单击事件，在单击事件触发后提交上传的文件。

（2）接收和处理上传文件请求

客户端发起上传文件请求后，由 OrderSettingController 类的 upload() 方法接收页面提交的请求，并调用 OrderSettingService 接口的 add() 方法实现批量导入预约设置信息。

（3）保存预约设置信息

保存预约设置信息之前，先判断当前日期是否已经设置预约，如果有设置，更新预约设置，如果没有设置，新增预约设置。另外，在更新预约设置时，需要对数据库中的已预约人数和当前页面输入的可预约人数进行比较，如果前者大于后者，不能更新预约设置，反之可以。

在 OrderSettingServiceImpl 类中重写 OrderSettingService 接口的 add() 方法，在方法中调用 OrderSettingDao 接口的相关方法实现预约设置信息的保存。其中，findCountByOrderDate() 方法用于判断当前日期是否进行过预约设置，findByReservations() 方法用于查询当前日期的已预约人数，editNumberByOrderDate() 方法用于更新预约设置，add() 方法用于新增预约设置。

（4）提示新增结果

OrderSettingController 类中的 upload() 方法将上传文件的结果返回 ordersetting.html 页面，ordersetting.html 页面根据返回结果提示批量导入成功或失败的信息。

为了让读者更清晰地了解批量导入预约设置信息的实现过程，下面通过一张图进行描述，如图 5-4 所示。

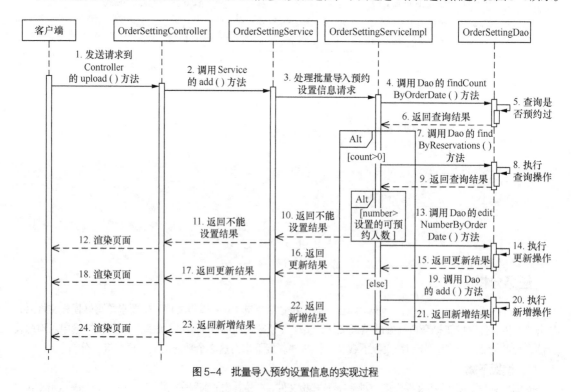

图 5-4 批量导入预约设置信息的实现过程

知识进阶

Java 项目开发中经常会遇到处理 Excel 文件数据的情况，例如读取 Excel 文件数据，或者向 Excel 文件写入数据。由于 Apache POI 支持的文件类型有很多（如 Excel、Word 等），且操作效率较高，因此在实际项目开发中通常使用 Apache POI 实现 Excel 文件的读取与写入。

Apache POI 是用 Java 编写的免费开源的跨平台的 Java API，Apache POI 提供 API 给 Java 程序，实现对 Microsoft Office 格式文件进行读和写的功能。由于本任务通过上传读取的 Excel 文件的方式实现批量导入预约设置信息的功能，所以接下来以读取 Excel 文件为例，演示 Apache POI 读取文件的步骤，具体如下。

（1）引入 Apache POI 依赖信息

在使用 Apache POI 之前，需要引入 Apache POI 的依赖信息。在 health_parent 父工程的 pom.xml 文件中引入 Apache POI 的依赖信息，具体如下。

```xml
<!-- 集中定义依赖版本号 -->
<properties>
    ......
    <poi.version>3.14</poi.version>
</properties>
<dependencyManagement>
    <dependencies>
        ......
        <!--poi-->
        <dependency>
            <groupId>org.apache.poi</groupId>
            <artifactId>poi</artifactId>
            <version>${poi.version}</version>
        </dependency>
        <dependency>
            <groupId>org.apache.poi</groupId>
            <artifactId>poi-ooxml</artifactId>
            <version>${poi.version}</version>
        </dependency>
    </dependencies>
</dependencyManagement>
```

在 health_common 子模块的 pom.xml 文件中引入 Apache POI 的依赖信息，具体如下。

```xml
<dependencies>
    ......
    <!--poi-->
    <dependency>
        <groupId>org.apache.poi</groupId>
        <artifactId>poi</artifactId>
    </dependency>
    <dependency>
        <groupId>org.apache.poi</groupId>
        <artifactId>poi-ooxml</artifactId>
    </dependency>
</dependencies>
```

（2）操作 Excel 文件的常用对象

Apache POI 的文档中提供了操作 Excel 文件的常用对象，下面对这些常用对象的获取进行演示，具体示例如下。

```
1    //根据文件创建工作簿对象
2    HSSFWorkbook workbook = new HSSFWorkbook(
3        new FileInputStream("D:\\test.xls"));
4    //获取第 1 个工作表
5    HSSFSheet sheet = workbook.getSheetAt(0);
6    //遍历工作表获得行对象
7    for (Row row : sheet) {
8        //遍历行对象获取单元格对象
9        for (Cell cell : row) {
```

```
10              //获得单元格中的值
11              String value = cell.getStringCellValue();
12              System.out.println(value);
13          }
14      }
15  workbook.close();
16  //根据文件创建工作簿对象
17  XSSFWorkbook wb = new XSSFWorkbook("D:\\hello.xlsx");
18  //获取工作表
19  XSSFSheet st = wb.getSheetAt(0);
20  //获取当前工作表最后一行的行号,行号从 0 开始
21  int lastRowNum = st.getLastRowNum();
22  for(int i=0;i<=lastRowNum;i++){
23      //根据行号获取行对象
24      XSSFRow row = st.getRow(i);
25      short lastCellNum = row.getLastCellNum();
26      for(short j=0;j<lastCellNum;j++){
27          String value = row.getCell(j).getStringCellValue();
28          System.out.println(value);
29      }
30  }
31  workbook.close();
```

上述代码中,第 2~15 行代码基于 POI 读取拓展名为.xls 的文件中单元格的内容,并输出在控制台,其中第 2~3 行代码用于根据文件创建工作簿对象,第 5 行代码用于获取工作簿中的第 1 个工作表,第 7~14 行代码通过循环依次获取工作表中每一行的每一个单元格的内容。

第 17~31 行代码基于 POI 读取拓展名为.xlsx 的文件中单元格的内容,并输出在控制台,其中第 17 行代码用于根据文件创建工作簿对象,第 19 行代码用于获取工作簿中的第 1 个工作表,第 21 行代码用于获取工作表中最后一行的行号,第 22~30 行代码根据行号循环获取工作表中每一行的每一个单元格的内容。

(3)封装工具类

Apache POI 官方网站提供的 API 文档中包含读取 Excel 文件的使用案例,为了读者能更便捷地使用 Apache POI 读取 Excel 文件,我们将 Apache POI 官方网站提供的使用案例进行简单改造,封装成工具类 POIUtils,这样本任务可以直接调用 POIUtils 工具类实现 Excel 文件的读取。

在 health_common 子模块的 com.itheima.utils 包下创建 POIUtils 类,在类中定义 readExcel()方法,用于读取 Excel 文件。由于 POIUtils 类的代码过长,这里仅展示重点代码。具体代码如文件 5-1 所示。

文件 5-1 POIUtils.java

```
1   /**
2    * POIUtils 工具类
3    */
4   public class POIUtils {
5       private final static String xls = "xls";
6       private final static String xlsx = "xlsx";
7       private final static String DATE_FORMAT = "yyyy/MM/dd";
8       //读入 Excel 文件
9       public static List<String[]> readExcel(MultipartFile file)
10                                          throws IOException {
11          checkFile(file);//检查文件
12          Workbook workbook = getWorkBook(file);//获得 Workbook 工作簿对象
13          //创建返回对象,把每行中的值作为一个数组,所有行作为一个集合返回
14          List<String[]> list = new ArrayList<String[]>();
15          if(workbook != null){
16              for(int sheetNum = 0;
17                  sheetNum < workbook.getNumberOfSheets();sheetNum++){
18                  Sheet sheet = workbook.getSheetAt(sheetNum);//获得当前 sheet
19                  if(sheet == null){
```

```
20                  continue;
21              }
22              int firstRowNum = sheet.getFirstRowNum();//获得sheet的开始行
23              int lastRowNum = sheet.getLastRowNum();//获得sheet的结束行
24              //循环除第一行以外的所有行
25              for(int rowNum = firstRowNum+1;rowNum <= lastRowNum;rowNum++){
26                  Row row = sheet.getRow(rowNum);//获得当前行
27                  if(row == null){
28                      continue;
29                  }
30                  //获得当前行的开始列
31                  int firstCellNum = row.getFirstCellNum();
32                  //获得当前行的列数
33                  int lastCellNum = row.getPhysicalNumberOfCells();
34                  String[] cells =
35                          new String[row.getPhysicalNumberOfCells()];
36                  //循环当前行
37                  for(int cellNum = firstCellNum;
38                      cellNum < lastCellNum;cellNum++){
39                      Cell cell = row.getCell(cellNum);
40                      cells[cellNum] = getCellValue(cell);
41                  }
42                  list.add(cells);
43              }
44          }
45          workbook.close();
46      }
47      return list;
48  }
49  //......此处省略checkFile()、getWorkBook()、getCellValue()方法
50 }
```

上述代码中，第11行代码调用静态方法checkFile()校验文件名是否以xls或xlsx结尾的；第12行代码调用静态方法getWorkBook()获取Workbook工作簿对象；第15~46行代码遍历获取的Workbook，按照行列关系取出每个单元格的值，其中，第40行代码调用静态方法getCellValue()把单元格中不同类型的值改成String型的值。

任务实现

在任务分析中将批量导入预约设置信息分解为2个功能，分别是模板下载和上传文件。接下来对这2个功能的实现进行详细讲解。

1. 模板下载

在ordersetting.html页面中，单击"模板下载"按钮可以下载模板，具体实现如下。

（1）准备模板

在health_backend子模块的src/main/webapp目录下创建template文件夹，在template文件夹中创建一个名称为ordersetting_template的XLSX格式的Excel文件作为模板文件，在该模板文件中将默认的Sheet工作表重命名为预约设置模板，其中包含的字段有日期、可预约人数等。读者可以从本书提供的资源中获取该模板文件。

（2）定义模板下载方法

此时访问health_backend子模块下的ordersetting.html页面，单击"模板下载"按钮，页面没有任何变化。查看ordersetting.html页面中与模板下载相关的源代码，具体代码如下。

```
1  <div class="boxMain">
2      <el-button style="margin-bottom: 20px;margin-right: 20px"
3              type="primary">模板下载</el-button>
4      ......
5  </div>
```

上述代码中，第 2~3 行代码用于定义"模板下载"按钮。

在 ordersetting.html 页面中定义 downloadTemplate()方法，用于模板下载，具体代码如下。

```
1  <script>
2      var vue = new Vue({
3          ......
4          methods: {
5              //下载模板文件
6              downloadTemplate(){
7                  window.location.href=
8                      "../../template/ordersetting_template.xlsx";
9              }
10         }
11     })
12 </script>
```

上述代码中，第 7~8 行代码为 window.location.href 赋值时，window.location.href 会根据赋值的路径决定是跳转页面还是下载文件，如果赋值的路径是 URL 地址，会跳转到对应的页面；如果赋值的路径指向浏览器不能打开的文件，会进行文件下载，并且不会改变本页面的 URL 地址。

要想实现单击"模板下载"按钮后下载模板文件，需要为该按钮绑定单击事件。由于 downloadTemplate()方法实现了文件下载功能，所以设置单击该按钮时调用 downloadTemplate()方法，具体代码如下。

```
<el-button style="margin-bottom: 20px;margin-right: 20px" type="primary"
@click="downloadTemplate()">模板下载</el-button>
```

（3）测试模板下载

启动 ZooKeeper 服务，在 IDEA 中依次启动 health_service_provider 和 health_backend，在浏览器中访问 http://localhost:82/pages/ordersetting.html，如图 5-5 所示。

在图 5-5 所示的页面中，单击"模板下载"按钮下载模板文件，模板下载结果如图 5-6 所示。

图 5-5 预约设置页面（2）

图 5-6 模板下载结果

2. 上传文件

在图 5-6 所示的页面中，单击"上传文件"按钮弹出选择文件对话框，在该对话框中选择文件后提交请求，后台接收并处理请求后将结果响应回 ordersetting.html 页面，具体实现如下。

（1）定义文件上传方法

在图 5-6 所示的页面中，单击"上传文件"按钮，此时页面没有任何变化。查看 health_backend 子模块下 ordersetting.html 页面中与上传文件相关的源代码，具体代码如下。

```
1  <div class="boxMain">
2      ......
3      <el-upload>
4          <el-button type="primary">上传文件</el-button>
5      </el-upload>
6  </div>
```

上述代码中，第 3~5 行代码定义了上传组件 el-upload，用于上传文件。

分析页面源代码可知，在 ordersetting.html 页面中提供了上传组件 el-upload，需要为上传组件 el-upload 设置属性值，具体代码如下。

```
1  <el-upload action="/ordersetting/upload.do"
2             name="excelFile"
3             :show-file-list="false"
4             :before-upload="beforeUpload"
5             :on-success="handleSuccess">
6      <el-button type="primary">上传文件</el-button>
7  </el-upload>
```

上述代码中，第 1~5 行代码用于设置组件 el-upload 的属性值。

本任务要读取的是 Excel 文件，上传文件时，文件格式只能是 XLS 或 XLSX，如果上传的文件不符合条件，则无法上传，所以上传文件之前必须对文件格式进行校验。

在 ordersetting.html 页面中定义 beforeUpload() 方法，用于校验文件格式，具体代码如下。

```
1  <script>
2      var vue = new Vue({
3          ......
4          methods: {
5              ......
6              //上传之前进行文件格式校验
7              beforeUpload(file){
8                  const isXLS = file.type === 'application/vnd.ms-excel';
9                  if(isXLS){
10                     return true;
11                 }
12                 const isXLSX = file.type === 'application/vnd' +
13                     '.openxmlformats-officedocument.spreadsheetml.sheet';
14                 if (isXLSX) {
15                     return true;
16                 }
17                 this.$message.error('上传文件只能是 XLS 或者 XLSX 格式!');
18                 return false;
19             }
20         }
21     })
22 </script>
```

上述代码中，第 8 行代码用于判断上传的文件格式是否为 XLS；第 12~13 行代码用于判断上传的文件格式是否为 XLSX。第 14~18 行代码用于实现格式校验，如果结果为 false，则页面显示上传文件格式错误的提示信息。

在上传文件之后，需对上传结果进行处理并在页面中显示，用于告知用户文件上传是否成功。在 ordersetting.html 页面中定义 handleSuccess() 方法，返回上传成功或失败的提示信息，具体代码如下。

```
1  <script>
2      var vue = new Vue({
3          ......
4          methods: {
5              ......
6              //上传结果提示
7              handleSuccess(response, file) {
8                  if(response.flag){//上传成功
9                      this.$message({
10                         message: response.message,
11                         type: 'success'
12                     });
13                 }else{
14                     this.$message.error(response.message);//上传失败
15                 }
16                 console.log(response, file, fileList);
17             }
18         }
19     })
20 </script>
```

上述代码中,第9~12行代码用于显示上传成功的提示信息;第13~15行代码用于显示上传失败的提示信息。

(2)创建预约设置类

在 health_common 子模块的 com.itheima.pojo 包下创建 OrderSetting 类,在 OrderSetting 类中声明预约设置的属性,定义属性的 getter/setter 方法,并定义 OrderSetting 类的构造方法等,具体代码如文件 5-2 所示。

文件 5-2　OrderSetting.java

```
1  /**
2   * 预约设置
3   */
4  public class OrderSetting implements Serializable{
5      private Integer id ;
6      private Date orderDate;//预约日期
7      private int number;//可预约人数
8      private int reservations ;//已预约人数
9      public OrderSetting() { }
10     public OrderSetting(Date orderDate, int number) {
11         this.orderDate = orderDate;
12         this.number = number;
13     }
14     //......省略getter/setter方法
15 }
```

(3)实现导入预约设置信息控制器

控制器接收到请求后,先读取上传的 Excel 文件的数据并进行存储,再调用服务处理存储的数据。在 health_backend 子模块的 com.itheima.controller 包下创建控制器类 OrderSettingController,在类中定义 upload() 方法,用于处理上传 Excel 文件的请求,具体代码如文件 5-3 所示。

文件 5-3　OrderSettingController.java

```
1  /**
2   * 预约设置管理
3   */
4  @RestController
5  @RequestMapping("/ordersetting")
6  public class OrderSettingController {
7      @Reference
```

```
8       private OrderSettingService orderSettingService;
9       //Excel 文件上传
10      @RequestMapping("/upload")
11      public Result upload(@RequestParam("excelFile")
12                                      MultipartFile excelFile){
13          try {
14              //调用工具类 POIUtils 返回 Excel 文件中的数据
15              List<String[]> list = POIUtils.readExcel(excelFile);
16              List<OrderSetting> data = new ArrayList<>();//预约设置集合
17              if(list != null && list.size() > 0){
18                 for (String[] strings : list) {//遍历 list
19                     //调用有参构造方法，为对象 orderSetting 绑定数据
20                     OrderSetting orderSetting = new
21                       OrderSetting(new SimpleDateFormat("yyyy/MM/dd").
22                           parse(strings[0]),Integer.parseInt(strings[1]));
23                     data.add(orderSetting);//将对象数据添加到 data 集合中
24                 }
25              }
26              orderSettingService.add(data);//调用 add()发送请求
27              return new Result(true,
28                      MessageConstant.IMPORT_ORDERSETTING_SUCCESS);
29          } catch (Exception e) {
30              e.printStackTrace();
31              return new Result(false,
32                      MessageConstant.IMPORT_ORDERSETTING_FAIL);
33          }
34      }
35  }
```

上述代码中，第 15 行代码调用工具类 POIUtils 读取 Excel 文件，并将结果保存在 list 集合中；第 17~25 行代码遍历 list，将 orderSetting 对象存储到预约设置集合 data 中；第 26 行代码调用接口方法 add()发送请求，如果成功，则返回成功提示信息，如果失败，则返回失败提示信息。

（4）创建导入预约设置信息服务

在 health_interface 子模块的 com.itheima.service 包下创建接口 OrderSettingService，在接口中定义 add()方法，用于批量导入预约设置信息，具体代码如文件 5-4 所示。

文件 5-4　OrderSettingService.java

```
/**
 * 预约设置接口
 */
public interface OrderSettingService {
    // Excel 文件上传
    public void add(List<OrderSetting> data);
}
```

（5）实现导入预约设置信息服务

实现批量导入时，通过遍历的方式对读取的预约设置数据进行处理。

在 health_service_provider 子模块的 com.itheima.service.impl 包下创建 OrderSettingService 接口的实现类 OrderSettingServiceImpl，重写接口的 add()方法实现批量导入预约设置信息，具体代码如文件 5-5 所示。

文件 5-5　OrderSettingServiceImpl.java

```
1  /**
2   * 预约设置接口实现类
3   */
4  @Service(interfaceClass = OrderSettingService.class)
5  @Transactional
```

```
6  public class OrderSettingServiceImpl implements OrderSettingService {
7      @Autowired
8      private OrderSettingDao orderSettingDao;
9      //批量导入预约设置信息
10     public void add(List<OrderSetting> list) {
11         if(list != null && list.size() > 0){
12             for (OrderSetting orderSetting : list) {//遍历list
13                 //判断当前日期是否已经进行了预约设置
14                 long count = orderSettingDao.
15                     findCountByOrderDate(orderSetting.getOrderDate());
16                 if(count > 0){
17                     //查询当前日期的已预约人数
18                     int number = orderSettingDao.
19                         findByReservations(orderSetting.getOrderDate());
20                     //已预约人数大于最新设置的可预约人数,不能进行预约设置
21                     if (number > orderSetting.getNumber()){
22                         throw new RuntimeException
23                             (MessageConstant.ORDERSETTING_FAIL);
24                     }
25                     //更新预约设置
26                     orderSettingDao.editNumberByOrderDate(orderSetting);
27                 }else{
28                     //新增预约设置
29                     orderSettingDao.add(orderSetting);
30                 }
31             }
32         }
33     }
34 }
```

上述代码中,第 14~15 行代码用于判断指定的日期是否进行过预约设置;第 18~19 行代码用于查询当前日期的已预约人数;第 21~26 行代码实现对已预约人数和最新设置的可预约人数进行比较,如果前者大于后者,不能进行预约设置,反之可以更新预约设置。

(6)实现持久层导入预约设置信息

在 health_service_provider 子模块的 com.itheima.dao 包下创建持久层接口 OrderSettingDao,用于处理与预约设置相关的操作,具体代码如文件 5-6 所示。

文件 5-6　OrderSettingDao.java

```
1  /**
2   *持久层接口
3   */
4  public interface OrderSettingDao {
5      //查询指定日期的预约设置
6      public long findCountByOrderDate(Date orderDate);
7      //查询指定日期的已预约人数
8      public int findByReservations(Date orderDate);
9      //更新预约设置
10     public void editNumberByOrderDate(OrderSetting orderSetting);
11     //导入预约设置
12     public void add(OrderSetting orderSetting);
13 }
```

上述代码中,第 6 行代码用于查询指定日期的预约设置;第 8 行代码用于查询指定日期的已预约人数;第 10 行代码用于更新预约设置;第 12 行代码用于导入预约设置。

在 health_service_provider 子模块的 resources 文件夹下的 com.itheima.dao 目录中创建与 OrderSettingDao 接口同名的映射文件 OrderSettingDao.xml。在文件中使用<select>元素映射查询语句，分别查询指定日期的预约设置、指定日期的已预约人数；使用<update>元素映射更新语句，更新预约设置；使用<insert>元素映射新增语句，导入预约设置，具体代码如文件 5-7 所示。

文件 5-7　OrderSettingDao.xml

```xml
1  <?xml version="1.0" encoding="UTF-8" ?>
2  <!DOCTYPE mapper PUBLIC "-//mybatis.org//DTD Mapper 3.0//EN"
3          "http://mybatis.org/dtd/mybatis-3-mapper.dtd" >
4  <mapper namespace="com.itheima.dao.OrderSettingDao">
5      <!--查询指定日期的预约设置-->
6      <select id="findCountByOrderDate" parameterType="java.util.Date"
7                                       resultType="java.lang.Long">
8          SELECT count(*) FROM t_ordersetting WHERE orderDate = #{orderDate}
9      </select>
10     <!--查询指定日期的已预约人数-->
11     <select id="findByReservations" resultType="java.lang.Integer">
12         SELECT reservations FROM t_ordersetting WHERE orderDate = #{orderDate}
13     </select>
14     <!--更新预约设置-->
15     <update id="editNumberByOrderDate"
16                    parameterType="com.itheima.pojo.OrderSetting">
17         UPDATE t_ordersetting SET number = #{number}
18             WHERE orderDate = #{orderDate}
19     </update>
20     <!--导入预约设置-->
21     <insert id="add" parameterType="com.itheima.pojo.OrderSetting">
22         INSERT INTO t_ordersetting(number,orderDate)
23             VALUES (#{number},#{orderDate})
24     </insert>
25 </mapper>
```

上述代码中，第 6~9 行代码用于查询指定日期的预约设置；第 11~13 行代码用于查询指定日期的已预约人数；第 15~19 行代码用于更新预约设置；第 21~24 行代码用于导入预约设置。

（7）测试导入预约设置信息

依次启动 ZooKeeper 服务、health_service_provider 和 health_backend，在浏览器中访问 http://localhost:82/pages/ordersetting.html，单击"上传文件"按钮，弹出选择文件对话框，如图 5-7 所示。

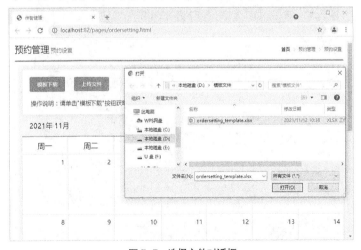

图 5-7　选择文件对话框

在图 5-7 所示页面中，单击"打开"按钮上传模板文件实现批量导入，如果导入成功，在页面提示"批量导入预约设置数据成功”，如图 5-8 所示。

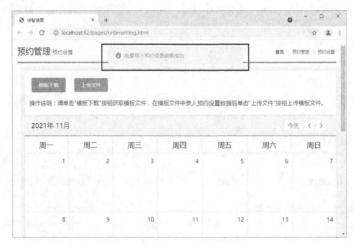

图 5-8　文件导入成功提示信息

由于使用日历展示预约设置信息的功能暂未开发，所以导入数据库的预约设置信息不会展示在页面中。这时可以通过查看数据表 t_ordersetting 验证导入预约设置信息的结果。t_ordersetting 表查询结果如图 5-9 所示。

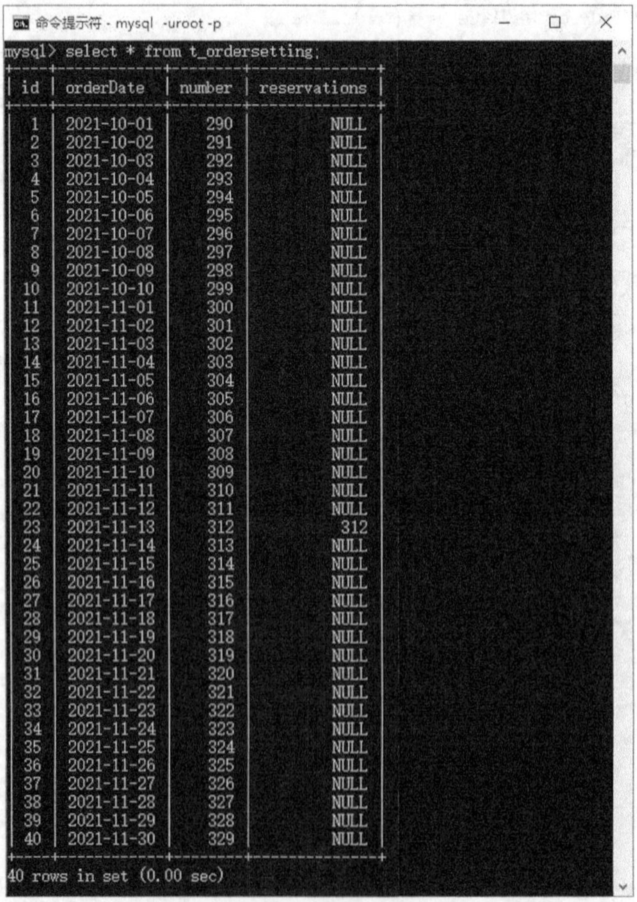


```
mysql> select * from t_ordersetting;
+----+------------+--------+--------------+
| id | orderDate  | number | reservations |
+----+------------+--------+--------------+
|  1 | 2021-10-01 |    290 |         NULL |
|  2 | 2021-10-02 |    291 |         NULL |
|  3 | 2021-10-03 |    292 |         NULL |
|  4 | 2021-10-04 |    293 |         NULL |
|  5 | 2021-10-05 |    294 |         NULL |
|  6 | 2021-10-06 |    295 |         NULL |
|  7 | 2021-10-07 |    296 |         NULL |
|  8 | 2021-10-08 |    297 |         NULL |
|  9 | 2021-10-09 |    298 |         NULL |
| 10 | 2021-10-10 |    299 |         NULL |
| 11 | 2021-11-01 |    300 |         NULL |
| 12 | 2021-11-02 |    301 |         NULL |
| 13 | 2021-11-03 |    302 |         NULL |
| 14 | 2021-11-04 |    303 |         NULL |
| 15 | 2021-11-05 |    304 |         NULL |
| 16 | 2021-11-06 |    305 |         NULL |
| 17 | 2021-11-07 |    306 |         NULL |
| 18 | 2021-11-08 |    307 |         NULL |
| 19 | 2021-11-09 |    308 |         NULL |
| 20 | 2021-11-10 |    309 |         NULL |
| 21 | 2021-11-11 |    310 |         NULL |
| 22 | 2021-11-12 |    311 |         NULL |
| 23 | 2021-11-13 |    312 |          312 |
| 24 | 2021-11-14 |    313 |         NULL |
| 25 | 2021-11-15 |    314 |         NULL |
| 26 | 2021-11-16 |    315 |         NULL |
| 27 | 2021-11-17 |    316 |         NULL |
| 28 | 2021-11-18 |    317 |         NULL |
| 29 | 2021-11-19 |    318 |         NULL |
| 30 | 2021-11-20 |    319 |         NULL |
| 31 | 2021-11-21 |    320 |         NULL |
| 32 | 2021-11-22 |    321 |         NULL |
| 33 | 2021-11-23 |    322 |         NULL |
| 34 | 2021-11-24 |    323 |         NULL |
| 35 | 2021-11-25 |    324 |         NULL |
| 36 | 2021-11-26 |    325 |         NULL |
| 37 | 2021-11-27 |    326 |         NULL |
| 38 | 2021-11-28 |    327 |         NULL |
| 39 | 2021-11-29 |    328 |         NULL |
| 40 | 2021-11-30 |    329 |         NULL |
+----+------------+--------+--------------+
40 rows in set (0.00 sec)
```

图 5-9　t_ordersetting 表查询结果

由图 5-9 可知，已成功向 t_ordersetting 表中插入数据，说明批量导入预约设置信息成功。

至此，预约设置模块的批量导入预约设置信息功能已经完成。

任务 5-2　日历展示预约设置信息

任务描述

日历展示预约设置信息就是在访问 ordersetting.html 页面时，以日历的形式在页面上展示每个月中每一天的预约设置情况。在浏览器中访问 ordersetting.html 页面，如图 5-10 所示。

图 5-10　预约设置页面（3）

在图 5-10 所示的页面中，日历展示区中展示当月每天的预约设置信息；单击查询按钮"今天"、"<"或者">"时，查询并显示当前月、上个月或者下个月的预约设置信息。

任务分析

实现在访问 ordersetting.html 页面时查询预约设置信息并将其展示在日历中。单击"今天"、"<"或者">"查询指定日期下的预约设置信息并将其展示在日历中，具体实现思路如下。

（1）日历初始化

访问 ordersetting.html 页面时，提交查询预约设置信息的请求。

（2）接收和处理查询预约设置信息请求

客户端发起查询预约设置信息的请求后，由 OrderSettingController 类中的 getOrderSettingByMonth( ) 方法接收页面的请求，并调用 OrderSettingService 接口中的 getOrderSettingByMonth( ) 方法查询预约设置信息。

(3)查询预约设置信息

在 OrderSettingServiceImpl 类中重写 OrderSettingService 接口的 getOrderSettingByMonth()方法,并调用 OrderSettingDao 接口的 getOrderSettingByMonth()方法从数据库中查询预约设置信息。

(4)展示查询结果

OrderSettingController 类中的 getOrderSettingByMonth()方法将查询结果返回 ordersetting.html 页面,ordersetting.html 页面根据返回结果在日历中展示预约设置信息。

(5)提交查询指定日期下的预约设置信息的请求

为 ordersetting.html 页面的"今天"、"<"和">"分别绑定单击事件,在触发单击事件后提交根据指定日期查询预约设置信息的请求。

(6)展示指定日期下的查询结果

调用 OrderSettingController 类中的 getOrderSettingByMonth()方法查询指定日期下的预约设置信息,getOrderSettingByMonth()方法将查询结果返回 ordersetting.html 页面,ordersetting.html 页面根据返回结果在日历中展示预约设置信息。

为了让读者更清晰地了解日历展示预约设置信息的实现过程,下面通过一张图进行描述,如图 5-11 所示。

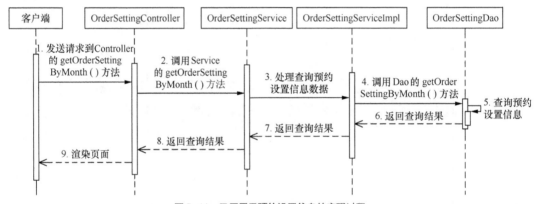

图 5-11 日历展示预约设置信息的实现过程

任务实现

访问 ordersetting.html 页面时提交查询预约设置信息的请求到后台,后台接收并处理请求后,将处理结果返回 ordersetting.html 页面,完成预约设置信息展示。接下来将对日历展示预约设置信息的实现进行详细讲解。

(1)日历初始化

访问 health_backend 子模块下的预约设置页面 ordersetting.html,此时页面没有数据显示。查看 ordersetting.html 页面与日历展示相关的源代码,具体如下。

```
1  ......
2  <div class="caldate">
3      <ul class="weekdays">
4          <li>周一</li>
5          ......
6          <li>周日</li>
7      </ul>
8      <!-- 日期 -->
9      <ul class="days">
10         ......
11     </ul>
```

```
12    </div>
13    ......
14    <script>
15        var vue = new Vue({
16            ......
17            //在 Vue 对象初始化完成后自动执行
18            created():function(){
19                this.initData(null);//调用日历初始化方法
20            },
21            methods:{
22                initData:function(cur){
23                    ......
24                },
25                ......
26            }
27        })
28    </script>
```

上述代码中,第 2~12 行代码用于定义日历模板;第 22~24 行代码中的 initData()方法用于实现日历初始化。

要想在日历初始化时展示预约设置信息,需要在 initData()方法中增加查询预约设置信息的代码,然后将查询结果通过数据双向绑定的方式进行展示。完善 initData()方法,具体代码如下。

```
1   <script src="../js/axios-0.18.0.js"></script>
2   <script>
3       var vue = new Vue({
4           ......
5           methods: {
6               ......
7               //初始化当前页要展示的日期
8               initData:function(cur){
9                   ......
10                  //发送 Axios 请求,根据日期查询对应的预约设置信息,
11                  //并将其赋值给 leftobj 对象,用于展示日历数据
12                  axios.get("/ordersetting/getOrderSettingByMonth.do"+
13                      "?month="+this.currentYear+"-"+this.currentMonth)
14                      .then((res) => {
15                          if(res.data.flag){
16                              this.leftobj = res.data.data;
17                          }else{
18                              this.$message.error(res.data.message);
19                          }
20                      });
21              },
22              ......
23          }
24      })
25  </script>
```

上述代码中,第 1 行代码用于引入 Axios 的 JS 文件;第 9 行的省略号表示省略日历初始化的过程代码;第 12~20 行代码使用 Axios 发送异步请求查询预约设置信息并对响应结果进行处理。

(2)实现查询预约设置信息控制器

在 health_backend 子模块的 OrderSettingController 类中定义 getOrderSettingByMonth()方法,用于接收并处理根据日期查询预约设置信息的请求,具体代码如下。

```
//根据日期查询对应的预约设置信息
@RequestMapping("/getOrderSettingByMonth")
```

```
public Result getOrderSettingByMonth(String month){
    try{
        //发起请求,返回list集合
        List<Map<String,Object>> list =
                    orderSettingService.getOrderSettingByMonth(month);
        //返回list集合和查询结果提示信息
        return new Result(true,
                    MessageConstant.GET_ORDERSETTING_SUCCESS,list);
    }catch (Exception e){
        e.printStackTrace();
        //返回查询结果提示信息
        return new Result(false, MessageConstant.GET_ORDERSETTING_FAIL);
    }
}
```

（3）创建日历展示预约设置信息服务

在 health_interface 子模块的 OrderSettingService 接口中定义 getOrderSettingByMonth()方法,用于根据日期查询预约设置信息,具体代码如下。

```
//根据日期查询对应的预约设置信息
public List<Map<String, Object>> getOrderSettingByMonth(String month);
```

（4）实现日历展示预约设置信息服务

在 health_service_provider 子模块的 OrderSettingServiceImpl 类中重写 OrderSettingService 接口的 getOrderSettingByMonth()方法,用于根据日期查询预约设置信息。页面传递的参数只有年和月,需要通过年月得到该月最后一天的日期,然后根据得到的日期查询从月初到月末所有的预约设置信息,具体代码如下。

```
1   //根据日期查询对应的预约设置信息
2   public List<Map<String, Object>> getOrderSettingByMonth(String month) {
3       String begin = month + "-1";//表示每月第一天
4       String end = month + "-31";//表示月份是1、3、5、7、8、10、12月
5       String[] strings = month.split("-");
6       String[] strings1 = {"4","6","9","04","06","09","11"};//4、6、9、11月
7   int year=Integer.parseInt(strings[0]) ;
8       if (year % 4 != 0 && strings[1].contains("2")) {
9           end = month + "-28";//不是闰年
10      } else if ((year % 4 == 0 && year %100!=0 || year %400==0)
11          && strings[1].contains("2")) {      end = month + "-29";//闰年
12      }else if (Arrays.asList(strings1).contains(strings[1])){
13          end = month + "-30";//表示4、6、9、11月的每月最后一天
14      }
15      Map<String,String> map = new HashMap<>();//设置查询参数
16      map.put("begin",begin);
17      map.put("end",end);
18      //查询预约设置信息
19      List<OrderSetting> list =
20                  orderSettingDao.getOrderSettingByMonth(map);
21      List<Map<String, Object>> data = new ArrayList<>();
22      //遍历查询结果list
23      for (OrderSetting orderSetting : list) {
24          Map<String, Object> orderSettingData = new HashMap<>();
25          orderSettingData.put("date",
26                  orderSetting.getOrderDate().getDate());
27          orderSettingData.put("number",orderSetting.getNumber());
28          orderSettingData.put("reservations",
29                  orderSetting.getReservations());
```

```
30            data.add(orderSettingData);
31        }
32        return data;
33 }
```

上述代码中，第 3～14 行代码用于设置查询参数，根据年份、月份确认每个月有多少天；第 19～20 行代码调用 getOrderSettingByMonth( )方法查询预约设置信息；第 23～31 行代码遍历查询结果，将查询结果存储到 data 集合中。

（5）实现持久层查询预约设置信息

在 health_service_provider 子模块的 OrderSettingDao 接口中定义 getOrderSettingByMonth( )方法，根据日期查询对应的预约设置信息，具体代码如下。

```
//根据日期查询对应的预约设置信息
public List<OrderSetting> getOrderSettingByMonth(Map<String, String> map);
```

在 health_service_provider 子模块的 OrderSettingDao.xml 映射文件中使用<select>元素映射查询语句，根据日期查询对应的预约设置信息，具体代码如下。

```
1 <!--根据日期查询对应的预约设置信息-->
2 <select id="getOrderSettingByMonth" parameterType="map"
3         resultType="com.itheima.pojo.OrderSetting">
4     SELECT * FROM t_ordersetting
5         WHERE orderDate BETWEEN #{begin} AND #{end}
6 </select>
```

上述代码中，第 4～5 行代码通过 BETWEEN...AND 查询两个时间范围内的预约设置信息。

（6）测试日历展示预约设置信息

依次启动 ZooKeeper 服务、health_service_provider 和 health_backend，在浏览器中访问 http://localhost:82/pages/ordersetting.html。日历展示预约设置信息查询结果如图 5-12 所示。

图 5-12　日历展示预约设置信息查询结果

在图 5-12 中，日历的日期中提示"已满"则表示当天预约已满，不可再进行预约；如果日历的日期上没有提示"已满"，并且日期是在今天之后的日期，则用户可以进行预约。

（7）定义指定年月查询预约设置的方法

在图 5-12 所示的页面中，单击"今天"、"<"或">"，查询当前月、上个月或者下个月的预约设置信息。分别为"今天"、"<"或">"绑定单击事件，具体代码如下。

```html
<div class="choose">
    <span @click="goCurrentMonth(currentYear,currentMonth)"
          class="gotoday">今天</span>
    <span @click="pickPre(currentYear,currentMonth)"> < </span>
    <span @click="pickNext(currentYear,currentMonth)"> > </span>
</div>
```

上述代码中，参数 currentYear 表示查询的年份；currentMonth 表示查询的月份。

在 ordersetting.html 页面中定义 goCurrentMonth( )方法、pickPre( )方法和 pickNext( )方法，用于查询当前月、上个月、下个月的预约设置信息，具体代码如下。

```javascript
 1 <script>
 2     var vue = new Vue({
 3         ......
 4         methods: {
 5             ......
 6             //切换到当前月
 7             goCurrentMonth: function (year, month) {
 8                 var d = new Date();
 9                 this.initData(this.formatDate(d.getFullYear(),
10                                 d.getMonth() + 1, 1));
11             },
12             //向前一个月
13             pickPre: function (year, month) {
14                 var d = new Date(this.formatDate(year, month, 1));
15                 d.setDate(0);
16                 this.initData(this.formatDate(d.getFullYear(),
17                                 d.getMonth() + 1, 1));
18             },
19             //向后一个月
20             pickNext: function (year, month) {
21                 var d = new Date(this.formatDate(year, month, 1));
22                 d.setDate(35);  //获取指定天数之后的日期
23                 this.initData(this.formatDate(d.getFullYear(),
24                                 d.getMonth() + 1, 1));
25             }
26         }
27     })
28 </script>
```

上述代码中，第 7~11 行代码用于查询当前月的预约设置信息，其中，formatDate( )方法用于格式化日期，返回类似 2021-11-13 格式的字符串；第 13~18 行代码用于查询上个月的预约设置信息；第 20~25 行代码用于查询下个月的预约设置信息。

（8）测试指定年月查询预约设置

依次启动 ZooKeeper 服务、health_service_provider 和 health_backend，在浏览器中访问 http://localhost:82/pages/ordersetting.html，单击"<"，查询 2021 年 10 月的预约设置信息并将其展示在日历中，查询结果如图 5-13 所示。

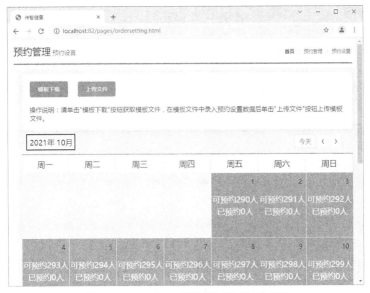

图 5-13　2021 年 10 月预约设置信息查询结果

在图 5-13 中，成功展示了 2021 年 10 月的预约设置信息，说明指定年月查询预约设置成功。至此，预约设置模块的日历展示预约设置信息功能已经完成。

任务 5-3　基于日历实现预约设置

任务描述

在批量导入预约设置信息后，如果工作人员发现其中某一天的可预约人数设置错了，或者想要对某些日期的可预约人数进行修改，使用批量导入的方式设置显然不是最佳操作。在传智健康管理端预约设置的日历中，每个日期都有一个"设置"按钮，通过单击"设置"按钮会弹出预约设置对话框，在该对话框中可以设置当前日期的预约人数，如图 5-14 所示。

在图 5-14 中，填写可预约人数后，单击"确定"按钮即可完成预约设置。

图 5-14　预约设置对话框（1）

任务分析

通过对图 5-13 和图 5-14 的分析，我们要在单击"设置"按钮后，弹出预约设置对话框，并在其中完成预约人数设置。接下来以此分析基于日历实现预约设置的思路，具体如下。

（1）弹出预约设置对话框

为 ordersetting.html 页面的"设置"按钮绑定单击事件，在单击事件触发后弹出预约设置对话框。

（2）提交预约设置请求

为预约设置对话框的"确定"按钮绑定单击事件，在单击事件触发后提交预约设置请求。

（3）接收和处理预约设置的请求

客户端发起预约设置的请求后，由 OrderSettingController 类中的 editNumberByOrderDate( ) 方法接收页面提交的请求，并调用 OrderSettingService 接口的 editNumberByOrderDate( ) 方法进行预约设置。

（4）保存预约设置

基于日历实现预约设置的过程与批量导入预约设置的实现过程类似，都需要在保存预约设置之前判断当前日期是否已经有过预约设置，在更新预约设置时，需要比较数据库中的已预约人数和当前页面输入的可预约人数。

在 OrderSettingServiceImpl 类中重写 OrderSettingService 接口的 editNumberByOrderDate()方法，在该方法中调用 OrderSettingDao 接口的相关方法。具体处理如下。

首先，调用 findCountByOrderDate()方法，判断当前日期是否进行过预约设置。

其次，调用 findByReservations()方法，查询当前日期的已预约人数。

再次，调用 editNumberByOrderDate()方法，更新预约设置。

最后，调用 add()方法，新增预约设置。

（5）提示预约设置结果

OrderSettingController 类中的 editNumberByOrderDate()方法将预约设置的结果返回 ordersetting.html 页面，ordersetting.html 页面根据返回结果提示预约设置成功或失败的信息。

为了让读者更清晰地了解基于日历实现预约设置的过程，下面通过一张图进行描述，如图 5-15 所示。

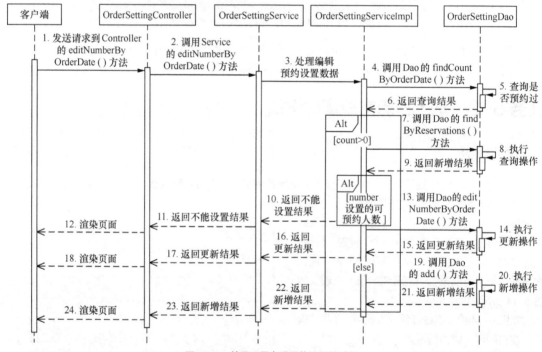

图 5-15 基于日历实现预约设置的过程

任务实现

从任务分析可以得出，我们要在单击"设置"按钮后，弹出预约设置对话框，输入预约人数后，单击对话框中的"确定"按钮提交请求到后台，完成预约设置的操作。接下来将对基于日历实现预约设置的实现进行详细讲解。

（1）弹出预约设置对话框

访问 health_backend 子模块下的 ordersetting.html 页面，单击"设置"按钮，此时页面没有任何变化。查看 ordersetting.html 页面与"设置"按钮相关的源代码，具体代码如下。

```
1  ......
2  <template>
```

```
3      ......
4      <button v-if="dayobject.day > today" class="orderbtn">设置</button>
5  </template>
6  ......
```

上述代码中,第 4 行代码用于定义可预约人数的"设置"按钮。

在 ordersetting.html 页面中定义 handleOrderSet()方法,用于弹出预约设置对话框和提交预约设置的请求,具体代码如下。

```
1  <script>
2      var vue = new Vue({
3          ......
4          methods:{
5              ......
6              //预约设置
7              handleOrderSet(day){
8                  this.$prompt("请输入可预约人数","预约设置",{
9                      confirmButtonText: '确定',
10                     cancelButtonText: '取消',
11                     inputPattern: /^[0-9]*[1-9][0-9]*$/,
12                     inputErrorMessage: '请输入数字'
13                 }).then(({value}) => {
14                     //发送 Axios 请求,修改可预约人数
15                     axios.post("/ordersetting/editNumberByOrderDate.do",{
16                         number:value,
17                         orderDate:this.formatDate(day.getFullYear(),
18                             day.getMonth()+1,day.getDate())
19                     }).then((res) => {
20                         if(res.data.flag){//设置成功
21                             this.$message({
22                                 type:'success',
23                                 message:res.data.message
24                             });
25                             //刷新当前页面
26                             this.initData(this.formatDate(
27                                 day.getFullYear(),day.getMonth()+1,1));
28                         }else{
29                             this.$message.error(res.data.message);
30                         }
31                     });
32                 }).catch(() => {
33                     this.$message({
34                         type:'info',
35                         message:'已取消'
36                     });
37                 });
38             }
39         }
40     })
41 </script>
```

在上述代码中,第 8~12 行代码用于弹出预约设置对话框,其中,第 11 行代码通过正则表达式设置在对话框中只能输入 0~9 的数字组合。第 13~31 行代码使用 Axios 发送异步请求并处理响应结果,其中,第 20~27 行代码用于显示预约设置成功的提示信息;第 28~30 行代码用于显示预约设置失败的提示信息。

为 ordersetting.html 页面的"设置"按钮绑定单击事件,并设置单击时调用 handleOrderSet()方法,弹出预

约设置对话框,具体代码如下。

```
<button v-if="dayobject.day > today" @click="handleOrderSet(dayobject.day)"
        class="orderbtn">设置</button>
```

上述代码中,handleOrderSet()方法的参数 dayobject.day 表示当前按钮所在的日期。

(2)实现编辑预约设置控制器

在 health_backend 子模块的 OrderSettingController 类中定义 editNumberByOrderDate()方法,用于处理根据日期修改可预约人数的请求。具体代码如下。

```
//根据日期修改可预约人数
@RequestMapping("/editNumberByOrderDate")
public Result editNumberByOrderDate(
                    @RequestBody OrderSetting orderSetting){
    try{
        //发送请求
        orderSettingService.editNumberByOrderDate(orderSetting);
        return new Result(true, MessageConstant.ORDERSETTING_SUCCESS);
    }catch (Exception e){
        e.printStackTrace();
        return new Result(false, MessageConstant.ORDERSETTING_FAIL);
    }
}
```

(3)创建编辑预约设置服务

在 health_interface 子模块的 OrderSettingService 接口中定义 editNumberByOrderDate()方法,用于根据日期修改可预约人数。具体代码如下。

```
//根据日期修改可预约人数
public void editNumberByOrderDate(OrderSetting orderSetting);
```

(4)实现编辑预约设置服务

对单个日期的可预约人数进行设置的实现思路和批量导入预约设置的实现思路是一致的。在 health_service_provider 子模块的 OrderSettingServiceImpl 类中重写 OrderSettingService 接口的 editNumberByOrderDate()方法,用于根据日期修改可预约人数。具体代码如下。

```
1   //根据日期修改可预约人数
2   public void editNumberByOrderDate(OrderSetting orderSetting) {
3       //判断当前日期是否已经进行了预约设置
4       long count = orderSettingDao.
5                   findCountByOrderDate(orderSetting.getOrderDate());
6       if(count > 0){
7           //查询当前日期的已预约人数
8           int number = orderSettingDao.
9                       findByReservations(orderSetting.getOrderDate());
10          //已预约人数大于最新设置的可预约人数,不能进行预约设置
11          if (number > orderSetting.getNumber()){
12              throw new RuntimeException(MessageConstant.ORDERSETTING_FAIL);
13          }
14          //更新预约设置
15          orderSettingDao.editNumberByOrderDate(orderSetting);
16      }else{
17          //新增预约设置
18          orderSettingDao.add(orderSetting);
19      }
20  }
```

（5）测试基于日历实现预约设置

依次启动 ZooKeeper 服务、health_service_provider 和 health_backend，在浏览器中访问 http://localhost:82/pages/ordersetting.html，预约设置页面如图 5-16 所示。

图 5-16　预约设置页面（4）

在图 5-16 所示页面中，单击日期 2021-11-18 对应的"设置"按钮，弹出预约设置对话框，将可预约人数更改为 350，如图 5-17 所示。

图 5-17　预约设置对话框（2）

在图 5-17 所示页面的对话框中，单击"确定"按钮提交数据，页面提示"预约设置成功"或者"预约设置失败"，设置成功后的提示如图 5-18 所示。

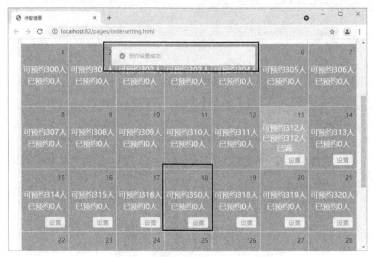

图 5-18　设置成功后的预约设置数据

由图 5-18 可以看出，日期为 2021-11-18 的可预约人数已修改为 350 人，说明基于日历实现预约设置成功。

至此，预约设置模块的基于日历实现预约设置功能已经完成。

模块小结

本模块主要对管理端的预约设置进行了讲解。首先讲解了 Apache POI 的配置以及如何利用 Apache POI 实现 Excel 文件的读写，然后讲解了批量导入预约设置信息的功能，最后讲解了日历展示预约设置信息和基于日历实现预约设置的功能。希望通过对本模块的学习，读者可以熟悉 Apache POI 的配置及使用，并能掌握预约设置的 3 个功能。

模块六

管理端——权限控制

知识目标

1. 了解认证和授权，能够简述认证和授权的概念
2. 掌握 Spring Security 的实现方式，能够使用 Spring Security 完成系统的认证和授权

技能目标

1. 掌握显示用户名的实现方式，能够使用 Spring Security 实现显示用户名的功能
2. 掌握退出登录的实现方式，能够使用<security:logout>过滤器实现退出登录的功能

在 Web 应用开发过程中，权限管理是非常重要的一个环节。传智健康管理端作为健康管理机构的后台系统，如果不建立权限管理，那么任何人都可以轻而易举地进行所有操作，显然，这样的效果并不是我们所希望的。接下来，本模块将对传智健康管理端的权限控制功能进行详细讲解。

任务 6-1 实现认证和授权

任务描述

出于对系统安全性的考虑，我们希望用户在访问管理端时能够进行身份认证，即通过用户名和密码识别用户的身份，对于没有通过认证的用户不允许访问；对于通过认证的用户，允许访问本人对应角色被授权的资源。根据用户角色的不同，我们将用户分为普通用户、管理员、超级管理员，这 3 类角色对管理端资源的操作权限是不同的。

本任务要求实现对用户身份进行认证，并将操作权限和用户角色进行绑定，从而通过角色授予用户不同的操作权限。

任务分析

本任务要实现的认证和授权需要在登录页面 login.html 中完成。在 login.html 页面中输入认证信息后进行认证，再根据认证结果查询该用户的角色与权限，最后根据查询结果做相应处理。由于 Web 前端页面的开发并不是本书的重点，这里我们直接导入准备好的 login.html 文件。具体实现思路如下。

（1）提交用户登录的请求

为 login.html 页面中的"登录"按钮绑定单击事件，在单击事件触发后提交用户登录的请求。

（2）接收和处理用户登录请求

客户端发起登录请求后，由 SpringSecurityUserService 类中的 loadUserByUsername()方法接收页面提交的请求，在该方法中调用 UserService 接口的 findByUsername()方法查询用户信息。

（3）查询用户信息

用户信息包括用户的个人信息、角色信息和权限信息。首先根据用户名查询该用户的个人信息，然后根据用户的个人信息查询该用户的角色，最后根据用户的角色查询角色对应的权限。

在 UserServiceImpl 类中重写 UserService 接口的 findByUsername()方法，在该方法中调用 UserDao 接口中的 findByUsername()方法查询用户个人信息；调用 RoleDao 接口中的 findByUserId()方法查询用户角色；调用 PermissionDao 接口中的 findByRoleId()方法查询角色对应的权限。

（4）展示登录结果

SpringSecurityUserService 类的 loadUserByUsername()方法的返回值返回 login.html 页面后，login.html 页面根据返回结果加以处理，如果认证成功，跳转到主页面 main.html；如果认证失败，在 login.html 页面中提示登录失败信息。

为了让读者更清晰地了解认证和授权的实现过程，下面通过一张图进行描述，如图 6-1 所示。

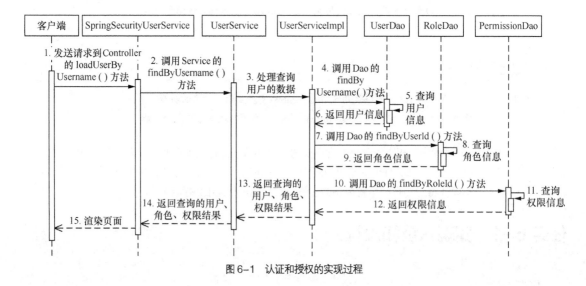

图 6-1　认证和授权的实现过程

知识进阶

1. 认证和授权的概念

在权限管理的概念中，有两个非常重要的名词：认证和授权。下面对这两个名词的含义进行具体介绍。

- 认证

认证是系统提供的用于识别用户身份的功能。认证的目的是让系统识别当前用户的角色。

- 授权

授权即访问控制，控制用户可以访问哪些资源，用户进行身份认证后需要分配权限才可以访问系统资源。

2. Spring Security 简介

Spring Security 是一个能够为基于 Spring 的企业应用系统提供声明式的安全访问控制解决方案的安全框架。它提供了一组可以在 Spring 应用上下文中配置的 Bean，充分利用了 Spring IoC、DI 和 AOP 功能，在为企业应用系统安全控制编写代码时无须编写大量重复的代码。

Web 项目开发时，如果选择使用 Spring Security 作为权限管理框架，那么首先要做的是导入 JAR 包。Spring Security 的核心 JAR 包具体如下。

- spring-security-web.jar：Web 工程必备的一个 JAR 包，包含过滤器和相关的 Web 安全基础结构代码。
- spring-security-config.jar：用于解析 XML 配置文件。
- spring-security-taglibs.jar：Spring Security 提供的动态标签库。

3. Spring Security 入门案例

为了帮助读者快速掌握 Spring Security 的基本用法，接下来通过一个案例来演示，具体步骤如下。

（1）导入 Spring Security 的依赖

在 health_parent 父工程的 pom.xml 文件中引入 Spring Security 的依赖信息，具体代码如下。

```xml
<!-- 集中定义依赖版本号 -->
<properties>
    ......
    <spring.security.version>5.0.5.RELEASE</spring.security.version>
</properties>
<dependencyManagement>
    <dependencies>
        ......
        <!-- 安全框架 -->
        <dependency>
            <groupId>org.springframework.security</groupId>
            <artifactId>spring-security-web</artifactId>
            <version>${spring.security.version}</version>
        </dependency>
        <dependency>
            <groupId>org.springframework.security</groupId>
            <artifactId>spring-security-config</artifactId>
            <version>${spring.security.version}</version>
        </dependency>
        <dependency>
            <groupId>org.springframework.security</groupId>
            <artifactId>spring-security-taglibs</artifactId>
            <version>${spring.security.version}</version>
        </dependency>
    </dependencies>
</dependencyManagement>
```

在 health_common 子模块的 pom.xml 文件中引入 Spring Security 的依赖信息，具体代码如下。

```xml
<dependencies>
    ......
    <!--安全框架-->
    <dependency>
        <groupId>org.springframework.security</groupId>
        <artifactId>spring-security-web</artifactId>
    </dependency>
    <dependency>
        <groupId>org.springframework.security</groupId>
        <artifactId>spring-security-config</artifactId>
    </dependency>
    <dependency>
        <groupId>org.springframework.security</groupId>
        <artifactId>spring-security-taglibs</artifactId>
```

        </dependency>
    </dependencies>
```

（2）配置 web.xml

在 health_backend 子模块的 web.xml 文件中配置用于整合 Spring Security 框架的过滤器 DelegatingFilterProxy，具体代码如下。

```xml
<!--委派过滤器，用于整合其他框架-->
<filter>
  <!--整合 Spring Security 时，此过滤器的名称固定为 springSecurityFilterChain-->
  <filter-name>springSecurityFilterChain</filter-name>
  <filter-class>
     org.springframework.web.filter.DelegatingFilterProxy</filter-class>
</filter>
<filter-mapping>
  <filter-name>springSecurityFilterChain</filter-name>
  <url-pattern>/*</url-pattern>
</filter-mapping>
```

需要注意的是，配置用于整合 Spring Security 的过滤器时，<filter-name>标签中的名称必须是 springSecurityFilterChain，否则会抛出 NoSuchBeanDefinitionException 异常。

（3）配置 spring-security.xml

在 health_backend 子模块的 src/main/resources 目录下创建 spring-security.xml 文件，用于配置 Spring Security 的拦截规则和认证管理器。具体代码如文件 6-1 所示。

文件 6-1 spring-security.xml

```xml
 1  <?xml version="1.0" encoding="UTF-8"?>
 2  <beans xmlns="http://www.springframework.org/schema/beans"
 3  ......
 4      <!--配置过滤器-->
 5      <security:http auto-config="true" use-expressions="true">
 6          <!--intercept-url：定义一个拦截规则
 7              pattern：对哪些 URL 进行权限控制
 8              access：在请求对应的 URL 时需要什么权限-->
 9          <security:intercept-url pattern="/**"
10                          access="hasRole('ROLE_ADMIN')" />
11      </security:http>
12      <!--认证管理器，用于处理认证操作-->
13      <security:authentication-manager>
14          <!--认证提供者，执行具体的认证逻辑-->
15          <security:authentication-provider>
16              <!--用于获取用户信息，提供给 authentication-provider 进行认证-->
17              <security:user-service>
18                  <!--定义用户信息，指定用户名、密码、角色，后期改为从数据库查询
19                     {noop}：表示当前使用的密码为明文-->
20                  <security:user name="admin" password="{noop}1234"
21                          authorities="ROLE_ADMIN"></security:user>
22              </security:user-service>
23          </security:authentication-provider>
24      </security:authentication-manager>
25  </beans>
```

上述代码中，第 5~11 行代码用于配置过滤器，auto-config 表示是否自动配置，设置为 true 时框架会提供默认的一些配置，例如提供默认的登录页面；第 13~24 行代码用于配置认证管理器，其中，第 17~22 行代码用于获取用户信息。需要注意的是，这里为了测试方便，直接指定用户信息且密码明文显示，但是在实际
```

项目开发中,为了确保信息安全,一般通过服务获取用户信息并对密码进行加密处理。

(4)修改 springmvc.xml 文件

在 web.xml 中指定项目启动时会加载 springmvc.xml,如果想要 spring-security.xml 文件在项目启动时直接被加载,可以在 health_backend 子模块的 springmvc.xml 中导入配置文件 spring-security.xml,具体代码如下。

```xml
<?xml version="1.0" encoding="UTF-8"?>
<beans xmlns="http://www.springframework.org/schema/beans"
    ......
    <import resource="classpath:spring-security.xml"></import>
</beans>
```

(5) Spring Security 入门案例测试

在 health_backend 子模块的 src/main/webapp 目录下创建一个名称为 index 的 HTML 文件,文件内容为"hello Spring Security!!"。依次启动 ZooKeeper 服务、health_service_provider 和 health_backend,在浏览器中访问 http://localhost:82/index.html,页面访问结果如图 6-2 所示。

从图 6-2 可以看出,此时并未访问到 index.html 页面,而是跳转到了认证页面 login.html,说明 Spring Security 配置成功。在 login.html 页面中输入用户名 admin 和密码 1234,单击"Login"按钮,查看 index.html 页面的认证效果,如图 6-3 所示。

图 6-2 页面访问结果

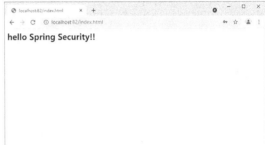

图 6-3 index.html 页面的认证效果

由图 6-3 可知,成功访问 index.html 页面,并输出文件内容,说明 Spring Security 的配置已经生效。

> **注意:**
>
> 第一次认证的时候会报错,错误提示为"HTTP Status 404 - /favicon.ico.",这是因为项目中没有 favicon.ico 的图标,返回重新认证一次就可以解决了。当然也可以将一个名称为 favicon.ico 的图标放在项目的根目录下,这样也可以避免第一次认证报错。

4. 权限数据模型

实现权限控制有多种方式,例如使用用户名实现、使用角色实现等。其中,使用用户名实现权限控制时,每增加一个用户就要为其添加权限,这种方式比较麻烦;而使用角色实现权限控制时,只需要提前在数据库中为不同的角色设置好权限,然后在新增用户时直接给用户设置角色即可。这里选择使用角色实现权限控制,即使用角色实现认证和授权。下面分析一下在认证和授权过程中分别会使用到哪些数据表。

在认证时,只需要判断用户输入的用户名和密码是否正确,因此只需要通过用户表进行校验即可。

用户必须完成认证后才可以进行授权。在授权时,首先根据用户名查询该用户拥有哪些角色;再根据角色查询对应的菜单,这样就确定了用户能够看到哪些菜单;最后根据用户的角色查询对应的权限,这样就确定了用户拥有哪些权限。

在认证和授权的过程中涉及的系统的数据表包括用户表 t_user、权限表 t_permission、角色表 t_role、菜单表 t_menu、用户角色关系表 t_user_role、角色权限关系表 t_role_permission、角色菜单关系表 t_role_menu。这些数据表之间的关系如图 6-4 所示。

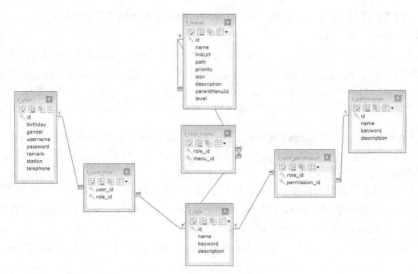

图 6-4 数据表之间的关系

在图 6-4 中，角色表和用户表、权限表、菜单表之间都是多对多关系，用户、权限、菜单之间的关系是通过角色进行控制的，因此角色表至关重要。

在进行认证和授权之前需要对这些数据表进行管理，例如，设置权限表、菜单表、角色表和用户表的增删改查操作，设置表关联关系等。鉴于篇幅有限，而且数据管理不是本书的重点内容，此处不给出数据管理的代码，读者可以从本书提供的资源中获取 SQL 脚本，在数据库中执行该脚本即可获取对应表的数据。

任务实现

学习了 Spring Security 入门案例后，接下来结合所学知识，将 Spring Security 应用到传智健康的管理端以实现认证和授权，具体步骤如下。

（1）导入登录页面 login.html

在 health_backend 子模块的 src/main/webapp 目录下导入登录页面 login.html，读者可以从本书提供的资源中获取该文件，此处不详细展示。

（2）设计实体类

根据权限数据模型设计实体类，在 health_common 子模块的 com.itheima.pojo 包下创建用户实体类 User，在类中声明用户的属性，定义各个属性的 getter/setter 方法。具体代码如文件 6-2 所示。

文件 6-2 User.java

```java
/**
 * 用户
 */
public class User implements Serializable{
    private Integer id;                    // 主键
    private Date birthday;                 // 生日
    private String gender;                 // 性别
    private String username;               // 用户名，唯一
    private String password;               // 密码
    private String remark;                 // 用户说明
    private String station;                // 状态
    private String telephone;              // 联系电话
    private Set<Role> roles = new HashSet<Role>(0);//对应角色集合
    //......省略getter/setter方法
}
```

创建角色实体类 Role，在类中声明角色的属性，定义各个属性的 getter/setter 方法。具体代码如文件 6-3 所示。

文件 6-3　Role.java

```java
/**
 * 角色
 */
public class Role implements Serializable {
    private Integer id;
    private String name;              // 角色名称
    private String keyword;           // 角色关键字，用于权限控制
    private String description;       // 角色描述
    private Set<User> users = new HashSet<User>(0);
    private Set<Permission> permissions = new HashSet<Permission>(0);
    private LinkedHashSet<Menu> menus = new LinkedHashSet<Menu>(0);
    //......省略 getter/setter 方法
}
```

创建权限实体类 Permission，在类中声明权限的属性，定义各个属性的 getter/setter 方法。具体代码如文件 6-4 所示。

文件 6-4　Permission.java

```java
/**
 * 权限
 */
public class Permission implements Serializable{
    private Integer id;
    private String name;              // 权限名称
    private String keyword;           // 权限关键字，用于权限控制
    private String description;       // 权限描述
    private Set<Role> roles = new HashSet<Role>(0);
    //......省略 getter/setter 方法
}
```

创建菜单实体类 Menu，在类中声明菜单的属性，定义各个属性的 getter/setter 方法。具体代码如文件 6-5 所示。

文件 6-5　Menu.java

```java
/**
 * 菜单
 */
public class Menu implements Serializable{
    private Integer id;
    private String name;              // 菜单名称
    private String linkUrl;           // 访问路径
    private String path;              // 菜单项所对应的路由路径
    private Integer priority;         // 优先级（用于排序）
    private String description;       // 菜单描述
    private String icon;              // 菜单的图标样式
    private Set<Role> roles = new HashSet<Role>(0);//角色集合
    private List<Menu> children = new ArrayList<>();//子菜单集合
    private Integer parentMenuId;     //父菜单 id
    private Integer level;            //菜单级别
    //......省略 getter/setter 方法
}
```

（3）实现用户认证

在 Spring Security 入门案例中采用了配置文件的方式读取静态用户名和密码，但是这种方式很容易将数

据暴露，存在信息安全问题。除此之外，Spring Security 还支持通过实现 UserDetailsService 接口的方式来提供用户认证授权信息，与配置文件的方式相比，这种方式更加安全。因此，我们在管理端通过实现 UserDetailsService 接口获取用户信息。

在 health_backend 子模块的 com.itheima.security 包下创建 SpringSecurityUserService 类，实现 UserDetailsService 接口并重写接口的 loadUserByUsername() 方法，用于处理查询用户信息的请求。具体代码如文件 6-6 所示。

文件 6-6　SpringSecurityUserService.java

```java
/**
 * Spring Security 控制器
 */
@RestController
@Component
public class SpringSecurityUserService implements UserDetailsService {
    @Reference
    private UserService userService;
    //根据用户名查询数据库中的用户信息
    @Override
    public UserDetails loadUserByUsername(String username)
            throws UsernameNotFoundException {
        //调用用户服务（底层基于 Dubbo 实现远程调用）获取用户信息
        User user = userService.findByUsername(username);
        if(user == null){
            return null;
        }
        //用于封装当前用户的角色和权限
        List<GrantedAuthority> list = new ArrayList<>();
        Set<Role> roles = user.getRoles();//查询当前用户对应的角色和权限
        if(roles != null && roles.size() > 0){
            for (Role role : roles) {
                String keyword = role.getKeyword();//角色关键字，是角色的标识
                //为当前用户授予角色
                list.add(new SimpleGrantedAuthority(keyword));
                //遍历当前角色对应的权限
                for (Permission permission : role.getPermissions()) {
                    //权限关键字
                    String permissionKeyword = permission.getKeyword();
                    //为当前用户授权
                    list.add(new SimpleGrantedAuthority(permissionKeyword));
                }
            }
        }
        return new org.springframework.security.core.userdetails.
                        User(username,user.getPassword(),list);
    }
}
```

上述代码中，第 5 行代码通过注解 @Component 注册 Bean 并将其装配到 Spring 容器中；第 11~37 行代码重写 UserDetailsService 接口的 loadUserByUsername() 方法，其中，第 14 行代码调用 UserService 接口的 findByUsername() 方法查询用户信息，包括用户、角色和权限；第 19~34 行代码实现在用户认证通过后，将用户被授予的权限存储到 list 集合中。

（4）创建用户认证服务

在 health_interface 子模块的 com.itheima.service 包下创建接口 UserService，在接口中定义 findByUsername() 方法，用于通过用户名查找用户。具体代码如文件 6-7 所示。

文件6-7　UserService.java

```java
/**
 * 用户接口
 */
public interface UserService {
    //根据用户名查找用户
    public User findByUsername(String username);
}
```

（5）实现用户认证服务

进行用户认证时，需要查询用户、角色和权限信息。在health_service_provider子模块的com.itheima.service.impl包下创建UserService接口的实现类UserServiceImpl，并重写UserService接口的findByUsername()方法。具体代码如文件6-8所示。

文件6-8　UserServiceImpl.java

```java
1  /**
2   * 用户接口实现类
3   */
4  @Service(interfaceClass = UserService.class)
5  @Transactional
6  public class UserServiceImpl implements UserService {
7      @Autowired
8      private UserDao userDao;
9      @Autowired
10     private RoleDao roleDao;
11     @Autowired
12     private PermissionDao permissionDao;
13     //根据用户名查询用户信息，包括用户的角色和角色关联的权限
14     @Override
15     public User findByUsername(String username) {
16         User user = userDao.findByUsername(username);//根据用户名查询用户信息
17         if(user == null){
18             return null;
19         }
20         Integer userId = user.getId();
21         //根据用户id查询关联的角色
22         Set<Role> roles = roleDao.findByUserId(userId);
23         if(roles != null && roles.size() > 0){
24             //遍历角色集合，查询每个角色关联的权限
25             for (Role role : roles) {
26                 Integer roleId = role.getId();//角色id
27                 //根据角色id查询关联的权限
28                 Set<Permission> permissions =
29                                 permissionDao.findByRoleId(roleId);
30                 if(permissions != null && permissions.size() > 0){
31                     role.setPermissions(permissions);//角色关联权限集合
32                 }
33             }
34             user.setRoles(roles);//用户关联角色集合
35         }
36         return user;
37     }
38 }
```

上述代码中，第16行代码实现根据用户名查询用户信息；第22行代码调用findByUserId()方法查询与

用户关联的角色，并将结果存储到 roles 集合中；第 25~33 行代码实现遍历 roles 集合，调用 findByRoleId() 方法查询与角色关联的权限；第 36 行代码用于返回用户信息。

（6）创建持久层接口

在 health_service_provider 子模块的 com.itheima.dao 包下创建接口 UserDao，在接口中定义 findByUsername() 方法，用于根据用户名查找用户。具体代码如文件 6-9 所示。

文件 6-9　UserDao.java

```
/**
 *持久层接口 UserDao
 */
public interface UserDao {
    public User findByUsername(String username);//根据用户名查找用户
}
```

在 health_service_provider 子模块的 resources 文件夹下的 com.itheima.dao 目录中创建与 UserDao 接口同名的映射文件 UserDao.xml，在文件中使用<select>元素映射查询语句，根据用户名查找用户。具体代码如文件 6–10 所示。

文件 6-10　UserDao.xml

```
<?xml version="1.0" encoding="UTF-8" ?>
<!DOCTYPE mapper PUBLIC "-//mybatis.org//DTD Mapper 3.0//EN"
        "http://mybatis.org/dtd/mybatis-3-mapper.dtd" >
<mapper namespace="com.itheima.dao.UserDao">
    <!--根据用户名查找用户-->
    <select id="findByUsername" parameterType="string"
            resultType="com.itheima.pojo.User">
        SELECT * FROM t_user WHERE username = #{value}
    </select>
</mapper>
```

在 health_service_provider 子模块的 com.itheima.dao 包下创建接口 RoleDao，在接口中定义 findByUserId() 方法，用于根据用户 id 查找用户拥有的角色。具体代码如文件 6–11 所示。

文件 6-11　RoleDao.java

```
/**
 *持久层接口 RoleDao
 */
public interface RoleDao {
    //根据用户 id 查找用户拥有的角色
    public Set<Role> findByUserId(Integer userId);
}
```

在 health_service_provider 子模块的 resources 文件夹下的 com.itheima.dao 目录中创建与 RoleDao 接口同名的映射文件 RoleDao.xml，在文件中使用<select>元素映射查询语句，根据用户 id 查找用户拥有的角色。具体代码如文件 6–12 所示。

文件 6-12　RoleDao.xml

```
<?xml version="1.0" encoding="UTF-8" ?>
<!DOCTYPE mapper PUBLIC "-//mybatis.org//DTD Mapper 3.0//EN"
        "http://mybatis.org/dtd/mybatis-3-mapper.dtd" >
<mapper namespace="com.itheima.dao.RoleDao">
    <!--根据用户 id 查找用户拥有的角色-->
    <select id="findByUserId" parameterType="int"
            resultType="com.itheima.pojo.Role">
        SELECT r.* FROM t_role r,t_user_role ur
            WHERE r.id = ur.role_id AND ur.user_id = #{user_id}
    </select>
</mapper>
```

在 health_service_provider 子模块的 com.itheima.dao 包下创建持久层接口 PermissionDao，在接口中定义 findByRoleId()方法，用于根据角色 id 查找用户拥有的权限。具体代码如文件 6-13 所示。

文件 6-13　PermissionDao.java

```java
/**
 *持久层接口 PermissionDao
 */
public interface PermissionDao {
    //根据角色id查找用户拥有的权限
    public Set<Permission> findByRoleId(Integer roleId);
}
```

在 health_service_provider 子模块的 resources 文件夹下的 com.itheima.dao 目录中创建与 PermissionDao 接口同名的映射文件 PermissionDao.xml，在文件中使用<select>元素映射查询语句，根据角色 id 查找用户拥有的权限。具体代码如文件 6-14 所示。

文件 6-14　PermissionDao.xml

```xml
<?xml version="1.0" encoding="UTF-8" ?>
<!DOCTYPE mapper PUBLIC "-//mybatis.org//DTD Mapper 3.0//EN"
        "http://mybatis.org/dtd/mybatis-3-mapper.dtd" >
<mapper namespace="com.itheima.dao.PermissionDao">
    <!--根据角色id查找用户拥有的权限-->
    <select id="findByRoleId" parameterType="int"
        resultType="com.itheima.pojo.Permission">
      SELECT p.* FROM t_permission p,t_role_permission rp
         WHERE p.id = rp.permission_id AND rp.role_id = #{role_id}
    </select>
</mapper>
```

（7）修改 spring-security.xml 文件

本任务需要配置 Spring Security，下面对 Spring Security 入门案例中的 spring-security.xml 文件进行修改，在文件中重新添加过滤器、配置拦截规则、配置认证管理器，以及配置登录页面、密码加密等内容。具体代码如下。

```xml
1  <!--http:用于定义相关权限控制,指定哪些资源不需要进行权限校验,可以使用通配符-->
2  <security:http security="none" pattern="/js/**" />
3  <security:http security="none" pattern="/css/**" />
4  <security:http security="none" pattern="/img/**" />
5  <security:http security="none" pattern="/plugins/**" />
6  <security:http security="none" pattern="/login.html" />
7  <security:http auto-config="true" use-expressions="true">
8      <security:headers>
9          <!--设置在页面中可以通过iframe访问受保护的页面,默认为不允许访问-->
10         <security:frame-options
11                            policy="SAMEORIGIN"></security:frame-options>
12     </security:headers>
13     <!--配置拦截规则,只要认证通过就可以访问-->
14     <security:intercept-url pattern="/pages/**"
15                                   access="isAuthenticated()" />
16     <!--如果使用自己定义的登录页面,需要进行如下配置-->
17     <security:form-login
18           login-processing-url="/login.do"
19           username-parameter="username"
20           password-parameter="password"
21           login-page="/login.html"
22           default-target-url="/pages/main.html"></security:form-login>
```

```
23            <!--CSRF是一个过滤器, disabled="true"表示关闭这个过滤器-->
24            <security:csrf disabled="true"></security:csrf>
25  </security:http>
26  <!--配置认证管理器-->
27  <security:authentication-manager>
28        <security:authentication-provider
29                     user-service-ref="springSecurityUserService">
30            <!--指定密码加密策略-->
31            <security:password-encoder ref="passwordEncoder" />
32        </security:authentication-provider>
33  </security:authentication-manager>
34  <!--配置密码加密对象-->
35  <bean id="passwordEncoder" class="
36        org.springframework.security.crypto.bcrypt.BCryptPasswordEncoder"/>
37  <!--开启注解方式权限控制-->
38  <security:global-method-security pre-post-annotations="enabled" />
```

上述代码中，第 2~6 行代码用于直接释放无须经过 Spring Security 过滤器的静态资源；第 14~15 行代码通过调用 isAuthenticated() 对用户身份进行认证，只有认证通过才可以访问 pages 文件夹下的所有文件；第 17~25 行代码配置 login.html 页面，用于用户认证；第 27~33 行代码配置认证管理器，用于处理认证操作；第 35~36 行代码用于密码加密；第 38 行代码用于开启注解方式权限控制。

（8）修改 springmvc.xml 文件

将 springmvc.xml 文件中的包扫描路径修改为 com.itheima，以确保 com.security 包和 itheima.controller 包下的类都可以被扫描到。具体代码如下：

```
<?xml version="1.0" encoding="UTF-8"?>
<beans xmlns="http://www.springframework.org/schema/beans"
     ......
     <!--批量扫描-->
     <dubbo:annotation package="com.itheima" />
</beans>
```

（9）测试用户认证

启动 ZooKeeper 服务，在 IDEA 中依次启动 health_service_provider 和 health_backend，在浏览器中访问 http://localhost:82/login.html，如图 6-5 所示。

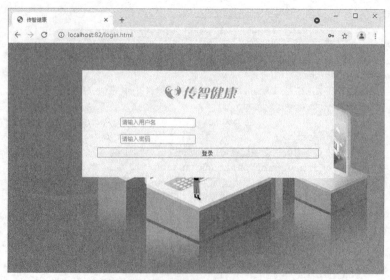

图 6-5　登录页面 login.html（1）

在图 6-5 所示页面中，以用户名 xiaoming、密码 1234 为例，测试用户认证。输入用户名和密码后，单击"登录"按钮。登录结果如图 6-6 所示。

图 6-6 登录结果

由图 6-6 可以看出，成功跳转到管理端主页面，说明用户认证成功。

（10）权限控制

Spring Security 可以在配置文件中配置权限校验规则，也可以使用注解方式配置权限校验规则。其中注解方式可以实现细粒度的权限控制，使权限控制更具体、更细致，所以本书选择使用 Spring Security 提供的注解方式进行权限控制。

接下来为删除检查项添加权限控制，以用户 xiaoming 的账号为例进行测试。在数据库中查询用户 xiaoming 拥有的权限，权限查询结果如图 6-7 所示。

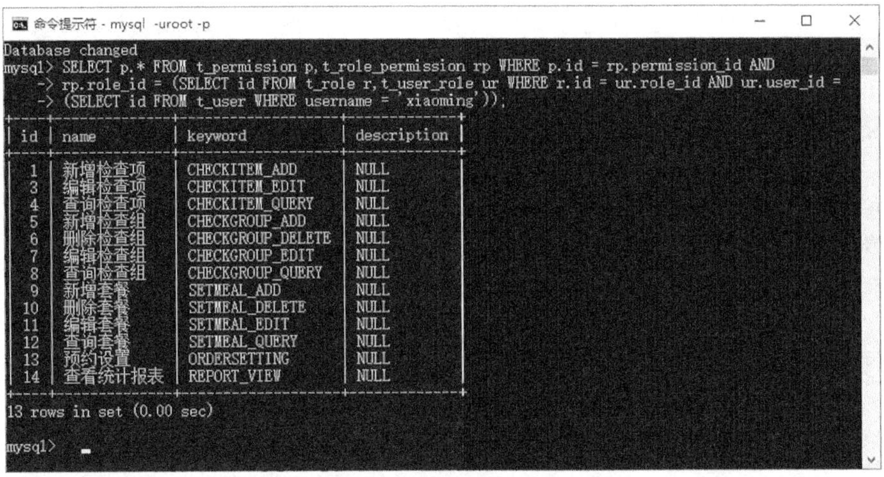

图 6-7 权限查询结果

由图 6-7 可以看出，用户 xiaoming 没有删除检查项的权限。但是，此时并没有为删除检查项的方法配置权限校验规则，所以使用用户 xiaoming 的账号登录时依旧可以进行检查项的删除。

依次启动 ZooKeeper 服务、health_service_provider 和 health_backend，使用 xiaoming 的账号登录管理端，在浏览器中访问 http://localhost:82/pages/checkitem.html 进入检查项管理页面，执行删除检查项操作。由于所有

检查项都被检查组引用了，在演示删除检查项操作之前，新增 2 个检查项，再对其中之一进行删除，删除结果如图 6-8 所示。

图 6-8 删除检查项执行结果（1）

从图 6-8 可以看出，即使 xiaoming 没有删除检查项的权限，同样可以进行删除检查项的操作。接下来在 CheckItemController 类的 delete( )方法中添加注解进行权限控制，具体代码如下。

```
1  ......
2  public class CheckItemController {
3      ......
4      //根据检查项id删除检查项
5      @PreAuthorize("hasAuthority('CHECKITEM_DELETE')")//权限校验
6      @RequestMapping("/delete")
7      public Result delete(Integer id){
8          ......
9      }
10 }
11 ......
```

上述代码中，第 5 行代码使用注解@PreAuthorize 为删除检查项方法 delete( )配置访问权限。

（11）定义权限不足提示方法

当用户没有权限操作某个功能时，应该在页面中弹出提示信息。在 checkitem.html 页面中定义 showMessage( )方法，用于在权限不足时弹出提示信息，具体代码如下。

```
1  //权限不足时弹出提示信息
2  showMessage(r){
3      if(r == 'Error: Request failed with status code 403'){
4          //权限不足
5          this.$message.error('无访问权限');
6          return;
7      }else{
8          this.$message.error('未知错误');
9          return;
10     }
11 }
```

（12）优化 checkitem.html 页面

修改 checkitem.html 页面中的 handleDelete( )方法，设置权限不足时弹出的提示信息。具体代码如下。

```
1  //删除检查项
2  handleDelete(row) {
```

```
3        //弹出提示对话框
4        this.$confirm('你确定要删除当前数据吗？','提示',{
5            ......
6        }).then(() => {
7            //发送 Axios 请求，将要删除的检查项 id 提交到控制器
8            axios.get("/checkitem/delete.do?id=" + row.id).then((res) => {
9                ......
10           })
11           .catch((r) => {
12               this.showMessage(r);
13           });
14       }).catch(() => {
15           this.$message("已取消");
16       });
17   }
```

上述代码中，第 11～13 行代码实现在 Axios 返回请求结果后，如果发生请求异常，则执行 catch 代码块中的代码，即调用 showMessage()方法输出异常信息。

（13）测试授权

依次启动 ZooKeeper 服务、health_service_provider 和 health_backend，在浏览器中访问 http://localhost:82/pages/checkitem.html。选择项目编号为 0067 的检查项执行删除操作，结果如图 6-9 所示。

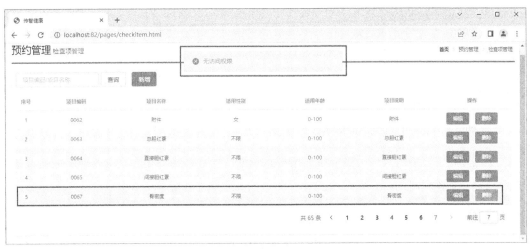

图 6-9　删除检查项执行结果（2）

从图 6-9 可以看出，页面提示"无访问权限"，项目编码为 0067 的检查项没有被删除，这说明通过注解方式设置权限控制成功。

至此，权限控制模块的认证与授权功能已经完成。

任务 6-2　显示用户名

任务描述

一般情况下，当用户成功登录系统后，都会在系统入口的页面上显示登录用户的用户名，以表明当前是谁处于登录系统中。本任务要求在用户认证成功并跳转到系统主页 main.html 后，在页面显示用户名，如图 6-10 所示。

图 6-10 系统主页显示用户名

任务分析

在 main.html 页面中显示用户名的具体实现思路如下。

（1）提交查询用户名请求

当在 login.html 页面输入用户名和密码，单击"登录"按钮后，触发提交查询用户名的请求。

（2）接收和处理查询用户名请求

客户端发起查询用户名的请求后，由 UserController 类的 getLoginUsername()方法接收页面提交的请求，获取当前登录用户的用户名。

（3）显示用户名

UserController 类中的 getLoginUsername()方法将查询结果返回 main.html 页面，main.html 页面根据返回结果显示用户名。

为了让读者更清晰地了解显示用户名的实现过程，下面通过一张图进行描述，如图 6-11 所示。

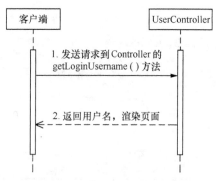

图 6-11 显示用户名的实现过程

任务实现

通过对任务进行分析，确定了显示用户名的实现思路，接下来对显示用户名的实现进行详细讲解。

（1）提交查询用户名请求

此时访问 health_backend 子模块的 main.html 页面，页面中并没有显示用户名。查看 main.html 页面的源代码，具体代码如下。

```
1  ......
2  <div class="avatar-wrapper">
3      <img src="../img/user2-160x160.jpg" class="user-avatar" />
4      <!--显示用户名-->
5      {{username}}
6  </div>
7  ......
8  <script>
9      new Vue({
10         el: '#app',
11         data:{
12             username: null,//设置用户名
```

```
13            ......
14        }
15    })
16 </script>
```

上述代码中，第 5 行代码用于显示用户名；第 12 行代码设置用户名 username 并设置其初始值为 null。

要实现访问 main.html 页面时查询用户名，可以将查询用户名的操作定义在钩子函数 created()中。created()函数在 Vue 对象初始化完成后自动执行，具体代码如下。

```
1  <script src="../js/axios-0.18.0.js"></script>
2  <script>
3      new Vue({
4          ......
5          created(){
6              //发送 Axios 请求，获取当前登录用户的用户名，用于页面显示
7              axios.get("/user/getLoginUsername.do").then((res) => {
8                  this.username = res.data.data;//基于Vue 的数据双向绑定显示用户名
9              });
10         }
11     });
12 </script>
```

上述代码中，第 1 行代码用于引入 Axios 的 JS 文件；第 7~9 行代码使用 Axios 向当前项目的"/user/getLoginUsername.do"路径发送异步请求，并对响应结果进行处理，运用数据双向绑定的方式显示用户名。

（2）实现查询用户控制器

用户认证成功后，Spring Security 会将用户信息保存到框架提供的 SecurityContextHolder 对象中，可以通过调用 Spring Security 框架提供的 API 获取当前用户的用户名和密码。

在 health_backend 子模块的 com.itheima.controller 包下创建控制器类 UserController。在类中定义 getLoginUsername()方法，用于获取当前登录用户的用户名。具体代码如文件 6-15 所示。

文件 6-15 UserController.java

```
1  /**
2   * 用户管理
3   */
4  @RestController
5  @RequestMapping("/user")
6  public class UserController {
7      //获取当前登录（认证）用户的用户名
8      @RequestMapping("/getLoginUsername")
9      public Result getLoginUsername(){
10         try{
11             //调用 Spring Security 框架提供的 API 获取当前用户的用户名并显示到页面
12             User user = (User) SecurityContextHolder
13                     .getContext().getAuthentication().getPrincipal();
14             String username = user.getUsername();//获取用户名
15             String password = user.getPassword();//获取密码
16             Collection<GrantedAuthority> authorities =
17                     user.getAuthorities();
18             return new Result(true,
19                     MessageConstant.GET_USERNAME_SUCCESS,username);
20         }catch (Exception e){
21             return new Result(false, MessageConstant.GET_USERNAME_FAIL);
22         }
23     }
24 }
```

上述代码中，第 12~15 行代码用于获取当前用户的用户名和密码。需要注意的是，第 12 行代码中的

User 对象来自 org.springframework.security.core.userdetails.User，而不是 com.itheima.pojo.User。

（3）测试显示用户名

依次启动 ZooKeeper 服务、health_service_provider 和 health_backend，在浏览器中访问 http://localhost:82/pages/main.html，跳转到 login.html 页面，输入用户名 xiaoming，密码 1234，单击"登录"按钮。登录后显示的用户名如图 6-12 所示。

图 6-12　显示用户名

由图 6-12 可以看出，页面中成功显示了登录用户 xiaoming 的用户名，说明显示用户名成功。

至此，显示用户名功能已经完成。

任务 6-3　退出登录

任务描述

出于对账户安全与保护隐私的考虑，系统使用完毕后，通常会退出登录，下次使用时需要重新登录。本任务要求单击图 6-12 所示页面中的用户名后，能够弹出图 6-13 所示的"退出"超链接，实现退出登录并返回登录页面的功能。

图 6-13　"退出"超链接

任务分析

访问 main.html 页面后，通过单击用户名的方式弹出"退出"超链接，单击"退出"退出登录并返回登录页面，具体实现思路如下。

（1）提交退出登录请求

为 main.html 页面的"用户名"绑定单击事件，单击事件触发后弹出"退出"超链接；为"退出"绑定单击事件，在单击事件触发后提交退出登录的请求。

（2）实现退出登录

单击"退出"后，清除用户登录的状态，返回登录页面。

任务实现

通过对任务进行分析，确定了退出登录的实现思路，接下来对退出登录的实现进行详细讲解。

（1）提交退出登录的请求

在图 6-13 所示的页面中，单击"退出"，此时页面并没有变化。要想实现单击"退出"返回登录页面，可以为其设置超链接，具体代码如下。

```
<el-dropdown-item divided>
    <span style="display:block;"><a href="/logout.do">退出</a></span>
</el-dropdown-item>
```

上述代码中，href 属性中的"logout.do"表示退出时要执行的请求。

（2）实现退出登录

在之前的项目开发中，清除用户的登录状态一般都是通过清除 Session 来实现的，而 Spring Security 提供了过滤器<security:logout>，专门负责清除登录状态，实现退出登录。所以这里通过在 spring-security.xml 配置文件中配置<security:logout>过滤器的方式实现退出登录。

打开 health_backend 子模块的 spring-security.xml 配置文件，添加退出登录的配置，具体代码如下。

```xml
1  <?xml version="1.0" encoding="UTF-8"?>
2  <beans xmlns="http://www.springframework.org/schema/beans"
3      ......
4      <security:http auto-config="true" use-expressions="true">
5          ......
6          <!--logout：退出登录
7          logout-url：退出登录操作对应的请求路径
8          logout-success-url：退出登录后的跳转页面-->
9          <security:logout logout-url="/logout.do"
10             logout-success-url="/login.html" invalidate-session="true"/>
11     </security:http>
12     ......
13 </beans>
```

上述代码中，第 9~10 行代码使用<security:logout>增加退出登录的配置，其中，logout-url 表示退出登录操作对应的请求路径；logout-success-url 表示退出登录后的跳转页面；invalidate-session 表示销毁 Session。

（3）测试退出登录

依次启动 ZooKeeper 服务、health_service_provider 和 health_backend，在浏览器中访问 http://localhost:82/pages/main.html。登录成功后，单击"退出"后，页面的跳转效果如图 6-14 所示。

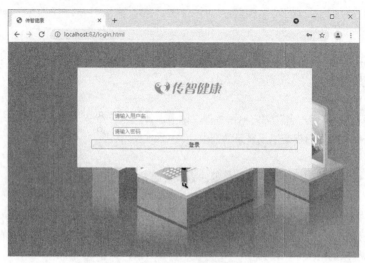

图6-14 登录页面 login.html（2）

至此，退出登录功能已经完成。

模块小结

本模块主要对管理端的权限控制进行了讲解。首先讲解了什么是认证和授权、Spring Security 实现权限控制的基本过程，然后讲解了通过 Spring Security 实现管理端的认证和授权、显示用户名以及退出登录 3 个功能。希望通过对本模块的学习，读者可以熟悉 Spring Security 的配置及使用，掌握管理端的认证和授权、显示用户名以及退出登录操作。

模块七

用户端——用户登录

知识目标

了解第三方短信服务的设置与使用，能够说出短信服务的设置步骤

技能目标

掌握短信验证码的实现方式，能够使用短信验证码实现手机快速登录的功能

传智健康用户端的适用人群是体检用户，其目的是方便体检用户预约体检。体检用户既可以使用计算机访问用户端，也可以使用手机访问用户端，但是无论选择哪种方式访问，预约体检之前都需要先登录。接下来，本模块将对用户端的用户登录进行详细讲解。

任务 7　手机快速登录

任务描述

大多数系统都需要登录才能使用，登录方式有用户名密码登录、邮箱密码登录、手机快速登录等。其中，手机快速登录的方式不需要用户记忆密码，只需要通过输入手机号获取验证码就可以完成登录。与其他登录方式相比，手机快速登录可以避免账号或密码泄露的风险。传智健康的用户端选择使用手机快速登录的方式实现用户登录，用户登录页面如图 7-1 所示。

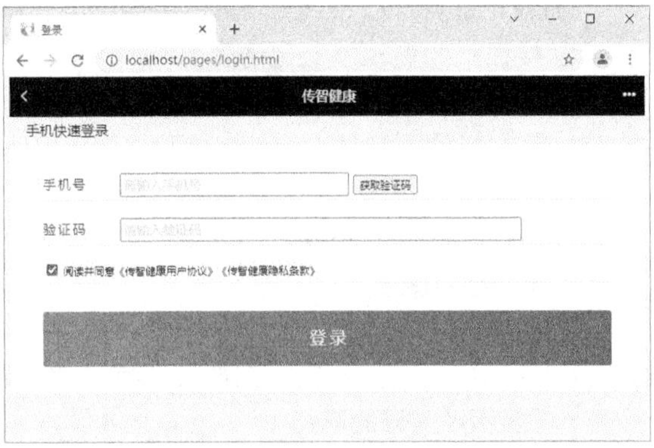

图 7-1 所示的页面中，在手机号输入框中填写手机号，单击"获取验证码"按钮后，验证码会以短信的形式发送到对应的手机号，将收到的验证码填写到验证码输入框中，单击"登录"按钮即可实现用户登录。

为了模拟通过手机浏览器访问用户端的效果，在图 7-1 所示的页面中，按"F12"键进入开发者工具模式，单击"▯"按钮切换到

图 7-1　用户登录页面

手机浏览器模式。模拟手机浏览器显示的用户登录页面如图7-2所示。

图7-2 模拟手机浏览器显示的用户登录页面

在图7-2所示的页面中，通过"Dimensions:Responsive"下拉列表框可以选择使用不同的手机型号进行测试。我们在之后的开发测试中，可以使用浏览器模拟手机端页面。当传智健康用户端开发完成并部署到服务器后，我们可以使用手机浏览器测试，其访问效果与通过计算机访问的效果是一致的。

任务分析

从任务描述可知，手机快速登录可以分解为2个功能，分别是获取验证码、完成用户登录。接下来对这2个功能的实现思路进行分析。

1. 获取验证码

访问login.html页面，在手机号输入框中输入手机号后，单击"获取验证码"按钮，通过短信接收验证码，详细实现思路如下。

（1）提交获取验证码的请求

为login.html页面的"获取验证码"按钮绑定单击事件，在单击事件触发后提交获取验证码的请求。

（2）接收和处理获取验证码请求

客户端发起获取验证码请求后，由控制器类ValidateCodeController的send4Login()方法接收页面提交的请求，在方法中调用短信服务发送短信验证码。

为了让读者更清晰地了解获取验证码的实现过程，下面通过一张图进行描述，如图7-3所示。

2. 完成用户登录

用户在收到短信验证码后，在验证码输入框中输入验证码，勾选协议后，单击"登录"完成登录，详细实现思路如下。

（1）提交用户登录的请求

为login.html页面的"登录"绑定单击事件，并在单击事件触发后提交用户登录请求。

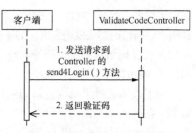

图7-3 获取验证码的实现过程

（2）接收和处理用户登录请求

用户登录时，首先会查询该用户是不是会员，如果不是，校验登录信息后将这个用户自动新增为会员；如果是，则校验用户的登录信息。客户端发起用户登录请求后，由控制器类 MemberController 的 login() 方法接收页面提交的请求，在 login() 方法中分别调用 MemberService 接口中的 findByTelephone() 方法和 add() 方法实现会员的查询与新增。

（3）保存用户登录数据

在 MemberServiceImpl 类中重写 MemberService 接口的 findByTelephone() 和 add() 方法。在 findByTelephone() 方法内调用 MemberDao 接口的 findByTelephone() 方法查询会员。在 add() 方法中调用 MemberDao 接口的 add() 方法新增会员。

（4）显示用户登录结果

MemberController 类的 login() 方法将返回结果返回 login.html 页面，login.html 页面根据返回结果进行提示，如果登录成功，跳转到用户端首页 index.html；如果登录失败，在 login.html 页面中提示登录失败信息。

为了让读者更清晰地了解用户登录的实现过程，下面通过一张图进行描述，如图 7-4 所示。

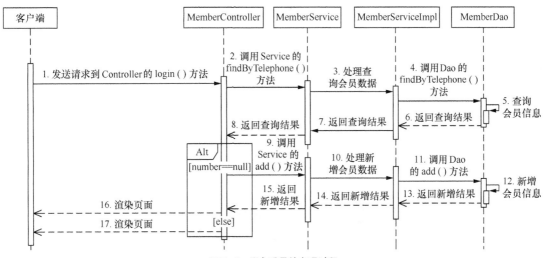

图 7-4　用户登录的实现过程

在图 7-4 中，序号 8 用于获取当前申请登录手机号对应的会员信息，如果数据库中并不存在当前手机号对应的会员信息，则根据该手机号新增一条会员信息，新增会员信息后并响应登录结果，依次执行序号 9~16；如果数据库中存在当前手机号对应的会员信息，则直接响应登录结果。

知识进阶

短信接口

短信服务是为用户提供的一种通信服务，支持快速发送短信验证码、短信通知等。目前，市面上有很多第三方提供的短信服务，不过，这些短信服务大部分都是收费的。

阿里云的云通信和云市场中都提供了短信服务，其中，云通信在配置短信签名时需要提供企业资质或有效域名，并不适合个人开发测试使用；云市场中的其他第三方平台提供的短信服务不需要提供企业资质或有效域名，部分第三方平台还提供免费试用的短信服务，可以允许个人使用。为了便于读者进行测试，本书选择阿里云云市场中其他第三方平台提供的短信服务实现发送短信服务。接下来对第三方平台的短信服务的使用进行详细讲解。

（1）注册阿里云账号

使用阿里云之前，需要注册阿里云的账号。访问阿里云官网首页，如图 7-5 所示。

在图7-5所示的页面中,单击右上角"立即注册"按钮,进入阿里云账号注册页面,如图7-6所示。

图7-5 阿里云官网首页

图7-6 阿里云账号注册页面

在图7-6所示的页面中,填写注册信息,勾选协议后,单击"同意并注册"按钮,完成阿里云账号的注册。

(2)购买短信服务

使用注册账号登录,登录成功后,单击图7-5所示页面菜单栏中的"云市场",进入阿里云的云市场页面,如图7-7所示。

图7-7 阿里云的云市场页面

在图 7-7 所示页面的搜索栏中输入短信验证码，单击"搜索云市场"按钮，如图 7-8 所示。

图 7-8　搜索短信验证码服务

从图 7-8 可以看出，页面中搜索出多个短信接口，这里我们以列表第 1 个为例讲解短信服务的使用，单击列表第 1 个短信服务的超链接进入短信接口购买页面，如图 7-9 所示。

图 7-9　短信接口购买页面

从图 7-9 可以看到，我们选择的短信接口提供了可以免费试用的套餐，选中"免费试用"，单击"立即购买"按钮，购买成功后返回图 7-9 所示页面，下滑页面查看短信服务接口介绍，如图 7-10 所示。

图 7-10　短信服务接口介绍

在图 7-10 所示页面中，提供了由各种语言编写的短信服务接口，由于本书讲解的项目是使用 Java 语言进行开发的，所以选择 Java 语言实现的短信服务接口。

（3）获取 AppCode

发送短信时需要进行身份认证，只有认证通过才能发送短信。在图 7-10 所示页面中滑动页面到最上端，选择"买家中心"→"进入管理控制台"查看已购买的短信服务的 AppCode，如图 7-11 所示。

图 7-11　查看 AppCode

由于在发送短信时需要使用 AppCode 进行身份认证，所以要保存好图 7-11 所示的 AppCode，以便后续使用。

（4）封装工具类 SMSUtils

我们发现在发送短信时，首先要设置短信的请求地址，然后调用 HttpURLConnection 接口发送短信并进行安全认证。对图 7-10 中的测试用例进行改造，封装工具类 SMSUtils 用于发送短信。在 health_common 子模块下的 com.itheima.utils 包下创建 SMSUtils 类，具体代码如文件 7-1 所示。

文件 7-1　SMSUtils.java

```java
/**
 * 短信发送工具类
 */
public class SMSUtils {
    //发送短信
    public static void sendShortMessage(String phoneNumbers,String param){
        System.setProperty("sun.net.client.defaultConnectTimeout", "10000");
        System.setProperty("sun.net.client.defaultReadTimeout", "10000");
        //请求地址支持HTTP、HTTPS 和 WebSocket
        String host = "https://fesms.market.alicloudapi.com";
        String path = "/sms/";//扩展名
        String sign = "1";  //签名
        String skin = "1";  //模板
        //拼接请求链接
        String urlSend = host + path + "?code=" + param + "&phone="
                + phoneNumbers + "&sign=" + sign + "&skin=" + skin ;
        String appCode = "ff4938669cb544e4815ab260a975c7df";//查看AppCode
        try {
            URL url = new URL(urlSend);
            HttpURLConnection httpURLCon = (HttpURLConnection)
                    url.openConnection();
            httpURLCon.setRequestProperty("Authorization", "APPCODE "
                    + appCode);// 格式化APPCODE（后有一个英文空格）
            int httpCode = httpURLCon.getResponseCode();
            if(httpCode == 200){
                String json = read(httpURLCon.getInputStream());
                System.out.println("发送成功");
                System.out.println("获取返回的JSON:"+json);
            } else{
                Map<String, List<String>> map =
                                    httpURLCon.getHeaderFields();
                String error = map.get("X-Ca-Error-Message").get(0);
                if(httpCode == 400 &&
                        error.equals("Invalid AppCode`not exists`")){
                    System.out.println("AppCode 错误");
                } else if (httpCode == 400 &&
                                error.equals("Invalid Url")){
                    System.out.println("请求的Method、Path 或者环境错误");
                } else if (httpCode == 400 &&
                                error.equals("Invalid Param Location")){
                    System.out.println("参数错误");
                } else if(httpCode==403 && error.equals("Unauthorized")){
                    System.out.println("服务未被授权（或URL和Path不正确）");
                } else if(httpCode==403&&error.equals("Quota Exhausted")){
                    System.out.println("套餐配额用完");
                } else {
                    System.out.println("参数名错误 或 其他错误");
                    System.out.println(error);
                }
            }
```

```
51            } catch (MalformedURLException e) {
52                System.out.println("URL 格式错误");
53            } catch (UnknownHostException e) {
54                System.out.println("URL 地址错误");
55            } catch (Exception e) {
56                e.printStackTrace();// 打开注释查看详细错误提示信息
57            }
58        }
59    //......省略 read()方法
60 }
```

上述代码中,第 15~16 行代码用于拼接请求 URL,包括接口请求地址、请求参数和请求链接;第 19~24 行代码用于实现发送短信的操作,首先访问请求地址,进行身份认证后,发送短信并返回操作状态码 httpCode;第 25~50 行代码根据状态码 httpCode 的值判断短信是否成功发送。需要注意的是,第 22 行代码在设置 httpURLCon 中的格式时,APPCODE 后面有一个英文格式的空格。

(5)测试发送短信

发送短信的工具类封装完成后,进行发送短信验证码的测试。在 SMSUtils 类中定义 main()方法,在该方法中调用 sendShortMessage()方法,具体代码如下。

```
1  //测试发送短信
2  public static void main(String[] args) {
3      sendShortMessage("151****1927","123456");
4  }
```

上述代码中,第 3 行代码中传递的第 1 个参数代表接收短信的手机号,第 2 个参数代表要发送的验证码。main()方法执行完毕后,手机上会收到短信验证码,结果如图 7-12 所示。

图 7-12 main()方法执行结果

从图 7-12 可以看出,手机号收到了短信验证码,说明短信服务调用成功。

小提示:

读者使用发送短信验证码的工具类 SMSUtils 时,需要按照自己购买的短信包的使用文档进行修改,需要修改的部分包含 host、appCode、sign 和 skin 等。

在实际项目开发中验证码不会是固定的,一般会通过 Random()方法随机生成 4 位或者 6 位数字作为验证码发送给用户。为了便于读者使用,我们封装了一个工具类 ValidateCodeUtils,用于生成随机数验证码。在 health_common 子模块下的 com.itheima.utils 包下创建 ValidateCodeUtils 类,具体代码如文件 7-2 所示。

文件 7-2 ValidateCodeUtils.java

```
1  /**
2   *  随机生成验证码工具类
3   */
4  public class ValidateCodeUtils {
5      //随机生成验证码,长度为 4 位或者 6 位
6      public static Integer generateValidateCode(int length){
7          Integer code =null;
8          if(length == 4){
9              code = new Random().nextInt(9999);//生成随机数,最大为 9999
10             if(code < 1000){
11                 code = code + 1000;//保证随机数为 4 位数字
```

```
12              }
13          }else if(length == 6){
14              code = new Random().nextInt(999999);//生成随机数,最大为999999
15              if(code < 100000){
16                  code = code + 100000;//保证随机数为6位数字
17              }
18          }else{
19              throw new RuntimeException("只能生成4位或6位数字验证码");
20          }
21          return code;
22      }
23  }
```

上述代码中,第 6~22 行代码通过实现 generateValidateCode()方法随机生成验证码,其中,参数 length 表示随机数的长度,当传入的 length 等于 4 时,生成 4 位数字的随机数;当传入的 length 等于 6 时,生成 6 位数字的随机数。

任务实现

在任务分析中将手机快速登录分解为 2 个功能,分别是获取验证码和完成用户登录。接下来对这 2 个功能的实现进行详细讲解。

1. 获取验证码

在 login.html 页面中,输入手机号后,单击"获取验证码"按钮,提交发送短信验证码的请求到后台,后台接收并处理请求后,发送短信到指定的手机号,具体实现如下。

(1)提交获取验证码的请求

此时访问 health_mobile 子模块的 login.html 页面,输入手机号后单击"获取验证码"按钮,页面没有任何变化。查看 login.html 页面与获取验证码相关的源代码,具体代码如下。

```
1  ......
2  <div class="input-row">
3      <label>手机号</label>
4      <div class="loginInput">
5          <input v-model="loginInfo.telephone" id= "account" type="text"
6                  placeholder="请输入手机号" />
7          <input id="validateCodeButton" type="button" style="font-size:12px"
8                  value="获取验证码" />
9      </div>
10 </div>
11 <div class="input-row">
12     <label>验证码</label>
13     <div class="loginInput">
14         <input v-model="loginInfo.validateCode" style="width:80%"
15             id= "password" type="password" placeholder="请输入验证码" />
16     </div>
17 </div>
18 ......
19 <div class="btn yes-btn"><a href="#">登录</a></div>
20 ......
```

上述代码中,第 5~6 行代码定义手机号输入框;第 7~8 行代码定义"获取验证码"按钮;第 13~16 行代码定义验证码输入框;第 19 行代码实现提交登录的超链接。

在 login.html 页面中定义 sendValidateCode()方法,用于发送短信验证码,具体代码如下。

```
1  <script src="../plugins/vue/axios-0.18.0.js"></script>
2  <script src="../plugins/healthmobile.js"></script>
```

```
 3  <script>
 4      var vue = new Vue({
 5          ......
 6          methods: {
 7              //发送验证码
 8              sendValidateCode() {
 9                  //获取用户输入的手机号
10                  var telephone = this.loginInfo.telephone;
11                  if (!checkTelephone(telephone)) {
12                      //输入不正确，弹出提示信息
13                      this.$message.error("手机号输入错误，请检查后重新输入！");
14                      return false;
15                  }
16                  //60s 倒计时效果
17                  validateCodeButton = $("#validateCodeButton")[0];//锁定按钮
18                  clock = window.setInterval(doLoop, 1000);
19                  //发送 Axios 请求，在控制器中为用户发送短信验证码
20                  axios.get("/validatecode/send4Login.do?telephone=" +
21                          telephone).then((res) => {
22                      if (!res.data.flag) {
23                          //发送失败，弹出提示信息
24                          this.$message.error(res.data.message);
25                      }
26                  });
27              }
28          }
29      })
30  </script>
```

上述代码中，第 2 行代码用于引入 healthmobile.js 文件，该文件在模块一导入静态资源时已经添加到了项目中；第 11 行代码调用 healthmobile.js 中的 checkTelephone( )方法校验手机号格式是否正确；第 17~18 行代码调用 healthmobile.js 中的 doLoop( )方法为按钮设置 60s 倒计时并且不可单击；第 20~26 行代码使用 Axios 发送异步请求来发送验证码。

要实现单击"获取验证码"按钮获得短信验证码，可以为"获取验证码"绑定单击事件，并设置在触发单击事件时调用 sendValidateCode( )方法，具体代码如下。

```
<input id="validateCodeButton" type="button" style="font-size:12px"
       @click="sendValidateCode()" value="获取验证码" />
```

（2）导入公共资源

在进行获取验证码的后端代码开发之前，将开发过程中会使用的公共资源导入 health_common 子模块，具体如下。

- RedisMessageConstant 类：将验证码保存在 Redis 中，用于在页面中输入验证码时进行比对，即输入的验证码与发送到手机上的验证码是否一致。
- MD5Utils 类：用于进行密码加密。

在 health_mobile 模块的 src/main/resources 目录下导入配置文件，具体如下。

- spring-redis.xml：配置 Redis 与 Jedis 连接池。
- springmvc.xml：配置 Fastjson 转换器、Dubbo、包扫描、spring-redis.xml 文件的引用等。

（3）实现发送验证码控制器

在 health_mobile 模块的 com.itheima.controller 包下创建控制器类 ValidateCodeController，在类中定义 send4Login( )方法，用于接收和处理发送短信验证码的请求。具体代码如文件 7-3 所示。

文件 7-3　ValidateCodeController.java

```
1  /**
```

```
2   * 请求验证码
3   */
4  @RestController
5  @RequestMapping("/validatecode")
6  public class ValidateCodeController {
7      @Autowired
8      private JedisPool jedisPool;
9      //手机号快速登录发送验证码
10     @RequestMapping("/send4Login")
11     public Result send4Login(String telephone){
12         String code = ValidateCodeUtils.generateValidateCode(6).toString();
13         System.out.println("验证码: " + code);
14         try{
15             SMSUtils.sendShortMessage(telephone,code);//发送验证码
16             //将验证码保存到 Redis,只保存 20min
17             jedisPool.getResource().setex(telephone +
18                     RedisMessageConstant.SENDTYPE_LOGIN,60*20,code);
19             return new Result(true,
20                     MessageConstant.SEND_VALIDATECODE_SUCCESS);
21         }catch (Exception e){
22             e.printStackTrace();
23             return new Result(false,
24                     MessageConstant.SEND_VALIDATECODE_FAIL);
25         }
26     }
27 }
```

上述代码中,第 12 行代码调用工具类 ValidateCodeUtils 随机生成 6 位数字的验证码;第 15 行代码调用工具类 SMSUtils 发送手机短信验证码;第 17~18 行代码将验证码保存到 Redis 中,只保存 20min;第 19~20 行代码返回结果。

(4)测试获取验证码

依次启动 ZooKeeper 服务、Redis 服务、health_service_provider 和 health_mobile,在浏览器中访问 http://localhost/pages/login.html。输入手机号,单击"获取验证码"按钮,如图 7-13 所示。

图 7-13 单击"获取验证码"按钮

在图 7-13 所示页面中,单击"获取验证码"按钮后,60s 内不可单击"获取验证码"按钮,如果 60s 后没有收到短信,可能是网络延时、通信不畅等问题造成的,此时可以重新单击"获取验证码"按钮,再次尝试发送短信。查看手机收到的验证码,如图 7-14 所示。

在图 7-14 中,手机收到了短信验证码,说明成功获取了验证码。读者学习完基于短信服务接口获取短信验证码的内容后,如果只是想学习本项目的内容,不想每次登录都使用短信服务接口获取验证码,可以使用输出在控制台中的验证码进行登录,将文件 7-3 中的第 15 行代码改为注释即可。

2. 完成用户登录

在图 7-13 所示的页面中,将收到的验证码填入输入框后,单击"登录",提交登录的请求到后台,后台接收并处理请求后,将结果返回到 login.html 页面,接下来对用户登录的功能进行详细讲解。

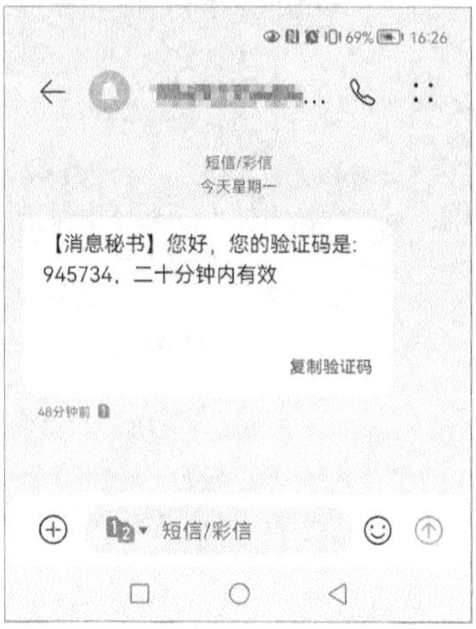

(1)提交用户登录的请求

在 login.html 页面中定义 login()方法,用于用户登录,具体代码如下。

```
1  <script>
2      var vue = new Vue({
3          ......
4          methods: {
5              ......
6              //登录
7              login() {
8                  //获取用户输入的手机号
9                  var telephone = this.loginInfo.telephone;
10                 if (!checkTelephone(telephone)) {
11                     //手机号输入不正确,弹出提示信息
12                     this.$message.error("手机号输入错误,请检查后重新输入!");
13                     return false;
14                 }
15                 axios.post("/member/login.do", this.loginInfo).then((res)=>{
16                     if (res.data.flag) {
17                         //登录成功,跳转到用户端首页
18                         window.location.href = "index.html";
19                     } else {
20                         //登录失败,弹出提示信息
21                         this.$message.error(res.data.message);
22                     }
23                 });
24             }
25         }
26     })
27 </script>
```

图 7-14 手机收到的验证码

上述代码中,第 9~14 行代码用于实现手机号格式校验;第 15~23 行代码使用 Axios 发送异步请求进行登录并返回响应结果,如果登录成功,跳转到用户端首页,如果登录失败,登录页面显示登录失败的提示信息。

要实现单击"登录"进行登录,可以为"登录"绑定单击事件,并设置在触发单击事件时调用 login()方法,具体代码如下。

```
<div class="btn yes-btn"><a @click="login()"
                href="#">登录</a></div>
```

(2)创建会员类

在 health_common 子模块的 com.itheima.pojo 包下创建 Member 类,在类中声明会员的属性,定义各属性

的 getter/setter 方法。具体代码如文件 7-4 所示。

文件 7-4　Member.java

```java
1  /**
2   * 会员
3   */
4  public class Member implements Serializable {
5      private Integer id;              //主键
6      private String fileNumber;//会员档案号
7      private String name;             //姓名
8      private String sex;              //性别
9      private String idCard;           //身份证号
10     private String phoneNumber;//手机号
11     private Date regTime;            //注册时间
12     private String password;         //登录密码
13     private String email;            //邮箱
14     private Date birthday;           //出生日期
15     private String remark;           //会员信息说明
16     //......省略 getter/setter 方法
17 }
```

（3）实现会员登录控制器

用户登录时，首先要比较页面输入的验证码与保存在 Redis 中的验证码是否一致，如果不一致，返回验证码输入错误；如果一致，查询当前登录用户是否为会员，如果不是会员，自动注册为会员。最后，将会员信息保存在 Redis 中用于记录用户登录状态。

在 health_mobile 模块的 com.itheima.controller 包下创建控制器类 MemberController，在类中定义 login()方法，用于接收和处理用户登录的请求。具体代码如文件 7-5 所示。

文件 7-5　MemberController.java

```java
1  /**
2   * 会员管理
3   */
4  @RestController
5  @RequestMapping("/member")
6  public class MemberController {
7      @Autowired
8      private JedisPool jedisPool;
9      @Reference
10     private MemberService memberService;
11     //短信验证码登录
12     @RequestMapping("/login")
13     public Result login(HttpServletResponse response, @RequestBody Map map){
14         String telephone = (String) map.get("telephone");
15         String validateCode = (String) map.get("validateCode");
16         //从 Redis 中获取保存的验证码
17         String codeInRedis = jedisPool.getResource().get(telephone +
18                 RedisMessageConstant.SENDTYPE_LOGIN);
19         //1.校验用户输入的短信验证码是否正确，如果验证码错误则返回验证码输入错误
20         if(codeInRedis == null || !codeInRedis.equals(validateCode)){
21             //验证码错误
22             return new Result(false, MessageConstant.VALIDATECODE_ERROR);
23         }
24         //2.如果验证码正确，则判断当前用户是否为会员，如果不是会员则自动完成会员注册
25         Member member = memberService.findByTelephone(telephone);
```

```
26        if(member == null){
27            //不是会员,自动注册
28            member = new Member();
29            member.setPhoneNumber(telephone);
30            member.setRegTime(new Date());
31            memberService.add(member);
32        }
33        //3.向客户端写入Cookie,内容为用户手机号
34        Cookie cookie = new Cookie("member_login_telephone",telephone);
35        cookie.setPath("/");
36        cookie.setMaxAge(60 * 60 * 24 * 30);
37        //将Cookie写入客户端浏览器
38        response.addCookie(cookie);
39        //4.将会员信息保存到Redis中,使用手机号作为key,保存时长为30min
40        jedisPool.getResource().setex(telephone,60 * 30,
41                JSON.toJSON(member).toString());
42        return new Result(true,MessageConstant.LOGIN_SUCCESS);
43    }
44 }
```

上述代码中,第 14~15 行代码用于获取前端填写的手机号和验证码;第 17~18 行代码用于从 Redis 中获取保存的验证码;第 20~23 行代码用于判断前端填写的验证码与 Redis 中的验证码是否一致;第 25~32 行代码调用 findByTelephone()方法查询会员,如果不是会员则调用 add()方法完成会员注册;第 34~41 行代码将手机号保存在 Cookie 中,并将会员信息保存在 Redis 中。

(4)创建会员登录服务

在 health_interface 子模块的 com.itheima.service 包下创建接口 MemberService,在接口中定义 findByTelephone()方法,用于根据手机号查找会员;定义 add()方法,用于新增会员。具体代码如文件 7-6 所示。

文件 7-6　MemberService.java

```
/**
 * 会员接口
 */
public interface MemberService {
    public Member findByTelephone(String telephone);//根据手机号查询会员
    public void add(Member member);//新增会员
}
```

(5)实现会员登录服务

在 health_service_provider 子模块的 com.itheima.service.impl 包下创建 MemberService 接口的实现类 MemberServiceImpl,重写 MemberService 接口的 findByTelephone()方法,用于根据手机号查找会员;重写 add()方法,用于新增会员。具体代码如文件 7-7 所示。

文件 7-7　MemberServiceImpl.java

```
1  /**
2   * 会员接口实现类
3   */
4  @Service(interfaceClass = MemberService.class)
5  @Transactional
6  public class MemberServiceImpl implements MemberService {
7      @Autowired
8      private MemberDao memberDao;
9      //根据手机号查询会员信息
10     @Override
11     public Member findByTelephone(String telephone) {
12         return memberDao.findByTelephone(telephone);
```

```
13      }
14      //新增会员
15      @Override
16      public void add(Member member) {
17          //如果用户设置了密码,需要对密码进行 MD5 加密
18          String password = member.getPassword();
19          if(password != null){
20              password = MD5Utils.md5(password);
21              member.setPassword(password);
22          }
23          memberDao.add(member);
24      }
25  }
```

上述代码中,第 10~13 行代码用于实现根据手机号查询会员信息;第 15~24 行代码用于实现新增会员,其中,第 18~22 行代码用于判断密码是否为空,如果密码不为空,调用工具类 MD5Utils 为密码加密;第 23 行代码执行新增会员操作。

(6)实现持久层会员登录

在 health_service_provider 子模块的 com.itheima.dao 包下创建持久层接口 MemberDao,用于处理与会员相关的操作。具体代码如文件 7-8 所示。

文件 7-8　MemberDao.java

```
/**
 * 持久层接口
 */
public interface MemberDao {
    public Member findByTelephone(String telephone);//根据手机号查询会员信息
    public void add(Member member);//新增会员
}
```

在 health_service_provider 子模块的 resources 文件夹下的 com.itheima.dao 目录下创建与 MemberDao 接口同名的映射文件 MemberDao.xml,在文件中使用<insert>元素映射新增语句,新增会员;使用<select>元素映射查询语句,根据手机号查询会员信息。具体代码如文件 7-9 所示。

文件 7-9　MemberDao.xml

```
1  <?xml version="1.0" encoding="UTF-8" ?>
2  <!DOCTYPE mapper PUBLIC "-//mybatis.org//DTD Mapper 3.0//EN"
3          "http://mybatis.org/dtd/mybatis-3-mapper.dtd" >
4  <mapper namespace="com.itheima.dao.MemberDao">
5      <!--新增会员-->
6      <insert id="add" parameterType="com.itheima.pojo.Member">
7          <selectKey resultType="java.lang.Integer" order="AFTER"
8                  keyProperty="id">
9              SELECT LAST_INSERT_ID()
10         </selectKey>
11         INSERT INTO t_member(fileNumber,name,sex,idCard,phoneNumber,
12             regTime,password,email,birthday,remark)
13         VALUES (#{fileNumber},#{name},#{sex},#{idCard},#{phoneNumber},
14             #{regTime},#{password},#{email},#{birthday},#{remark})
15     </insert>
16     <!--根据手机号查询会员信息-->
17     <select id="findByTelephone" parameterType="string"
18             resultType="com.itheima.pojo.Member">
19         SELECT * FROM t_member WHERE phoneNumber = #{phoneNumber}
20     </select>
```

21 </mapper>

上述代码中,第6~15行代码用于新增会员;第17~20行代码用于根据手机号查询会员信息。

(7)测试手机快速登录

依次启动 ZooKeeper 服务、Redis 服务、health_service_provider 和 health_mobile,在浏览器中访问 http://localhost/pages/login.html。将手机收到的验证码填写到验证码输入框中,如图7-15所示。

图7-15 输入验证码

在图7-15所示的页面中,单击"登录",如果登录成功,跳转到用户端首页,如图7-16所示。

图7-16 用户端首页

在图7-16中，成功展示了传智健康用户端首页，说明登录成功，单击"体检预约"后可以预约体检。至此，用户登录模块的手机快速登录功能已经完成。

模块小结

本模块主要对用户端的用户登录进行了讲解。首先讲解了短信接口的设置与使用；然后讲解了手机快速登录功能。希望通过对本模块的学习，读者可以了解短信接口的设置与使用，并能掌握手机快速登录的操作。

模块八

用户端——体检预约

知识目标

1. 了解 FreeMarker，能够简述 FreeMarker 的作用和生成文件的原理
2. 熟悉 FreeMarker 的常用指令，能够在 FTL 标签中正确使用 assign 指令、include 指令、if 指令和 list 指令

技能目标

1. 掌握显示套餐列表功能的实现
2. 掌握显示套餐详情功能的实现
3. 掌握体检预约功能的实现
4. 掌握静态页面的实现方式，能够使用 FreeMarker 技术实现套餐列表与套餐详情页面的静态化

体检是了解自身健康状况、及时发现身体异常，以及预防疾病的重要手段之一。为了给广大体检用户提供便利，传智健康用户端设立了线上体检预约服务，用户可以随时随地进行体检预约。传智健康的用户端可以展示套餐列表、套餐详情和进行体检预约。接下来，本模块将对用户端的体检预约进行详细讲解。

任务 8-1 套餐列表

任务描述

体检套餐是传智健康面向体检用户销售的产品，为了让用户全方位地了解体检套餐的种类，传智健康用户端提供套餐列表页面供用户浏览。在浏览器中访问用户端首页 index.html，如图 8-1 所示。

从图 8-1 可以看出，用户端首页由 6 个模块构成，分别是体检预约、报告查询、健康评估、健康干预、健康档案和健康咨询。由于篇幅有限，本书只讲解用户端体检预约模块的功能实现过程，其他模块不进行讲解。

在图 8-1 所示的页面中，单击"体检预约"超链接后会跳转到套餐列表页面 setmeal.html，该页面以列表的形式展示所有的体检套餐，如图 8-2 所示。

图 8-1　用户端首页

图 8-2　套餐列表页面（1）

任务分析

通过对图 8-1 和图 8-2 的分析可知，在 index.html 页面单击"体检预约"超链接后，需要跳转到套餐列表页面 setmeal.html，并展示所有的套餐，具体实现思路如下。

（1）提交查询所有套餐的请求

访问套餐列表页面 setmeal.html 时，提交查询所有套餐的请求。

（2）接收和处理查询所有套餐的请求

客户端发起查询所有套餐的请求后，由控制器类 SetmealController 的 getSetmeal()方法接收页面提交的请求，并调用 SetmealService 接口中的 findAll()方法查询所有的套餐。

（3）查询套餐

在 SetmealServiceImpl 类中重写 SetmealService 接口的 findAll()方法，在该方法中调用 SetmealDao 接口的 findAll()方法从数据库中查询所有的套餐。

（4）查询结果展示

SetmealController 类中的 getSetmeal()方法将查询结果返回 setmeal.html 页面，setmeal.html 页面根据返回结果展示查询到的所有的套餐。

为了让读者更清晰地了解套餐列表的实现过程，下面通过一张图进行描述，如图 8-3 所示。

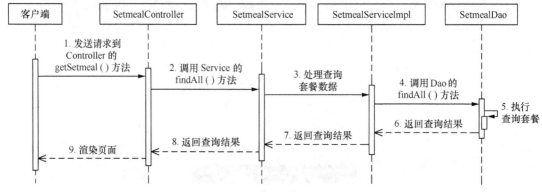

图 8-3 套餐列表的实现过程

任务实现

从任务分析可以得出，我们需要在访问 setmeal.html 页面时，提交查询所有套餐的请求到后台，后台接收请求并处理后，将查询结果返回到页面。接下来对套餐列表的实现进行详细讲解。

（1）提交查询所有套餐的请求

此时访问 setmeal.html 页面，页面并没有数据显示。查看 health_mobile 模块下 setmeal.html 页面的源代码，具体代码如下。

```
1  ......
2  <li class="list-item" v-for="setmeal in setmealList">
3      <a class="link-page" :href="'setmeal_detail.html?id='+setmeal.id">
4      <img class="img-object f-left"
5             :src="'http://puco9aur6.bkt.clouddn.com/'+setmeal.img" alt="">
6      <div class="item-body">
7          <h4 class="ellipsis item-title">{{setmeal.name}}</h4>
8          <p class="ellipsis-more item-desc">{{setmeal.remark}}</p>
9          <p class="item-keywords">
10             <span>{{setmeal.sex == '0' ? '性别不限'
11                    : setmeal.sex == '1' ? '男':'女'}}</span>
12             <span>{{setmeal.age}}</span>
13         </p>
14     </div>
15     </a>
16 </li>
```

```
17  ......
18  <script>
19      var vue = new Vue({
20          el:'#app',
21          data:{
22              setmealList:[]//套餐列表数据
23          }
24      });
25  </script>
```

上述代码中,第 2~16 行代码定义<li>标签,用于展示列表中套餐的信息;第 19~24 行代码定义 Vue 实例对象,其中,第 22 行代码定义套餐列表数据,利用 Vue 数据双向绑定的方式展示套餐数据。

要实现在访问 setmeal.html 页面时展示所有的套餐,可以将查询的操作定义在钩子函数 created()中,在 created()函数中通过使用 Axios 发送异步请求的方式获取所有的套餐数据,具体代码如下。

```
<script src="../plugins/vue/axios-0.18.0.js"></script>
<script>
    var vue = new Vue({
        ......
        created(){
            axios.post("/setmeal/getSetmeal.do").then((response)=>{
                if(response.data.flag){
                    this.setmealList = response.data.data;
                }
            });
        }
        ......
    })
</script>
```

(2)实现查询套餐控制器

在 health_mobile 模块的 com.itheima.controller 包下创建控制器类 SetmealController,在类中定义 getSetmeal()方法,用于接收和处理查询所有套餐的请求,具体代码如文件 8-1 所示。

文件 8-1　SetmealController.java

```
1   /**
2    * 体检套餐
3    */
4   @RestController
5   @RequestMapping("/setmeal")
6   public class SetmealController {
7       @Reference
8       private SetmealService setmealService;
9       //获取所有套餐
10      @RequestMapping("/getSetmeal")
11      public Result getSetmeal(){
12          try{
13              List<Setmeal> list = setmealService.findAll();
14              return new Result(true,
15                      MessageConstant.QUERY_SETMEAL_SUCCESS,list);
16          }catch (Exception e){
17              e.printStackTrace();
18              return new Result(false, MessageConstant.QUERY_SETMEAL_FAIL);
19          }
20      }
21  }
```

上述代码中，调用 SetmealService 接口的 findAll()方法查询套餐数据，再将查询结果及对应的提示信息返回到页面。

（3）创建查询套餐服务

在 health_interface 子模块的 SetmealService 接口中定义 findAll()方法，用于查询所有套餐，具体代码如下。

```
//查询所有套餐
public List<Setmeal> findAll();
```

（4）实现查询套餐服务

在 health_service_provider 子模块的 SetmealServiceImpl 类中重写接口的 findAll()方法，用于查询所有套餐，具体代码如下。

```
//查询所有套餐
@Override
public List<Setmeal> findAll() {
    return setmealDao.findAll();
}
```

（5）实现持久层查询套餐

在 health_service_provider 子模块的 SetmealDao 接口中定义 findAll()方法，用于查询所有套餐，具体代码如下。

```
//查询所有套餐
public List<Setmeal> findAll();
```

在 health_service_provider 子模块的 SetmealDao.xml 映射文件中使用<select>元素映射查询语句，查询所有的套餐数据，具体代码如下。

```xml
<!--查询所有套餐数据-->
<select id="findAll" resultType="com.itheima.pojo.Setmeal">
    SELECT * FROM t_setmeal
</select>
```

（6）测试套餐列表功能

启动 ZooKeeper 服务，在 IDEA 中依次启动 health_service_provider 和 health_mobile，在浏览器中访问 http://localhost/pages/setmeal.html，如图 8-4 所示。

图 8-4　套餐列表页面（2）

由图 8-4 可以看出，页面中成功展示了所有的套餐。

至此，体检预约模块的套餐列表功能已经完成。

任务 8-2　套餐详情

任务描述

用户浏览套餐列表时，只能初步了解每个套餐主要针对的是哪个方面的检查，并不能确定这个套餐是否适合自己，套餐包含的检查组和检查项才是用户应该重点关注的内容。这就需要用户查看套餐详情，了解该套餐的所有检查组和检查项，从而确定该套餐是否合适。在浏览器中访问套餐详情页面 setmeal_detail.html，在页面上查看套餐的详细信息，如图 8-5 所示。

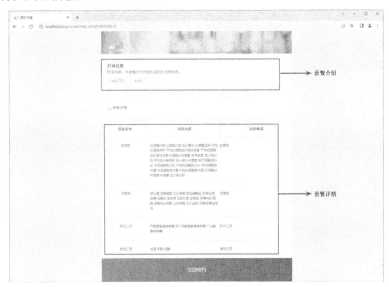

图 8-5　套餐详情页面（1）

任务分析

访问 setmeal_detail.html 页面时，提交查询套餐详细信息的请求，后台接收请求并处理后，返回查询结果到页面，具体实现思路如下。

（1）提交查询套餐详细信息的请求

访问 setmeal_detail.html 页面，提交查询套餐详细信息的请求。

（2）接收和处理查询套餐详细信息的请求

客户端发起查询套餐详细信息的请求后，由 SetmealController 类的 findById( ) 方法接收页面提交的请求，并调用 SetmealService 接口中的 findSetmealById( ) 方法查询套餐详细信息。

（3）查询套餐详细信息

在 SetmealServiceImpl 类中重写 SetmealService 接口的 findSetmealById( ) 方法，在该方法中调用 SetmealDao 接口的 findById4Detail( ) 方法从数据库中查询套餐详细信息。

（4）查询结果展示

SetmealController 类中的 findById( ) 方法将查询结果返回 setmeal_detail.html 页面后，setmeal_detail.html 页面根据返回结果展示查询到的套餐详细信息。

为了让读者更清晰地了解套餐详情的实现过程，下面通过一张图进行描述，如图 8-6 所示。

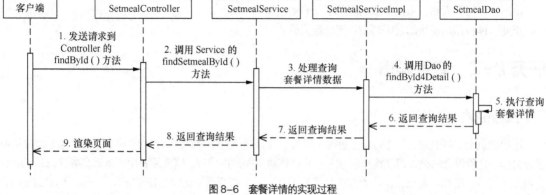

图 8-6 套餐详情的实现过程

任务实现

根据任务分析确定了套餐详情功能的实现思路，接下来对套餐详情功能的实现过程进行详细讲解。

（1）提交查询套餐详细信息的请求

此时访问 setmeal_detail.html 页面，页面并没有数据显示。查看 health_mobile 模块下 setmeal_detail.html 页面的源代码，具体代码如下。

```
1  ......
2  <div class="project-img">
3      <img :src="imgUrl" width="100%" height="100%" />
4  </div>
5  <div class="project-text">
6      <h4 class="tit">{{setmeal.name}}</h4>
7      <p class="subtit">{{setmeal.remark}}</p>
8      <p class="keywords">
9          <span>{{setmeal.sex == '0' ? '性别不限' :
10                  setmeal.sex == '1' ? '男':'女'}}</span>
11         <span>{{setmeal.age}}</span>
12     </p>
13 </div>
14 <div class="table-content">
15     <ul class="table-list">
16         <li class="table-item" v-for="checkgroup in setmeal.checkGroups">
17             <div class="item flex2">{{checkgroup.name}}</div>
18             <div class="item flex3">
19                 <label v-for="checkitem in checkgroup.checkItems">
20                     {{checkitem.name}}
21                 </label>
22             </div>
23             <div class="item flex3">{{checkgroup.remark}}</div>
24         </li>
25     </ul>
26 </div>
27 ......
28 <script>
29     var vue = new Vue({
30         el:'#app',
31         data:{
32             imgUrl:null,//套餐对应的图片链接
33             setmeal:{}//套餐数据
```

```
34        },
35        ......
36    });
37 </script>
```

上述代码中，第2～13行代码用于展示套餐详细信息；第14～26行代码用于显示套餐中的检查组以及检查组中包含的检查项；第29～36行代码定义Vue实例对象，其中，第32行和第33行代码分别定义了套餐对应图片的链接和套餐数据的对象，可以通过Vue的数据双向绑定方式进行数据展示。

要实现访问setmeal_detail.html页面时展示套餐详细信息，可以将查询的操作定义在钩子函数created()中，在created()函数中通过使用Axios发送异步请求的方式查询套餐详细信息，具体代码如下。

```
1  <script src="../plugins/vue/axios-0.18.0.js"></script>
2  <script>
3      var vue = new Vue({
4          ......
5          //根据套餐id查询套餐详细信息，包含套餐基本信息、套餐关联的检查组、检查组关联的检查项
6          created(){
7              axios.post("/setmeal/findById.do?id="+id).then((response)=>{
8                  if(response.data.flag){
9                      this.setmeal = response.data.data;
10                     this.imgUrl = 'http://puco9aur6.bkt.clouddn.com/'
11                                 + this.setmeal.img;
12                 }
13             });
14         }
15     })
16 </script>
```

上述代码中，第1行代码用于引入Axios的JS文件；第7～13行代码使用Axios发送异步请求查询套餐详细信息，运用数据双向绑定的方式将查询结果展示到页面中。

（2）实现查询套餐详细信息控制器

在health_mobile模块的SetmealController类中定义findById()方法，用于接收和处理查询套餐详细信息的请求，具体代码如下。

```
1  //根据套餐id查询套餐详细信息，包含套餐基本信息、套餐关联的检查组、检查组关联的检查项
2  @RequestMapping("/findById")
3  public Result findById(Integer id){
4      try{
5          //根据套餐id查询套餐详细信息
6          Setmeal setmeal = setmealService.findSetmealById(id);
7          return new Result(true,
8                  MessageConstant.QUERY_SETMEAL_SUCCESS,setmeal);
9      }catch (Exception e){
10         e.printStackTrace();
11         return new Result(false, MessageConstant.QUERY_SETMEAL_FAIL);
12     }
13 }
```

上述代码中，通过findById()方法获取页面传递的参数id，并将获取的参数传递到Service层进行查询，然后将查询结果及对应的提示信息返回到页面。

（3）创建查询套餐详细信息服务

在health_interface子模块的SetmealService接口中定义findSetmealById()方法，用于根据套餐id查询套餐详细信息，具体代码如下。

```
//根据套餐id查询套餐详细信息
public Setmeal findSetmealById(Integer id);
```

（4）实现查询套餐详细信息服务

在 health_service_provider 子模块的 SetmealServiceImpl 类中重写 SetmealService 接口的 findSetmealById()方法，用于根据套餐 id 查询套餐详细信息，具体代码如下。

```
//根据套餐id查询套餐详细信息
@Override
public Setmeal findSetmealById(Integer id) {
    return setmealDao.findById4Detail();
}
```

（5）实现持久层查询套餐详细信息

在 health_service_provider 子模块的 SetmealDao 接口中定义 findById4Detail()方法，用于根据套餐 id 查询套餐详细信息，具体代码如下。

```
//根据套餐id查询套餐详细信息
public Setmeal findById4Detail(Integer id);
```

在 health_service_provider 子模块的 SetmealDao.xml 映射文件中使用<select>元素映射查询语句，根据套餐 id 查询套餐详细信息，具体代码如下。

```
1  <resultMap id="baseResultMap" type="com.itheima.pojo.Setmeal">
2      <id column="id" property="id"/>
3      <result column="name" property="name"/>
4      <result column="code" property="code"/>
5      <result column="helpCode" property="helpCode"/>
6      <result column="sex" property="sex"/>
7      <result column="age" property="age"/>
8      <result column="price" property="price"/>
9      <result column="remark" property="remark"/>
10     <result column="attention" property="attention"/>
11     <result column="img" property="img"/>
12 </resultMap>
13 <!--配置多对多映射关系-->
14 <resultMap id="findByIdResultMap" extends="baseResultMap"
15         type="com.itheima.pojo.Setmeal">
16     <!--column用于指定将baseResultMap哪个字段的值传递到当前嵌套查询中 -->
17     <collection property="checkGroups"
18                     ofType="com.itheima.pojo.CheckGroup"
19             column="id"
20             select="com.itheima.dao.CheckGroupDao.
21             selectCheckGroupsBySetmealId"></collection>
22 </resultMap>
23 <!--根据套餐id查询套餐详细信息，包含套餐基本信息、套餐关联的检查组、检查项信息-->
24 <select id="findById4Detail" parameterType="int"
25                         resultMap="findByIdResultMap">
26     SELECT * FROM t_setmeal WHERE id = #{id}
27 </select>
```

上述代码中，第 1~12 行代码使用<resultMap>元素进行结果集映射；第 14~22 行代码根据套餐 id 查询套餐中包含的检查组集合；第 24~27 行代码根据套餐 id 查询套餐详细信息。

在 health_service_provider 子模块的 CheckGroupDao.xml 映射文件中使用<select>元素映射查询语句，根据套餐 id 查询套餐对检查组的引用，具体代码如下。

```
1  <resultMap id="baseResultMap" type="com.itheima.pojo.CheckGroup">
2      <id column="id" property="id"/>
3      <result column="name" property="name"/>
4      <result column="code" property="code"/>
5      <result column="helpCode" property="helpCode"/>
6      <result column="sex" property="sex"/>
```

```xml
7      <result column="remark" property="remark"/>
8      <result column="attention" property="attention"/>
9  </resultMap>
10 <!--配置多对多映射关系-->
11 <resultMap id="findByIdResultMap" extends="baseResultMap"
12         type="com.itheima.pojo.CheckGroup">
13     <collection property="checkItems" ofType="com.itheima.pojo.CheckItem"
14             column="id"
15             select="com.itheima.dao.CheckItemDao.
16             findCheckItemsByCheckGroupId"></collection>
17 </resultMap>
18 <!--根据套餐id查询关联的检查组集合-->
19 <select id="selectCheckGroupsBySetmealId" parameterType="int"
20         resultMap="findByIdResultMap">
21     SELECT * FROM t_checkgroup WHERE id IN
22         (SELECT checkgroup_id FROM t_setmeal_checkgroup
23             WHERE setmeal_id = #{setmealId})
24 </select>
```

上述代码中，第1~9行代码使用<resultMap>元素进行结果集映射；第11~17行代码根据检查组id查询检查组中包含的检查项；第19~24行代码用于根据套餐id查询关联的检查组集合。

在health_service_provider子模块的CheckItemDao.xml映射文件中使用<select>元素映射查询语句，根据检查组id查询检查组对检查项的引用，具体代码如下。

```xml
<!--根据检查组id查询检查组对检查项的引用-->
<select id="findCheckItemsByCheckGroupId" parameterType="int"
        resultType="com.itheima.pojo.CheckItem">
    SELECT * FROM t_checkitem WHERE id IN
        (SELECT checkitem_id FROM t_checkgroup_checkitem
            WHERE checkgroup_id = #{checkgroup_id})
</select>
```

（6）测试套餐详情功能

启动ZooKeeper服务，在IDEA中依次启动health_service_provider和health_mobile，在浏览器中访问http://localhost/pages/setmeal.html。单击名称为肝肾检查的套餐，跳转到套餐详情页面，如图8-7所示。

图8-7 套餐详情页面（2）

在图8-7中，成功展示了套餐详细信息，包括套餐图片、套餐名称、套餐简介、适用性别、适用年龄、项目名称、项目内容和项目解读等。

至此，体检预约模块的套餐详情功能已经完成。

任务 8-3 体检预约

任务描述

用户选择好体检套餐后，单击图 8-7 所示的"立即预约"进入对应的体检预约页面 orderInfo.html，如图 8-8 所示。

在图 8-8 所示的页面中，输入体检人信息后，单击"提交预约"按钮，如果预约失败，在 orderInfo.html 页面会提示失败原因；如果预约成功，跳转到预约成功页面 orderSuccess.html。预约成功页面如图 8-9 所示。

图 8-8 体检预约页面（1）

图 8-9 预约成功页面（1）

在图 8-9 所示的预约成功页面中展示了用户的预约信息，包括体检人、体检套餐、体检日期、预约类型和注意事项。

任务分析

通过对图 8-7、图 8-8 和图 8-9 的分析可知，体检预约可以分解成 4 个功能，分别是跳转到体检预约页面后显示套餐、发送短信验证码、预约体检、跳转到预约成功页面。具体实现思路如下。

1. 跳转到体检预约页面后显示套餐

在 setmeal_detail.html 页面单击"立即预约"，跳转到体检预约页面 orderInfo.html 的同时提交查询套餐的请求，再将查询到的套餐显示在 orderInfo.html 页面上，实现思路如下。

（1）跳转到体检预约页面

为 setmeal_detail.html 页面的"立即预约"绑定单击事件，在单击事件触发后提交跳转到体检预约页面的请求。

（2）提交查询套餐的请求

跳转到 orderInfo.html 页面的同时，提交查询套餐的请求。

（3）接收和处理查询套餐的请求

客户端发起查询套餐的请求后，由 SetmealController 类的 findById() 方法接收页面提交的请求，并调用 SetmealService 接口中的 findSetmealById() 方法查询套餐信息。

（4）查询套餐信息

在 SetmealServiceImpl 类中重写 SetmealService 接口的 findSetmealById() 方法，在该方法中调用 SetmealDao

接口的 findById4Detail( )方法从数据库中查询套餐。

（5）查询结果展示

SetmealController 类中的 findById( )方法将查询结果返回 orderInfo.html 页面，orderInfo.html 页面根据返回结果展示查询的套餐信息。

为了让读者更清晰地了解跳转到体检预约页面后显示套餐的实现过程，下面通过一张图进行描述，如图 8-10 所示。

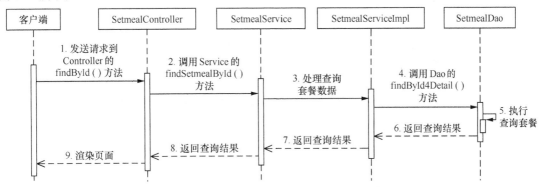

图 8-10 跳转到体检预约页面后显示套餐的实现过程

2. 发送短信验证码

为 orderInfo.html 页面的"发送验证码"绑定单击事件，在单击事件触发后提交填写的手机号。由 ValidateCodeController 类的 send4Order( )方法接收页面提交的手机号，并调用短信服务 SMSUtils 发送短信验证码。

为了让读者更清晰地了解发送短信验证码的实现过程，下面通过一张图进行描述，如图 8-11 所示。

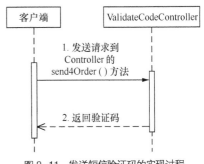

图 8-11 发送短信验证码的实现过程

3. 预约体检

验证码校验通过后，单击"提交预约"按钮将预约请求提交到后台，后台接收并处理请求后把结果返回，具体思路如下。

（1）提交预约体检的请求

为 orderInfo.html 页面的"提交预约"按钮绑定单击事件，在单击事件触发后提交预约体检的请求。

（2）接收和处理预约体检的请求

客户端发起预约体检请求后，由控制器类 OrderController 中的 submitOrder( )方法接收页面提交的请求，并调用 OrderService 接口的 order( )方法新增体检预约信息。

（3）保存新增预约数据

新增预约信息时，首先应该判断当前预约日期是否允许预约，如果允许，判断使用当前手机号预约的用户是不是传智健康的会员，如果是会员，判断该会员是否重复预约，如果是重复预约，则无法继续预约；如果不是会员，则将该用户自动注册为会员，然后提交预约并更新已预约人数。

在 OrderServiceImpl 类中重写 OrderService 接口的 order( )方法实现新增预约信息。在 order( )方法中依次调用如下方法。

① 调用 OrderSettingDao 接口的 findByOrderDate( )方法查询当前日期是否允许预约。

② 调用 MemberDao 接口的 findByTelephone( )方法查询该用户是否为会员。

③ 调用 OrderDao 接口的 findByCondition( )方法查询该会员是否重复预约。

④ 调用 MemberDao 接口的 add( )方法将该用户注册为会员，调用 OrderDao 接口的 add( )方法新增预约信息，调用 OrderSettingDao 接口的 editReservationsByOrderDate( )方法更新已预约人数。

（4）展示预约体检结果

OrderController 类中的 submitOrder()方法将返回结果返回 orderInfo.html 页面，orderInfo.html 页面根据返回结果展示预约体检结果，如果预约成功，跳转到 orderSuccess.html 页面；如果预约失败，在 orderInfo.html 页面中显示失败提示信息。

为了让读者更清晰地了解预约体检的实现过程，下面通过一张图进行描述，如图 8-12 所示。

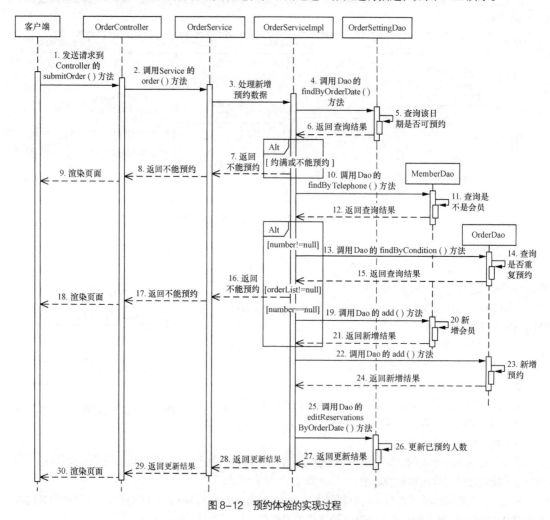

图 8-12　预约体检的实现过程

在图 8-12 中，序号 6 用于获取到当前日期是否可以预约，如果不能预约，则依次执行序号 7~9。如果当前日期可以进行预约，则执行序号 10~12 查询当前预约用户是否是会员；如果是会员并且该会员在当前日期已经存在预约记录，则执行需要序号 13~18。如果预约用户不是会员，则将该预约用户新增为会员，并为该用户进行预约，执行序号 19~30。

4．跳转到预约成功页面

如果预约请求提交成功，跳转至预约成功页面 orderSuccess.html，并且在页面中显示预约信息，具体思路如下。

（1）提交查询预约信息的请求

访问 orderSuccess.html 页面时，提交查询预约信息的请求。

（2）接收和处理查询预约信息的请求

客户端提交查询预约信息的请求后，由控制器类 OrderController 的 findById()方法接收页面提交的请求，并调用 OrderService 接口的 findById()方法查询预约信息。

（3）查询预约信息

在 OrderServiceImpl 类中重写 OrderService 接口的 findById()方法，在该方法中调用 OrderDao 接口的 findById4Detail()方法查询预约信息。

（4）展示查询结果

OrderController 类中的 findById()方法将返回结果返回 orderSuccess.html 页面，orderSuccess.html 页面根据返回结果展示查询到的预约信息。

为了让读者更清晰地了解跳转到预约成功页面的实现过程，下面通过一张图进行描述，如图 8-13 所示。

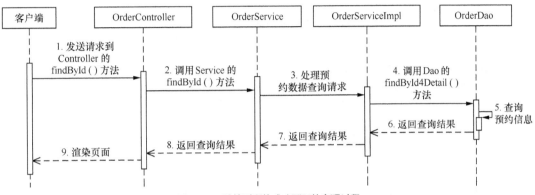

图 8-13 跳转到预约成功页面的实现过程

任务实现

实现体检预约可以分解成 4 个功能，分别是跳转到体检预约页面后显示套餐、发送短信验证码、预约体检、跳转到预约成功页面。接下来对这 4 个功能的实现进行详细讲解。

1. 跳转到体检预约页面后显示套餐

在 setmeal_detail.html 页面中，单击"立即预约"后跳转到体检预约页面 orderInfo.html，在 orderInfo.html 页面提交查询套餐的请求，后台处理请求后，将查询结果返回 orderInfo.html 页面，具体实现如下。

（1）提交跳转到体检预约页面的请求

为"立即预约"绑定单击事件，并设置单击时要调用的方法，在方法中提交跳转页面的请求，具体代码如下。

```
<div class="box-button">
    <a class="order-btn" @click="toOrderInfo()">立即预约</a>
</div>
```

在 setmeal_detail.html 页面中定义 toOrderInfo()方法，用于提交跳转页面的请求，具体代码如下。

```
<script>
    var vue = new Vue({
        ......
        methods:{
            toOrderInfo(){
                window.location.href = "orderInfo.html?id=" + id;
            }
        }
    });
</script>
```

上述代码中，orderInfo.html 页面是体检预约页面；参数 id 是指当前套餐的 id。

(2)提交查询套餐的请求

此时跳转到 orderInfo.html 页面,页面没有信息展示。查看 health_mobile 模块下 orderInfo.html 页面的源代码,具体代码如下。

```
1  ......
2  <script src="../plugins/healthmobile.js"></script>
3  <script>
4      var id = getUrlParam("id");//从URL地址栏获取体检套餐id
5  </script>
6  ......
7  <div class="card">
8      <div class="">
9          <img :src="'http://r2qyo12se.hn-bkt.clouddn.com/' +
10                  this.setmeal.img" width="100%" height="100%"/>
11     </div>
12     <div class="project-text">
13         <h4 class="tit">{{setmeal.name}}</h4>
14         <p class="subtit">{{setmeal.remark}}</p>
15         <p class="keywords">
16             <span>{{setmeal.sex == '0' ? '性别不限' :
17                 setmeal.sex == '1' ? '男':'女'}}</span>
18             <span>{{setmeal.age}}</span>
19         </p>
20     </div>
21     ......
22 </div>
23 <script>
24     var vue = new Vue({
25         el: '#app',
26         data: {
27             setmeal: {},//套餐信息
28             ......
29         },
30         methods: {},
31     });
32 </script>
33 ......
```

上述代码中,第 3~5 行代码用于获取当前套餐的 id;第 8~20 行代码用于展示套餐信息;第 24~31 行代码定义 Vue 实例对象,其中,第 27 行代码定义存放套餐信息的数据对象。

要实现访问 orderInfo.html 页面时展示套餐信息,可以将查询套餐的操作定义在钩子函数 created()中,具体代码如下。

```
<script src="../plugins/vue/axios-0.18.0.js"></script>
<script>
    var vue = new Vue({
        ......
        created(){
            //发送Axios请求,根据套餐id查询套餐信息,用于页面展示
            axios.post("/setmeal/findById.do?id=" + id).then((response)=>{
                if(response.data.flag){
                    this.setmeal = response.data.data;
                }
            });
        },
```

```
       ......
    });
</script>
```

上述代码中，使用 Axios 发送异步请求查询套餐并返回响应结果，将响应结果通过 Vue 数据双向绑定的方式在页面中进行展示。

（3）实现查询套餐信息

接下来应该实现查询套餐信息的后台逻辑代码，但由于查询套餐信息的 findById()方法在套餐详情中已经实现，所以这里不再重复展示，稍后直接进行功能测试即可。

（4）测试跳转到体检预约页面后显示套餐

启动 ZooKeeper 服务、Redis 服务，在 IDEA 中依次启动 health_service_provider 和 health_mobile。在浏览器中访问 http://localhost/pages/setmeal_detail.html?id=6 进入肝肾检查的套餐详情页面，单击"立即预约"跳转到对应的体检预约页面，如图 8-14 所示。

图 8-14　体检预约页面（2）

由图 8-14 可知，成功跳转到了体检预约页面 orderInfo.html，并可在页面中填写体检人信息。

2. 发送短信验证码

在图 8-14 所示的页面中，输入手机号后单击"发送验证码"按钮，提交发送短信验证码的请求，后台接收并处理请求后，将验证码以短信方式发送到该手机号，具体实现如下。

（1）提交发送短信验证码的请求

在体检预约页面填写体检人信息后，单击"发送验证码"按钮，此时手机并未收到短信。查看 orderInfo.html

页面与发送短信验证码相关的源代码,具体代码如下。

```html
1    ......
2    <form class="info-form">
3        ......
4        <div class="input-row">
5            <label>手机号</label>
6            <input v-model="orderInfo.telephone" type="text" class="input-clear"
7                   placeholder="请输入手机号" />
8            <input style="font-size: x-small;" id="validateCodeButton"
9                   type="button" value="发送验证码" />
10       </div>
11       ......
12   </form>
13   ......
```

上述代码中,第6~7行代码用于输入手机号;第8~9行代码用于定义"发送验证码"按钮。

要实现单击"发送验证码"按钮后接收短信验证码,可以为"发送验证码"按钮绑定单击事件,并设置单击时要调用的方法,在该方法中提交发送验证码的请求,具体代码如下。

```html
<input style="font-size: x-small;" id="validateCodeButton"
       @click="sendValidateCode()" type="button" value="发送验证码" />
```

在 orderInfo.html 页面中定义 sendValidateCode()方法,用于发送短信验证码,具体代码如下。

```html
1    <script>
2        var vue = new Vue({
3            ......
4            methods: {
5                //发送短信验证码
6                sendValidateCode() {
7                    //获取用户输入的手机号
8                    var telephone = this.orderInfo.telephone;
9                    //使用正则表达式进行手机号合法性校验
10                   if (!checkTelephone(telephone)) {
11                       //校验不通过,返回 false
12                       this.$message.error("手机号输入错误,请检查后重新输入!");
13                       return false;
14                   }
15                   validateCodeButton = $("#validateCodeButton")[0];//锁定按钮
16                   //使用定时器方法每隔 1s 执行一次
17                   clock = window.setInterval(doLoop, 1000);
18                   //发送 Axios 请求,在控制器中为用户发送短信验证码
19                   axios.post("/validatecode/send4Order.do?telephone=" +
20                           telephone).then((res) => {
21                       if (!res.data.flag) {
22                           this.$message.error(res.data.message);
23                       }
24                   });
25               }
26           }
27       })
28   </script>
```

上述代码中,第 8 行代码用于获取用户输入的手机号;第 10~14 行代码调用 healthmobile.js 文件中的 checkTelephone()方法校验手机号是否正确;第 19~24 行代码使用 Axios 发送异步请求发送短信验证码。

(2)实现发送短信验证码控制器

在 health_mobile 模块的 ValidateCodeController 类中定义 send4Order()方法,用于接收和处理发送短信验

证码的请求，具体代码如下。

```
1   //体检预约发送短信验证码
2   @RequestMapping("/send4Order")
3   public Result send4Order(String telephone){
4       String code = ValidateCodeUtils.generateValidateCode(4).toString();
5       System.out.println("验证码: " + code);
6       try{
7           SMSUtils.sendShortMessage(telephone,code);
8           //将验证码保存到Redis中，只保存20min
9           jedisPool.getResource().setex(telephone +
10                  RedisMessageConstant.SENDTYPE_ORDER,60*20,code);
11          return new Result(true, MessageConstant.SEND_VALIDATECODE_SUCCESS);
12      }catch (Exception e){
13          e.printStackTrace();
14          return new Result(false, MessageConstant.SEND_VALIDATECODE_FAIL);
15      }
16  }
```

上述代码中，第 4 行代码调用 ValidateCodeUtils 工具类的 generateValidateCode( )方法获取随机生成的 4 位数字验证码；第 7 行代码调用短信服务 SMSUtils 发送短信；第 9～10 行代码将手机号与验证码保存到 Redis 中用于比对验证。

（3）测试发送短信验证码

依次启动 ZooKeeper 服务、Redis 服务、health_service_provider 和 health_mobile，在浏览器中访问 http://localhost/pages/orderInfo.html?id=8。填写手机号后，单击"发送验证码"，通过手机接收短信验证码后将验证码填写到输入框中，如图 8-15 所示。

图 8-15　填写体检人信息和验证码

3. 预约体检

体检人信息填写完成后，在图 8-15 所示的页面中单击"提交预约"按钮，提交预约体检的请求，后台接收并处理请求后，将预约结果返回到页面，具体实现如下。

（1）提交预约请求

要实现单击"提交预约"按钮时提交预约请求，可以为该按钮绑定单击事件，并设置单击时要调用的方法，在该方法中提交预约请求，具体代码如下。

```
<button type="button" class="btn order-btn"
        @click="submitOrder()">提交预约</button>
```

在 orderInfo.html 页面定义 submitOrder()方法，用于提交预约请求，具体代码如下。

```
1  <script>
2      var vue = new Vue({
3          ......
4          methods: {
5              ......
6              //提交预约请求
7              submitOrder() {
8                  //使用身份证号进行校验
9                  var idCard = this.orderInfo.idCard;
10                 if (!checkIdCard(idCard)) {
11                     //身份证号输入错误
12                     this.$message.error("身份证号输入错误，请检查后重新输入！");
13                     return false;
14                 }
15                 //发送 Axios 请求，将数据提交到控制器
16                 axios.post("/order/submitOrder.do",
17                             this.orderInfo).then((res) => {
18                     if (res.data.flag) {
19                         //预约成功，跳转到预约成功页面
20                         window.location.href = "orderSuccess.html?orderId="+
21                                 res.data.data;
22                     } else {
23                         //预约失败，弹出提示信息
24                         this.$message.error(res.data.message);
25                     }
26                 });
27             }
28         }
29     })
30 </script>
```

上述代码中，第 9~14 行代码获取用户填写的身份证号并调用 healthmobile.js 文件中的 checkIdCard()方法校验身份证号是否符合规范；第 16~26 行代码使用 Axios 发送异步请求提交预约请求，预约成功跳转到预约成功页面，预约失败在页面中显示失败的提示信息。

（2）创建预约类

在 health_common 子模块的 com.itheima.pojo 包下创建 Order 类，在类中声明预约的属性，定义各属性的 getter/setter 方法，并定义构造方法。具体代码如文件 8-2 所示。

文件 8-2　Order.java

```
/**
 * 预约信息
 */
public class Order implements Serializable {
```

```
    public static final String ORDERTYPE_TELEPHONE = "电话预约";
    public static final String ORDERTYPE_WEIXIN = "客户端预约";
    public static final String ORDERSTATUS_YES = "已到诊";
    public static final String ORDERSTATUS_NO = "未到诊";
    private Integer id;
    private Integer memberId;//会员id
    private Date orderDate;//预约日期
    private String orderType;//预约类型：电话预约、客户端预约
    private String orderStatus;//预约状态（是否到诊）
    private Integer setmealId;//套餐id
    //......省略getter/setter方法
}
```

（3）导入公共资源

在 health_common 子模块的 com.itheima.utils 包中导入 DateUtils 类，用于日期格式化操作。由于代码过长，此处不进行展示，读者可以从本书提供的资源中获取。

（4）实现预约体检控制器

用户进行体检预约时，需要通过输入短信验证码的方式校验输入的手机号是否属于用户本人，然后进行体检预约。在 health_mobile 模块的 com.itheima.controller 包下创建控制器类 OrderController，在类中定义 submitOrder()方法，用于接收和处理预约体检的请求。具体代码如文件 8-3 所示。

文件 8-3　OrderController.java

```
1   /**
2    * 预约体检
3    */
4   @RestController
5   @RequestMapping("/order")
6   public class OrderController {
7       @Reference
8       private OrderService orderService;
9       @Autowired
10      private JedisPool jedisPool;
11      //提交预约体检请求
12      @RequestMapping("/submitOrder")
13      public Result submitOrder(@RequestBody Map map){
14          String telephone = (String) map.get("telephone");
15          //获取用户输入的验证码
16          String validateCode = (String) map.get("validateCode");
17          //从Redis中获取保存的验证码
18          String codeInRedis = jedisPool.getResource().get(telephone +
19              RedisMessageConstant.SENDTYPE_ORDER);
20          //校验用户输入的验证码是否正确
21          if(codeInRedis == null || !codeInRedis.equals(validateCode)){
22              //验证码输入错误
23              return new Result(false, MessageConstant.VALIDATECODE_ERROR);
24          }
25          //通过Dubbo调用服务实现预约逻辑
26          Result result = null;
27          try{
28              map.put("orderType", Order.ORDERTYPE_CLIENT);//预约类型
29              result = orderService.order(map);//调用服务
30          }catch (Exception e){
31              e.printStackTrace();
32              return result;
```

```
33        }
34        return result;
35    }
36 }
```

上述代码中，第 14~24 行代码用于将获取的用户填写的验证码与保存在 Redis 中的验证码进行比对；第 26~33 行代码在验证码比对通过后，调用 OrderService 接口的 order()方法实现预约体检。

（5）创建预约体检服务

在 health_interface 子模块的 com.itheima.service 包下创建接口 OrderService，在接口中定义 order()方法，用于预约体检。具体代码如文件 8-4 所示。

文件 8-4　OrderService.java

```
/**
 * 预约接口
 */
public interface OrderService {
    public Result order(Map map)throws Exception;//预约体检
}
```

（6）实现预约体检服务

在 health_service_provider 子模块的 com.itheima.service.impl 包下创建 OrderService 接口的实现类 OrderServiceImpl，在类中重写 order()方法，用于预约体检。具体代码如文件 8-5 所示。

文件 8-5　OrderServiceImpl.java

```
1  /**
2   * 预约接口实现类
3   */
4  @Service(interfaceClass = OrderService.class)
5  @Transactional
6  public class OrderServiceImpl implements OrderService {
7      @Autowired
8      private OrderDao orderDao;
9      @Autowired
10     private OrderSettingDao orderSettingDao;
11     @Autowired
12     private MemberDao memberDao;
13     //预约体检
14     public Result order(Map map) throws Exception{
15         //获取日期
16         String orderDate = (String) map.get("orderDate");
17         Date date = DateUtils.parseString2Date(orderDate);
18         //根据日期查询预约设置信息
19         OrderSetting orderSetting = orderSettingDao.findByOrderDate(date);
20         if(orderSetting == null){
21             //所选日期没有提前进行预约设置，不能完成预约
22             return new Result(false,
23                 MessageConstant.SELECTED_DATE_CANNOT_ORDER);
24         }
25         if(orderSetting.getReservations() >= orderSetting.getNumber()){
26             //所选日期已经约满，无法预约
27             return new Result(false, MessageConstant.ORDER_FULL);
28         }
29         //判断是否为会员
30         String telephone = (String) map.get("telephone");
31         Member member = memberDao.findByTelephone(telephone);
```

```
32          if(member != null){
33              Integer memberId = member.getId();//会员id
34              Integer setmealId =
35                  Integer.parseInt((String)map.get("setmealId"));//套餐id
36              Order order = new Order(memberId,date,setmealId);
37              List<Order> orderList = orderDao.findByCondition(order);
38              if(orderList != null && orderList.size() > 0){
39                  //用户在重复预约,不能完成预约
40                  return new Result(false,MessageConstant.HAS_ORDERED);
41              }
42          }
43          if(member == null){
44              //当前用户不是会员,需要自动完成注册
45              member = new Member();
46              member.setName((String) map.get("name"));
47              member.setPhoneNumber(telephone);
48              member.setIdCard((String) map.get("idCard"));
49              member.setSex((String) map.get("sex"));
50              member.setRegTime(new Date());
51              memberDao.add(member);
52          }
53          //保存预约信息
54          Order order = new Order(member.getId(),date,
55                  (String)map.get("orderType"),Order.ORDERSTATUS_NO,
56                  Integer.parseInt((String) map.get("setmealId")));
57          orderDao.add(order);
58          //更新已预约人数
59          orderSetting.setReservations(orderSetting.getReservations() + 1);
60          orderSettingDao.editReservationsByOrderDate(orderSetting);
61          return new
62              Result(true,MessageConstant.ORDER_SUCCESS,order.getId());
63      }
64  }
```

在上述代码中,第 16~17 行代码调用工具类 DateUtils 将用户在页面选择的体检日期的格式转换为 Date 类型。第 19~28 行代码调用 findByOrderDate( )方法查询用户是否在某日期进行过体验预约并判断该日期是否已经约满。第 30~52 行代码调用 findByTelephone( )方法查询当前用户是否为会员,如果是会员,调用 findByCondition( )方法查询该会员是否重复预约,若是重复预约则无法继续预约;如果不是会员,则调用 add( )方法将该用户自动注册为会员。第 54~60 行代码分别调用 add( )方法新增预约,调用 editReservationsByOrderDate( ) 方法更新已预约人数。

(7)实现持久层预约体检

在 health_service_provider 子模块的 com.itheima.dao 包下创建持久层接口 OrderDao,用于处理与体检预约相关的操作。具体代码如文件 8-6 所示。

文件 8-6 OrderDao.java

```
1  /**
2   * 持久层接口
3   */
4  public interface OrderDao {
5      public List<Order> findByCondition(Order order);//查询预约信息
6      public void add(Order order);//新增预约
7  }
```

上述代码中,第 5 行代码用于查询预约信息;第 6 行代码用于新增预约。

在 health_service_provider 子模块的 resources 文件夹的 com.itheima.dao 目录下创建与 OrderDao 接口同名的映射文件 OrderDao.xml。在文件中使用<insert>元素映射新增语句，使用<select>元素映射查询语句，具体代码如文件 8–7 所示。

文件 8-7　OrderDao.xml

```xml
1  <?xml version="1.0" encoding="UTF-8" ?>
2  <!DOCTYPE mapper PUBLIC "-//mybatis.org//DTD Mapper 3.0//EN"
3          "http://mybatis.org/dtd/mybatis-3-mapper.dtd" >
4  <mapper namespace="com.itheima.dao.OrderDao" >
5      <resultMap id="baseResultMap" type="com.itheima.pojo.Order">
6          <id column="id" property="id"/>
7          <result column="member_id" property="memberId"/>
8          <result column="orderDate" property="orderDate"/>
9          <result column="orderType" property="orderType"/>
10         <result column="orderStatus" property="orderStatus"/>
11         <result column="setmeal_id" property="setmealId"/>
12     </resultMap>
13     <!--新增-->
14     <insert id="add" parameterType="com.itheima.pojo.Order">
15         <selectKey resultType="java.lang.Integer" order="AFTER"
16                 keyProperty="id">
17             SELECT LAST_INSERT_ID()
18         </selectKey>
19         INSERT INTO t_order(member_id,orderDate,orderType,
20         orderStatus,setmeal_id)
21         VALUES (#{memberId},#{orderDate},#{orderType},
22         #{orderStatus},#{setmealId})
23     </insert>
24     <!--动态条件查询-->
25     <select id="findByCondition" parameterType="com.itheima.pojo.Order"
26             resultMap="baseResultMap">
27         SELECT * FROM t_order
28         <where>
29             <if test="id != null">
30                 AND id = #{id}
31             </if>
32             <if test="memberId != null">
33                 AND member_id = #{memberId}
34             </if>
35             <if test="orderDate != null">
36                 AND orderDate = #{orderDate}
37             </if>
38             <if test="orderType != null">
39                 AND orderType = #{orderType}
40             </if>
41             <if test="orderStatus != null">
42                 AND orderStatus = #{orderStatus}
43             </if>
44             <if test="setmealId != null">
45                 AND setmeal_id = #{setmealId}
46             </if>
47         </where>
48     </select>
49 </mapper>
```

在上述代码中，第 5~12 行代码通过<resultMap>元素映射结果集；第 14~23 行代码用于新增预约信息；第 25~48 行代码用于查询预约信息。

在 health_service_provider 子模块的 OrderSettingDao 接口中定义 findByOrderDate()方法和 editReservationsByOrderDate()方法，具体代码如下。

```
//根据日期查询预约设置信息
public OrderSetting findByOrderDate(Date date);
//更新已预约人数
public void editReservationsByOrderDate(OrderSetting orderSetting);
```

上述代码中，findByOrderDate()方法用于查询指定日期是否进行过预约设置并判断该日期是否已经约满；editReservationsByOrderDate()方法用于更新已预约人数。

在 health_service_provider 子模块的 OrderSettingDao.xml 映射文件中使用<select>元素映射查询语句，使用<update>元素映射更新语句，具体代码如下。

```
1  <!--根据日期查询预约设置信息-->
2  <select id="findByOrderDate" parameterType="date"
3       resultType="com.itheima.pojo.OrderSetting">
4     SELECT * FROM t_ordersetting WHERE orderDate = #{orderDate}
5  </select>
6  <!--更新已预约人数-->
7  <update id="editReservationsByOrderDate"
8       parameterType="com.itheima.pojo.OrderSetting">
9     UPDATE t_ordersetting SET reservations = #{reservations}
10    WHERE orderDate = #{orderDate}
11 </update>
```

上述代码中，第 2~5 行代码用于根据日期查询预约设置信息；第 7~11 行代码用于更新已预约人数。

（8）查询体检预约信息表 t_order

由于查询预约信息的功能暂未开发，所以此时跳转到 orderSuccess.html 页面并不会显示数据库中新增的预约信息。可以通过查询体检预约信息表 t_order 中的数据验证新增预约的结果，查询结果如图 8-16 所示。

图 8-16　新增预约查询结果

由图 8-16 可知，已成功向 t_order 表中插入预约 id 为 1 的预约数据，说明预约体检成功。

4. 跳转到预约成功页面

跳转到预约成功页面 orderSuccess.html 时，提交查询预约信息的请求，后台处理请求后，将查询结果返回到 orderSuccess.html 页面，具体实现如下。

（1）提交跳转到预约成功页面的请求

此时访问 orderSuccess.html 页面，并没有显示预约信息。查看 health_mobile 模块下 orderSuccess.html 页面的源代码，具体代码如下。

```
1  ......
2  <script src="../plugins/healthmobile.js"></script>
```

```
3  <script>
4      var id = getUrlParam("orderId");//预约id
5  </script>
6  ......
7  <div class="notice-item">
8      <div class="item-title">预约信息</div>
9      <div class="item-content">
10         <p>体检人：{{orderInfo.member}}</p>
11         <p>体检套餐：{{orderInfo.setmeal}}</p>
12         <p>体检日期：{{orderInfo.orderDate}}</p>
13         <p>预约类型：{{orderInfo.orderType}}</p>
14     </div>
15 </div>
16 <script>
17     var vue = new Vue({
18         el: '#app',
19         data: {
20             orderInfo: {}
21         },
22     });
23 </script>
24 ......
```

上述代码中，第 3~5 行代码用于获取当前 URL 地址栏中的预约 id；第 9~14 行代码用于展示预约信息；第 17~22 行代码定义 Vue 实例对象。

要实现跳转到 orderSuccess.html 页面之后展示预约信息，可以将查询预约信息的操作定义在 Vue 提供的钩子函数 created()中，created()函数在 Vue 对象初始化完成后自动执行，具体代码如下。

```
<script src="../plugins/vue/axios-0.18.0.js"></script>
<script>
    var vue = new Vue({
        ......
        created() {
            axios.post("/order/findById.do?id=" + id).then((response) =>{
                this.orderInfo = response.data.data;
            });
        }
    });
</script>
```

上述代码中，使用 Axios 发送异步请求，根据预约 id 查询预约信息并返回响应结果，将响应结果通过 Vue 数据双向绑定的方式在页面进行展示。

（2）实现查询预约控制器

在 health_mobile 模块的 OrderController 类中定义 findById()方法，用于接收和处理根据预约 id 查询预约信息的请求，具体代码如下。

```
//根据预约id查询预约信息
@RequestMapping("/findById")
public Result findById(Integer id){
    try{
        Map map = orderService.findById(id);
        return new Result(true,MessageConstant.QUERY_ORDER_SUCCESS,map);
    }catch (Exception e){
```

```
        e.printStackTrace();
        return new Result(false,MessageConstant.QUERY_ORDER_FAIL);
    }
}
```
上述代码中，调用 OrderService 接口的 findById()方法查询预约信息，然后将查询结果及对应的提示信息响应到页面。

（3）创建查询预约服务

在 health_interface 子模块的 OrderService 接口中定义 findById()方法，用于根据预约 id 查询预约信息，具体代码如下。

```
//根据预约id查询预约信息
public Map findById(Integer id);
```

（4）实现查询预约服务

在 health_service_provider 子模块的 OrderServiceImpl 类中重写 OrderService 接口的 findById()方法，用于根据预约 id 查询预约信息，具体代码如下。

```
//根据预约id查询预约详细信息，包括会员姓名、套餐名称、预约基本信息等
public Map findById(Integer id) {
    Map map = orderDao.findById4Detail(id);
    if(map != null){
        //处理日期格式
        Date orderDate = (Date) map.get("orderDate");
        try {
            map.put("orderDate",DateUtils.parseDate2String(orderDate));
        } catch (Exception e) {
            e.printStackTrace();
        }
    }
    return map;
}
```

上述代码中，调用 OrderDao 接口的 findById4Detail()方法查询预约信息，并返回查询结果。

（5）实现持久层查询预约信息

在 health_service_provider 子模块的 OrderDao 接口中定义 findById4Detail()方法，用于根据预约 id 查询预约信息，具体代码如下。

```
//根据预约id查询预约信息
public Map findById4Detail(Integer id);
```

在 health_service_provider 子模块的 OrderDao.xml 映射文件中使用<select>元素映射查询语句，查询预约信息，包括体检人信息和套餐信息，具体代码如下。

```
<!--根据预约id查询预约信息，包括体检人信息、套餐信息-->
<select id="findById4Detail" parameterType="int" resultType="map">
    SELECT m.name AS member,s.name AS setmeal,o.orderDate AS orderDate,
    o.orderType AS orderType
    FROM t_order o, t_member m, t_setmeal s
    WHERE o.member_id=m.id AND o.setmeal_id=s.id AND o.id=#{id}
</select>
```

（6）测试跳转到预约成功页面

依次启动 ZooKeeper 服务、health_service_provider 和 health_mobile，在浏览器中访问 http://localhost/pages/orderSuccess.html?orderId=22，如图 8-17 所示。

图 8-17 预约成功页面（2）

由图 8-17 可以看出，页面中成功地展示了预约信息，结果与图 8-15 中提交预约时输入的信息一致，说明可成功跳转到预约成功页面。

至此，体检预约模块的体检预约功能已经完成。

需要说明的是，在提交体检预约请求成功后，可以通过手机给用户发送短信通知，告知用户已完成预约。但是在短信服务中通知类短信需要申请签名和模板，而个人不具备申请资质，因此在本书中并没有实现预约成功后发送短信通知的功能。

任务 8-4　页面静态化

任务描述

用户登录用户端进行体检预约时，需要访问套餐列表页面和套餐详情页面，此时访问这两个页面，页面展示的所有信息都需要从数据库中查询，如果访问量大，会造成数据库的访问压力大、页面刷新缓慢等问题。从套餐包含的信息可以看出，套餐包含基本信息、对检查组的引用信息。一般情况下套餐内容变化频率不高，所以我们可以将套餐列表页面和套餐详情页面动态查询的结果分别转化成固定的静态页面进行展示，从而为数据库减压并提高系统运行性能。

任务分析

页面静态化就是将原来的动态网页使用静态化技术生成静态网页，这样用户在访问网页时，服务器直接响应静态页面，不需要反复查询数据库，从而有效降低数据库的访问压力。

与数据库中数据保持一致的静态页面才是有效可用的。当管理端执行套餐新增、编辑或删除的操作后，会改变套餐的信息，这时需要重新生成静态页面。页面静态化的具体实现思路如下。

（1）生成静态页面

通过对套餐管理的学习可知，在 health_service_provider 子模块的 SetmealServiceImpl 类中包含套餐的 add() 方法、edit() 方法和 delete() 方法，由于执行上述 3 个方法会改变套餐的内容，所以在这 3 个方法中需调用 generateMobileStaticHtml() 方法生成最新的套餐列表、套餐详情静态页面。

（2）展示静态页面

生成套餐列表、套餐详情静态页面后，访问用户端的体检预约模块，通过静态页面展示套餐列表和套餐详情。

知识进阶

实现页面静态化的方式有很多种，例如 FreeMarker、Thymeleaf 等。其中，FreeMarker 的性能较好，能够支持 JSP 标签；Thymeleaf 的可扩展性好，但是生成的模板必须符合 XML 规范，使用起来不方便。因此本书选择使用 FreeMarker 实现页面静态化。

下面对 FreeMarker 的相关知识进行详细讲解。

1. FreeMarker 概述

FreeMarker 是一款用 Java 语言编写的模板引擎，是一种基于模板和要改变的数据生成输出文本（例如，生成 HTML 页面、配置文件、源代码等）的通用工具。它不是面向最终用户的，而是一个 Java 类库，是一款可以嵌入其他产品的组件。

下面通过一张图简单说明 FreeMarker 是如何生成文件的，如图 8-18 所示。

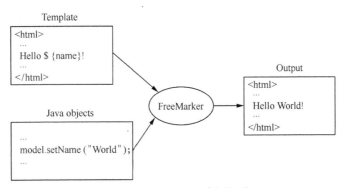

图 8-18　FreeMarker 生成文件示意

在图 8-18 中，Template 表示模板；Java objects 表示准备数据；Output 表示最终的文件。通过 FreeMarker 将数据填充到模板中，然后通过 Output 进行输出，最终生成静态文件。

FreeMarker 模板的开发语言是 FreeMarker Template Language（FreeMarker 模板语言，下文简称 FTL），FTL 的基本语法由文本、插值、FTL 标签和注释组成，具体如下。

- 文本：文本会按原样输出。
- 插值：这部分的输出会被计算的值替换。插值由 ${ and }（或者 #{ and }）分隔。
- FTL 标签：FTL 标签与 HTML 标签相似，用于给 FreeMarker 指示，不会在输出内容中显示。
- 注释：其注释与 HTML 的注释也很相似，是由 <#-- 和 --> 来分隔的。其注释会被 FreeMarker 直接忽略，不会在输出内容中显示。

2. FreeMarker 指令

FreeMarker 指令通过 FTL 标签调用，FreeMarker 标签的语法与 HTML、XML 标签的语法类似，为了对 FreeMarker 标签和 HTML、XML 标签予以区分，FreeMarker 标签以#开头。接下来讲解 FreeMarker 中 4 种常用的指令。

（1）assign 指令

assign 指令用于在页面上定义一个变量，可以定义简单类型和对象类型，具体代码如下。

- 定义简单类型

```
<#assign linkman="周先生">
联系人：${linkman}
```

上述代码中，指令都是以 "<#" 开始，以 ">" 结束的。其中，assign 是指令名称，linkman 是定义的变量名，不是固定写法，可以任意指定。通过${变量名}的方式获取变量值。

- 定义对象类型

```
<#assign info={"mobile":"13812345678",'address':'北京市昌平区'} >
电话：${info.mobile}  地址：${info.address}
```

上述代码中，定义对象 info，对象中包含两个变量 mobile 和 address。

（2）include 指令

include 指令用于文件的嵌套。例如创建文件 head.ftl，文件内容如下。

```
<h1>黑马程序员</h1>
```

创建文件 test.ftl，在 test.ftl 文件中使用 include 指令引入文件 head.ftl，具体代码如下。

```
1  <html>
2  <#include "head.ftl"/>
3  <body>
4      <#assign info={"mobile":"13812345678",'address':'北京市昌平区'} >
5      电话：${info.mobile}  地址：${info.address}
6  </body>
7  </html>
```

在上述代码中，第 2 行代码使用 include 指令引入文件 head.ftl。head.ftl 文件的内容会在 include 指令出现的位置插入。

（3）if 指令

if 指令用于判断，与 Java 中的 if 用法类似，具体代码如下。

```
<#if x == 1>
    x is 1
<#else if x == 2>
    x is 2
<#else if x = 3>
    x is 4
<#else>
    x is one
</#if>
```

在 FreeMarker 的判断中，可以使用 "="，也可以使用 "=="，二者含义相同。

（4）list 指令

list 指令用于遍历，具体代码如下。

```
<#list goodsList as goods>
    商品名称：${goods.name} 价格：${goods.price}<br>
</#list>
```

上述代码中，goodsList 表示想要被迭代的项，可以是集合或序列；goods 表示循环变量的名称，每次迭代时，循环变量会存储当前项的值。

任务实现

对任务进行分析后，确定了套餐列表页面和套餐详情页面静态化的实现思路。接下来对实现套餐列表页面的静态化和套餐详情页面的静态化进行详细讲解。

（1）提供静态页面模板

在 health_service_provider 子模块的 WEB-INF 目录下创建 ftl 目录，在 ftl 目录中创建模板文件 mobile_setmeal.ftl 和 mobile_setmeal_detail.ftl，使用 FreeMarker 技术生成套餐列表静态页面和套餐详情静态页面。由

于代码过长，这里不进行展示，读者可以从本书提供的配套资源中获取。

（2）引入 FreeMarker 的依赖

要想在 Java 程序中使用 FreeMarker 服务，需要引入 FreeMarker 的依赖。在 health_common 子模块的 pom.xml 文件中引入 FreeMarker 的依赖，具体代码如下。

```xml
<dependencies>
    ......
    <!--静态化页面-->
    <dependency>
        <groupId>org.freemarker</groupId>
        <artifactId>freemarker</artifactId>
        <version>2.3.23</version>
    </dependency>
</dependencies>
```

（3）创建 FreeMarker 配置文件

在 health_service_provider 子模块的 src/main/resources 目录下创建属性文件 freemarker.properties。具体代码如文件 8-8 所示。

文件 8-8　freemarker.properties

```
out_put_path=D:/a-czjk/\
    health_parent/health_mobile/src/main/webapp/pages
```

上述配置中，指定了生成的静态页面的存放位置。因为套餐列表页面与套餐详情页面是用户端的页面，所以我们指定的目录在 health_mobile 模块下。

需要注意的是，如果配置文件中的内容要换行显示，必须在换行的位置添加"\"，否则会报错；在指定静态页面存放的目录位置时，目录中不能有中文字符，否则会报错。

（4）Spring 与 FreeMarker 整合

在 health_service_provider 子模块的 spring-service.xml 配置文件中，添加 FreeMarker 相关配置对 Spring 与 FreeMarker 进行整合。具体代码如下。

```xml
1  <?xml version="1.0" encoding="UTF-8"?>
2  <beans xmlns="http://www.springframework.org/schema/beans"
3    ......
4    <bean id="freemarkerConfig" class=
5    "org.springframework.web.servlet.view.freemarker.FreeMarkerConfigurer">
6        <!--指定模板文件所在目录-->
7        <property name="templateLoaderPath" value="/WEB-INF/ftl/" />
8        <!--指定字符集-->
9        <property name="defaultEncoding" value="UTF-8" />
10   </bean>
11   <!--加载属性文件，后期在 Java 代码中会使用到属性文件中定义的 key 和 value-->
12   <context:property-placeholder
13                location="classpath:freemarker.properties"/>
14 </beans>
```

上述代码中，第 4~5 行代码用于声明 freemarkerConfig 对象；第 7 行代码指定模板文件所在目录；第 9 行代码指定字符集；第 12~13 行代码用于加载属性文件 freemarker.properties。

（5）生成静态页面

由于套餐新增、编辑和删除的执行过程是在 SetmealServiceImpl 类中完成的，为了方便代码调用，我们可以在 health_service_provider 子模块的 SetmealServiceImpl 类中增加生成静态页面的代码。具体代码如下。

```
1  ......
2  public class SetmealServiceImpl implements SetmealService {
3    ......
4    @Autowired
```

```java
5      private FreeMarkerConfigurer freeMarkerConfigurer;
6      @Value("${out_put_path}")
7      private String outPutPath;//从属性文件中读取要生成的静态页面存放的目录
8      //生成当前方法所需的静态页面
9      public void generateMobileStaticHtml(){
10         //在生成静态页面之前需要查询数据
11         List<Setmeal> list = setmealDao.findAll();//查询套餐列表数据
12         generateMobileSetmealListHtml(list);//生成套餐列表静态页面
13         generateMobileSetmealDetailHtml(list);//生成套餐详情静态页面
14     }
15     //生成套餐列表静态页面（一个）
16     public void generateMobileSetmealListHtml(List<Setmeal> list){
17         Map map = new HashMap();
18         map.put("setmealList",list);//为模板提供数据，用于生成静态页面
19         generateHtml("mobile_setmeal.ftl","m_setmeal.html",map);
20     }
21     //生成套餐详情静态页面（多个）
22     public void generateMobileSetmealDetailHtml(List<Setmeal> setmealList){
23         for (Setmeal setmeal : setmealList) {
24             Map<String, Object> dataMap = new HashMap<String, Object>();
25             dataMap.put("setmeal",
26                     setmealDao.findById4Detail(setmeal.getId()));
27             generateHtml("mobile_setmeal_detail.ftl",
28                     "setmeal_detail_"+setmeal.getId()+".html",dataMap);
29         }
30     }
31     //通用的方法，用于生成静态页面
32     public void generateHtml(String templateName,String htmlPageName,
33                              Map map){
34         Configuration configuration =
35                 freeMarkerConfigurer.getConfiguration();//获得配置对象
36         Writer out = null;
37         try {
38             Template template = configuration.getTemplate(templateName);
39             //构造输出流
40             out = new FileWriter(new File(outPutPath + "/" + htmlPageName));
41             //输出文件
42             template.process(map,out);
43             out.close();
44         } catch (Exception e) {
45             e.printStackTrace();
46         }
47     }
48 }
```

上述代码中，第 6~7 行代码实现从属性文件中读取要生成的静态页面存放的目录；第 11 行代码调用 findAll()方法查询套餐列表数据；第 16~20 行代码为模板注入数据，调用 generateHtml()方法生成套餐列表静态页面，其中，第 19 行代码定义生成的套餐列表静态页面的名称为 m_setmeal.html。

第 22~30 行代码遍历套餐列表生成每个套餐详情的静态页面，其中，第 25~26 行代码调用 findById4Detail()方法查询套餐详情，第 27~28 行代码调用 generateHtml()方法生成套餐详情静态页面，定义生成的套餐详情静态页面的名称为 setmeal_detail_套餐 id.html，其中，套餐 id 是变量，随被查看的套餐 id 而定。

（6）实现套餐查询方法

在 generateMobileStaticHtml()方法中调用了 SetmealDao 接口中的 findAll()方法查询套餐列表，调用了

findById4Detail()方法查询套餐详情，由于这2个方法已经在套餐列表功能和套餐详情功能中实现，所以这里不再重复讲解，直接调用即可。

（7）完善 SetmealServiceImpl 类中的方法

当我们在管理端对套餐进行新增、编辑或删除操作时，会导致套餐内容发生改变，这时需要重新生成静态页面。在 SetmealServiceImpl 类的 add()、edit()和 delete()方法中调用生成静态页面的 generateMobileStaticHtml()方法，具体代码如下。

```
1  ......
2  public class SetmealServiceImpl implements SetmealService {
3      //新增套餐，同时关联检查组
4      public void add(Setmeal setmeal, Integer[] checkgroupIds) {
5          ......
6          this.generateMobileStaticHtml();//生成静态页面
7      }
8      //编辑套餐
9      public void edit(Setmeal setmeal, Integer[] checkgroupIds) {
10         ......
11         this.generateMobileStaticHtml();//生成静态页面
12     }
13     //根据套餐id删除套餐
14     public void delete(Integer id) {
15         ......
16         this.generateMobileStaticHtml();//生成静态页面
17     }
18     ......
19 }
```

上述代码中，第6行、第11行、第16行代码调用 generateMobileStaticHtml()方法，在套餐新增、编辑或删除操作执行后生成静态页面。

（8）修改用户端访问地址

从定义的 generateMobileSetmealListHtml()方法中可以得知，生成的套餐列表静态页面名称为 m_setmeal.html，为了能够在用户端访问到此页面，需要对 health_mobile 模块下 index.html 页面中体检预约的超链接地址进行修改，将/pages/setmeal.html 修改为/pages/m_setmeal.html。具体代码如下。

```
1  ......
2  <li class="type-item">
3      <a href="/pages/m_setmeal.html" class="link-page">
4          <div class="type-title">
5              <h3>体检预约</h3>
6              <p>实时预约</p>
7          </div>
8          <div class="type-icon">
9              <i class="icon-zhen">
10                 <span class="path1"></span><span class="path2"></span>
11             </i>
12         </div>
13     </a>
14 </li>
15 ......
```

上述代码中，第3行代码中的超链接地址修改为/pages/m_setmeal.html，用于访问套餐列表静态页面。

（9）测试静态页面展示

启动 ZooKeeper 服务，在 IDEA 中依次启动 health_service_provider 和 health_backend。以执行套餐编辑操作为例，生成套餐列表静态页面与套餐详情静态页面。生成的静态页面的存放位置如图8-19所示。

图 8-19 生成的静态页面的存放位置

从图 8-19 中可以看出，health_mobile 模块指定目录下生成了套餐列表静态页面和每个套餐详情的静态页面。在 IDEA 中启动 health_mobile，在浏览器中访问 http://localhost/pages/m_setmeal.html，如图 8-20 所示。

图 8-20 套餐列表静态页面展示

在图 8-20 所示的静态页面中展示了套餐列表，与图 8-4 所示的套餐列表完全一致，这说明通过静态页面展示套餐列表成功。在列表中选择名称为肝肾检查的套餐，进入套餐详情静态页面，如图 8-21 所示。

图 8-21　套餐详情静态页面展示

由图 8-21 可以看出，静态页面中展示了套餐的详细信息，与图 8-7 所示的完全一致，这说明通过静态页面展示套餐详情成功。

至此，体检预约模块的页面静态化功能已经完成。

模块小结

本模块主要对用户端的体检套餐展示、体检预约和页面静态化进行了讲解。首先讲解了套餐列表和套餐详情的功能；然后讲解了体检预约的功能；最后讲解了 FreeMarker 静态页面生成技术的配置及使用，并讲解了通过静态页面展示套餐列表和套餐详情的功能。希望通过本模块的学习，读者可以掌握用户端套餐列表、套餐详情和体检预约的操作，熟悉 FreeMarker 的配置及使用，并熟悉生成套餐列表和套餐详情静态页面的操作。

模块九

管理端——统计分析

知识目标

了解 ECharts，能够说出 ECharts 的作用

技能目标

1. 掌握会员数量统计的实现，能够使用 ECharts 绘制会员数量统计图形报表
2. 掌握套餐预约占比统计的实现，能够使用 ECharts 绘制套餐预约占比统计图形报表
3. 掌握运营数据报表的实现

通过对数据进行统计分析，可以更直观地反映出健康管理机构的运营情况，有利于管理者了解用户需求，完善体检产品，从而提高服务质量。传智健康管理端的统计分析包括会员数量统计、套餐预约占比统计和运营数据统计。接下来，本模块将对管理端的统计分析进行详细讲解。

任务 9-1　会员数量统计

任务描述

图形报表可以将文字数据转化为具象直观的图形数据，其中折线图可以更好地展示一段时间内数据的变化趋势。会员信息是传智健康的核心数据之一，其中会员数量的变化趋势能够反映出传智健康的部分运营情况。查看会员数量统计页面的布局和结构，即在浏览器中访问 report_member.html 页面（如图 9-1 所示），以便完成会员数量统计图形报表的绘制。

在图 9-1 中，report_member.html 页面通过折线图展示最近一年内每月的会员数量，从而可观察会员数量的变化趋势。

模块九　管理端——统计分析　241

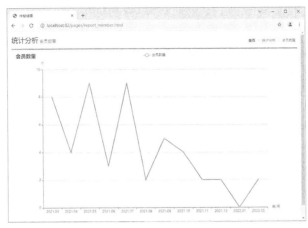

图 9-1　会员数量统计页面

任务分析

访问 report_member.html 页面时获取会员数量，并通过折线图进行展示。接下来以此分析会员数量统计的实现思路，具体如下。

（1）提交查询会员数量的请求

访问 report_member.html 页面，提交查询会员数量的请求。

（2）接收和处理查询会员数量的请求

客户端发起查询会员数量的请求后，由控制器类 ReportController 的 getMemberReport( )方法接收页面提交的请求，并调用 MemberService 接口的 findMemberCountByMonths( )方法查询会员数量。

（3）查询会员数量

在 MemberServiceImpl 类中重写 MemberService 接口的 findMemberCountByMonths( )方法，在方法中调用 MemberDao 接口的 findMemberCountBeforeDate( )方法，用于查询指定日期范围的会员数量。

（4）展示查询结果

ReportController 类中的 getMemberReport( )方法将查询结果返回 report_member.html 页面，report_member.html 页面根据返回结果绘制折线图并展示。

为了让读者更清晰地了解会员数量统计的实现过程，下面通过一张图进行描述，如图 9-2 所示。

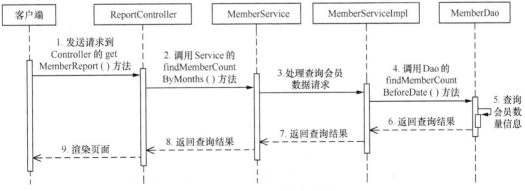

图 9-2　会员数量统计的实现过程

知识进阶

ECharts（Enterprise Charts，商业级数据图表）是一个基于 JavaScript 的开源可视化图表库，它最初由百度团队开发，于 2018 年初捐赠给 Apache 基金会，成为 ASF 孵化级项目。ECharts 可以流畅地运行在 PC 和移动设备上，兼容当前绝大部分浏览器，例如 Chrome、Firefox、Safari 等，它的底层依赖轻量级的矢量图形库 ZRender，可提供直观、交互丰富、可高度个性化定制的数据可视化图表。

为了让大家快速了解 ECharts 的基本使用方法，接下来从 ECharts 下载、官方示例和快速上手这 3 个方面对 ECharts 进行详细讲解。

1. ECharts 下载

访问 ECharts 官网首页，如图 9-3 所示。

图 9-3 ECharts 官网首页

在图 9-3 所示的页面中，单击菜单栏"下载"下拉列表框中的"下载"按钮，进入 ECharts 下载页面，如图 9-4 所示。

图 9-4 ECharts 下载页面

从图 9-4 可以看出，官网提供了 ECharts 的两种下载方式，分别是从镜像网站下载源代码和从 GitHub 下载编译产物。其中，从镜像网站下载源代码时，需要检查 SHA-512 并检验 OpenPGP 与 Apache 主站的签名是否一致，操作过程比较复杂，因此我们选择从 GitHub 下载 ECharts。5.2.2 版本是本书完稿时的最新版本，因此本书选择 5.2.2 版本进行下载，单击"Dist"超链接进入 ECharts 5.2.2 的下载页面，如图 9-5 所示。

图 9-5 ECharts 5.2.2 的下载页面

从图 9-5 可以看出，ECharts 提供了多个扩展名为 .js 的文件。其中，echarts.common.js 包含常见的图表和组件；echarts.min.js 包含最常用的图表和组件；echarts.js 包含所有的图表和组件，是最完整的，建议初学者选择 echarts.js 文件下载。将下载的 echarts.js 添加到 health_backend 子模块的 src/main/webapp/plugins/echarts 目录下，如图 9-6 所示。

添加 echarts.js 文件后，后续使用 ECharts 绘制图表时只需要在页面中引入 echarts.js 文件即可。为了方便读者使用，在本书的配套资源中提供了下载好的 echarts.js 文件。

2. ECharts 官方示例

在 ECharts 官网中提供了很多的示例，我们可以通过这些官方示例查看图表的使用方法和图表效果。在图 9-3 所示的页面中，单击"示例"，进入 ECharts 图表示例页面，如图 9-7 所示。

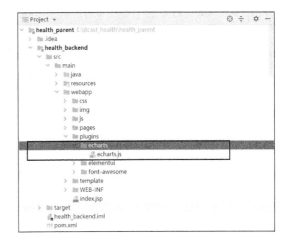

图 9-6 添加 echarts.js 文件

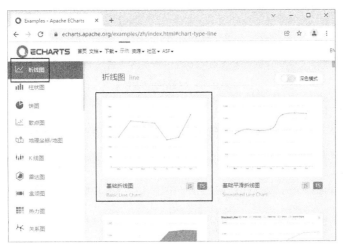

图 9-7 ECharts 图表示例页面

在图9-7中，左侧导航栏展示了多种图表分类，用户可以根据类型进行查看，每种类型的图表有多种展示方式，如果想查看某一图表的 JavaScript 代码，直接单击对应图表即可查看。下面以查看基础折线图的 JavaScript 代码为例，如图9-8所示。

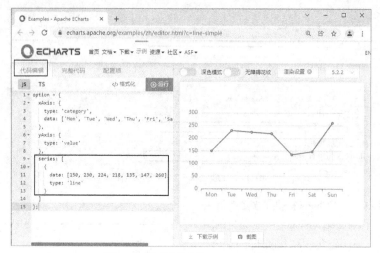

图9-8 基础折线图的 JavaScript 代码

在图9-8中，左侧展示示例对应的 JavaScript 代码，右侧展示图表效果。我们可以通过编辑代码中的数据，测试折线图的图表效果。例如，将 series 中 data 数组的值全部修改为 100，修改后的图表效果如图9-9所示。

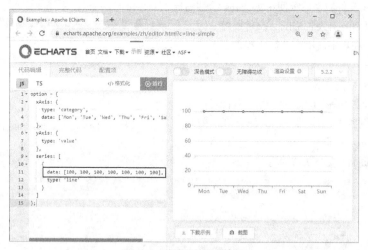

图9-9 修改后的图表效果

3. ECharts 快速上手

通过对 ECharts 官方示例的学习，我们对 ECharts 的使用也有了基本的了解，接下来可以进一步学习 ECharts 的使用方法，具体如下。

（1）引入 ECharts

创建一个名称为 echarts_example 的 HTML 文件，在文件中引入 echarts.js，并定义一个 DOM 容器。具体代码如文件9-1所示。

文件9-1 echarts_example.html

```
1  <!DOCTYPE html>
2  <html>
```

```
3  <head>
4      <meta charset="utf-8" />
5      <!-- 引入刚刚下载的 ECharts 文件 -->
6      <script src="D:/echarts/echarts.js"></script>
7  </head>
8  <body>
9      <!-- 为 ECharts 准备一个定义了宽和高的 DOM -->
10     <div id="main" style="width: 600px;height:400px;"></div>
11 </body>
12 </html>
```

上述代码中，第 6 行代码用于引入 echarts.js 文件。由于每个人存放 echarts.js 文件的路径不同，所以读者需根据各自情况引入 echarts.js 文件；第 10 行代码定义了一个 DOM，用于展示 ECharts 图表。

（2）绘制图表

ECharts 官方示例中列举了很多常用图表的使用方法，为了使初学者更好地理解这些方法，下面通过一个案例来学习这些方法的使用，即使用折线图展示最近一周内最高气温的变化情况。

在 echarts_example.html 页面中绘制折线图图表，基于 DOM 使用 echarts.init( )方法初始化 echarts 实例，并通过 setOption( )方法生成简单的折线图，具体代码如下。

```
1  <script type="text/javascript">
2      // 基于准备好的 DOM，初始化 echarts 实例
3      var myChart = echarts.init(document.getElementById('main'));
4      // 指定图表的配置项和数据
5      var option = {
6          title: {
7              text: 'ECharts 入门示例'
8          },
9          tooltip: {},
10         legend: {
11             data: ['一周内的温度变化']
12         },
13         xAxis: {//横轴
14             data: ['周一','周二','周三','周四','周五','周六','周日'],
15             name:'星期'
16         },
17         yAxis: {
18             name:'摄氏度'
19         },//纵轴
20         series: [
21             {
22                 name: '一周内的温度变化',
23                 type: 'line',
24                 data: [10, 5, 11, 17, 1, 8, 9]
25             }
26         ]
27     };
28     // 使用刚指定的配置项和数据生成图表
29     myChart.setOption(option);
30 </script>
```

上述代码中，第 3 行代码用于初始化 echarts 实例；第 5~27 行代码用于指定图表的配置项和数据，以实现图表绘制；第 29 行代码用于在页面的指定位置生成图表。

（3）测试效果

代码编写完成后，使用浏览器打开 echarts_example.html 页面，绘制的折线图如图 9-10 所示。

从图9-10可以看出，图表呈现的数据与在echarts_example.html 页面中设置的数据是一致的，说明使用 ECharts 绘制图表成功。

任务实现

在 report_member.html 页面中提交查询会员数量的请求，后台接收并处理查询会员数量的请求后，将查询结果返回 report_member.html 页面。接下来对会员数量统计图形报表的实现进行详细讲解。

（1）提交查询会员数量的请求

此时访问 report_member.html 页面，页面中没有图表显示。查看 health_backend 子模块下 report_member.html 页面的源代码，具体代码如下。

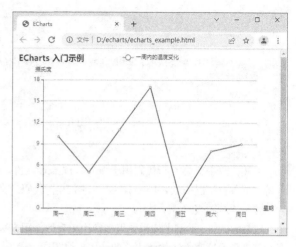

图 9-10　绘制的折线图

```
1   <html>
2       <head>
3           ......
4       </head>
5       <body class="hold-transition">
6           <div id="app">
7               ......
8               <div class="app-container">
9                   <div class="box">
10                      <!-- 为 ECharts 准备一个指定高度的 DOM -->
11                      <div id="chart1" style="height:600px;"></div>
12                  </div>
13              </div>
14          </div>
15      </body>
16  </html>
```

上述代码中，第9～12行代码定义了一个指定高度的 DOM 容器，其 id 为 chart1。

从页面源代码可以看出，在 report_member.html 页面上创建了一个 DOM 容器 chart1，可以通过 echarts.js 中的 echarts.init()方法初始化容器 chart1，然后使用 Axios 发送异步请求获取图表需要的会员数量，最后调用 setOption()方法生成折线图。具体代码如下。

```
1   <!-- 引入组件库 -->
2   <script src="../js/axios-0.18.0.js"></script>
3   <script src="../plugins/echarts/echarts.js"></script>
4   <script type="text/javascript">
5       // 基于准备好的 DOM, 初始化 echarts 实例
6       var myChart1 = echarts.init(document.getElementById('chart1'));
7       axios.get("/report/getMemberReport.do").then((res)=>{
8           myChart1.setOption(
9           {
10              title: {
11                  text: '会员数量'
12              },
13              tooltip: {},
14              legend: {
15                  data:['会员数量'],
```

```
16                  name:'年/月'
17              },
18              xAxis: {
19                  data: res.data.data.months,
20                  name:'个'
21              },
22              yAxis: {
23                  type:'value'
24              },
25              series: [{
26                  name: '会员数量',
27                  type: 'line',
28                  data: res.data.data.memberCount
29              }]
30          });
31      });
32  </script>
```

上述代码中，第 3 行代码用于引入 echarts.js 文件；第 6 行代码用于初始化 chart1 容器；第 7~31 行代码使用 Axios 发送异步请求查询会员数量，并处理响应结果，其中，第 10~24 行代码用于绘制图表的标题、图例、x 轴和 y 轴，第 25~29 行代码用于设置图表的数据和图表类型。

（2）实现查询会员数量控制器

查询会员数量时，先获取当前日期之前 12 个月的年份和月份，然后依次根据获取的时间查询指定日期的会员数量，并将结果保存在 Map 集合中。

在 health_backend 子模块的 com.itheima.controller 包下创建控制器类 ReportController，在类中定义 getMemberReport()方法，用于接收和处理获取会员数量的请求。具体代码如文件 9-2 所示。

文件 9-2　ReportController.java

```
1   /**
2    * 数据统计
3    */
4   @RestController
5   @RequestMapping("/report")
6   public class ReportController {
7       @Reference
8       private MemberService memberService;
9       //获取会员数量统计数据
10      @RequestMapping("/getMemberReport")
11      public Result getMemberReport(){
12          try{
13              //动态获取当前日期之前12个月的年份和月份，并封装到集合中
14              List<String> months = new ArrayList<>();
15              Calendar calendar = Calendar.getInstance();
16              calendar.add(Calendar.MONTH,-12);
17              for(int i = 0;i<12;i++){
18                  calendar.add(Calendar.MONTH,1);
19                  months.add(DateUtils.parseDate2String(
20                          calendar.getTime(),"yyyy.MM"));
21              }
22              //根据月份查询对应的会员数量
23              List<Integer> memberCount = memberService.
24                          findMemberCountByMonths(months);
25              Map<String,Object> data = new HashMap<>();//用于封装结果
```

```
26              data.put("months",months);//月份
27              data.put("memberCount",memberCount);//会员数量
28              return new Result(true, MessageConstant.
29                              GET_MEMBER_NUMBER_REPORT_SUCCESS,data);
30          }catch (Exception e){
31              e.printStackTrace();
32              return new Result(false, MessageConstant.
33                              GET_MEMBER_NUMBER_REPORT_FAIL);
34          }
35      }
36 }
```

上述代码中，第 14～21 行代码用于动态获取当前日期之前 12 个月的年份和月份并封装到 months 集合中；第 23～27 行代码调用接口 findMemberCountByMonths( )方法查询会员数量并将查询结果封装在 data 集合中；第 28～29 行代码返回查询提示信息和会员数据。

（3）创建查询会员数量服务

在 health_interface 子模块的 MemberService 接口中定义 findMemberCountByMonths( )方法，用于查询会员数量，具体代码如下。

```
//查询会员数量
public List<Integer> findMemberCountByMonths(List<String> months);
```

（4）实现查询会员数量服务

查询会员数量时，需要根据年份、月份判断当月的总天数，从而计算出当月的最后一天的日期；然后根据指定日期范围查询当月的会员数量。在 health_service_provider 子模块的 MemberServiceImpl 类中重写 MemberService 接口的 findMemberCountByMonths( )方法，用于查询会员数量，具体代码如下。

```
1  //根据指定日期范围查询会员数量
2  @Override
3  public List<Integer> findMemberCountByMonths(List<String> months) {
4      List<Integer> memberCounts = new ArrayList<>();
5      if(months != null && months.size() > 0){
6          for (String month : months) {//
7              String beginTime = month + ".1";//每月第一天
8              String endTime = month + ".31";//每月最后一天
9              String[] strings = month.split("\\.");//分割数据 month
10             String[] strings1 = {"4","6","9","11","04","06","09"};//30 天
11 int year=Integer.parseInt(strings[0]) ;
12 if(year%4 !=0 &&(strings[1].contains("2") || strings[1].contains("2"))) {
13             end = month + ".28";//不是闰年
14         } else if ((year % 4 == 0 && year %100!=0 || year %400==0)
15             && (strings[1].contains("2") || strings[1].contains("2"))) {
16             end = month + ".29";//闰年
17         }else if (Arrays.asList(strings1).contains(strings[1])){
18             endTime = month + ".30";//每月 30 天
19         }
20         Map<String,String> map = new HashMap<>();//封装查询参数
21         map.put("begin",beginTime);
22         map.put("end",endTime);
23         Integer memberCount = memberDao.findMemberCountBeforeDate(map);
24         memberCounts.add(memberCount);
25     }
26  }
27  return memberCounts;
28 }
```

上述代码中，第 6~25 行代码用于实现集合遍历，调用 findMemberCountBeforeDate()方法查询指定日期范围的会员数量，其中，第 7~19 行代码用于设置查询参数，第 20~22 行代码用于封装查询参数。

（5）实现持久层查询会员数量

在 health_service_provider 子模块的 MemberDao 接口中定义 findMemberCountBeforeDate()方法，用于根据指定日期范围查询会员数量，具体代码如下。

```
//根据指定日期范围查询会员数量
public Integer findMemberCountBeforeDate(Map<String,String> map);
```

在 health_service_provider 子模块的 MemberDao.xml 映射文件中使用<select>元素映射查询语句，根据指定日期范围查询会员数量，具体代码如下。

```
<!--根据指定日期范围查询会员数量-->
<select id="findMemberCountBeforeDate" parameterType="map"
        resultType="int">
    SELECT count(id) FROM t_member WHERE regTime BETWEEN #{begin} AND #{end}
</select>
```

（6）测试会员数量统计

启动 ZooKeeper 服务，在 IDEA 中依次启动 health_service_provider 和 health_backend，在浏览器中访问 http://localhost:82/pages/report_member.html，如图 9-11 所示。

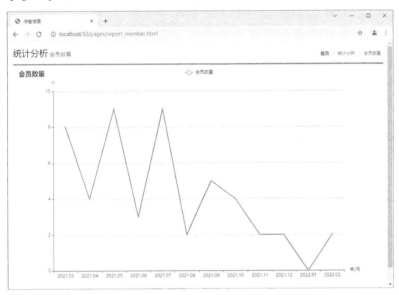

图 9-11　会员数量统计图形报表

从图 9-11 可以看出，通过折线图清晰地展示了最近 12 个月会员数量的变化趋势。

至此，完成了会员数量统计的功能。

任务 9-2　套餐预约占比统计

任务描述

体检套餐是健康管理机构的重要产品，通过分析各个套餐的预约占比，可以了解不同群体的体检需求，进而可优化套餐结构。图形报表中的饼图可以对各项数据的大小和其占比情况进行直观展示，因此我们可以通过饼图展示套餐预约占比。在浏览器中访问套餐预约占比统计页面 report_setmeal.html，如图 9-12 所示。

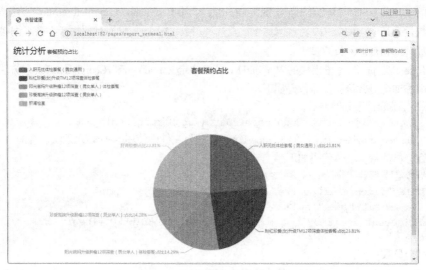

图 9-12 套餐预约占比统计页面

在图 9-12 中，饼图表示套餐预约总数，饼图中颜色不同、大小不同的扇形区表示各个套餐的占比。

任务分析

访问 report_setmeal.html 页面时，查询到的套餐预约数量会以饼图展示。关于套餐预约占比统计的实现思路，具体如下。

（1）提交查询套餐预约数量请求

访问 report_setmeal.html 页面时，提交查询套餐预约数量的请求。

（2）接收和处理查询套餐预约数量的请求

客户端发起查询套餐预约数量的请求后，由 ReportController 类中的 getSetmealReport( )方法接收页面提交的请求，并调用 SetmealService 接口的 getSetmealReport( )方法查询套餐预约数量。

（3）查询套餐预约数量

在 SetmealServiceImpl 类中重写 SetmealService 接口的 getSetmealReport( )方法，在该方法中调用 SetmealDao 接口的 getSetmealReport( )方法，用于查询套餐预约数量。

（4）展示查询结果

ReportController 类中的 getSetmealReport( )方法将查询结果返回 report_setmeal.html 页面后，report_setmeal.html 页面根据返回结果绘制饼图并展示。

为了让读者更清晰地了解套餐预约占比统计的实现过程，下面通过一张图进行描述，如图 9-13 所示。

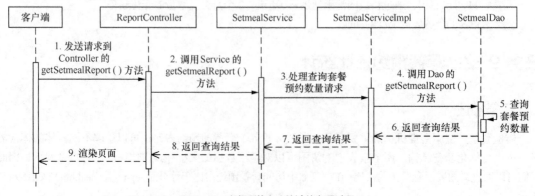

图 9-13 套餐预约占比统计的实现过程

任务实现

在 report_setmeal.html 页面中提交查询套餐预约数量的请求，后台接收并处理查询套餐预约数量的请求后，将查询结果返回 report_setmeal.html 页面。接下来对套餐预约占比统计图形报表的实现进行详细讲解。

（1）提交查询套餐预约数量的请求

此时访问 report_setmeal.html 页面，页面没有图表显示。查看 health_backend 子模块下 report_setmeal.html 页面的源代码，具体代码如下。

```html
1  <html>
2      <head>
3          ......
4      </head>
5      <body class="hold-transition">
6          <div id="app">
7              <div class="content-header">
8                  <h1>统计分析<small>套餐预约占比</small></h1>
9                  ......
10             </div>
11             <div class="app-container">
12                 <div class="box">
13                     <!-- 为 ECharts 准备一个指定高度的 DOM -->
14                     <div id="chart1" style="height:600px;"></div>
15                 </div>
16             </div>
17         </div>
18     </body>
19 </html>
```

上述代码中，第 12~15 行代码定义了一个指定高度的 DOM 容器，其 id 为 chart1。

从页面源代码可以看出，在 report_setmeal.html 页面上创建了一个 DOM 容器 chart1，可以通过 echarts.js 中的 echarts.init() 方法初始化容器 chart1，然后使用 Axios 发送异步请求获取套餐预约数量，最后调用 setOption() 方法生成饼图，具体代码如下。

```html
1  <script src="../js/axios-0.18.0.js"></script>
2  <script src="../plugins/echarts/echarts.js"></script>
3  <script type="text/javascript">
4      // 基于准备好的 DOM，初始化 Echarts 实例
5      var myChart1 = echarts.init(document.getElementById('chart1'));
6      axios.get("/report/getSetmealReport.do").then((res)=>{
7          myChart1.setOption({
8              title : {//图表名称
9                  text: '套餐预约占比',
10                 subtext: '',
11                 x:'center'
12             },
13             tooltip : {//提示框组件
14                 trigger: 'item',//触发类型，在饼图中为 item
15                 formatter: "{a} <br/>{b} : {c} ({d}%)"//提示内容格式
16             },
17             legend: {
18                 orient: 'vertical',
19                 left: 'left',
20                 data: res.data.data.setmealNames
21             },
22             series : [//数据系列
23                 {
```

```
24                name: '套餐预约占比',
25                type: 'pie',
26                radius : '55%',
27                center: ['50%', '60%'],
28                label:{
29                    normal:{
30                        show:true,
31                        formatter:"{b}:占比{d}%"
32                    }
33                },
34                data:res.data.data.setmealCount,
35                itemStyle: {
36                    emphasis: {
37                        shadowBlur: 10,
38                        shadowOffsetX: 0,
39                        shadowColor: 'rgba(0, 0, 0, 0.5)'
40                    }
41                }
42            }
43        ]
44    });
45 });
46 </script>
```

上述代码中，第 2 行代码用于引入 echarts.js 文件；第 5 行代码用于实现 chart1 容器初始化；第 6~45 行代码使用 Axios 发送异步请求查询套餐预约数量，并处理响应结果，其中，第 7~44 行代码用于绘制饼图，设置图表配置项和数据。

（2）实现查询套餐预约数量控制器

在 health_backend 子模块的 ReportController 类中定义 getSetmealReport( )方法，用于接收和处理获取套餐预约数量的请求，具体代码如下。

```
1  @Reference
2  private SetmealService setmealService;
3  //获取套餐预约数量
4  @RequestMapping("/getSetmealReport")
5  public Result getSetmealReport(){
6      try{
7          List<String> setmealNames = new ArrayList<>();//封装套餐名称集合
8          //套餐名称和预约数量集合
9          List<Map> setmealCount = setmealService.getSetmealReport();
10         if(setmealCount != null && setmealCount.size() > 0){
11             for (Map map : setmealCount) {
12                 String name = (String) map.get("name");//套餐名称
13                 setmealNames.add(name);
14             }
15         }
16         Map<String,Object> map = new HashMap<>();//封装返回结果
17         map.put("setmealNames",setmealNames);
18         map.put("setmealCount",setmealCount);
19         return new Result(true, MessageConstant.
20                     GET_SETMEAL_COUNT_REPORT_SUCCESS,map);
21     }catch (Exception e){
22         e.printStackTrace();
23         return new Result(false, MessageConstant.
24                     GET_SETMEAL_COUNT_REPORT_FAIL);
25     }
26 }
```

上述代码中，第1~2行代码注入管理端套餐管理服务；第9行代码调用getSetmealReport()方法查询套餐名称和预约数量；第16~18行代码用于封装返回结果；第19~20行代码返回查询成功提示信息和套餐预约数量。

（3）创建查询套餐预约数量服务

在health_interface子模块的SetmealService接口中定义getSetmealReport()方法，用于查询套餐预约数量，具体代码如下。

```
//查询套餐预约数量
public List<Map> getSetmealReport();
```

（4）实现查询套餐预约数量服务

在health_service_provider子模块的SetmealServiceImpl类中重写SetmealService接口的getSetmealReport()方法，用于查询套餐预约数量，具体代码如下。

```
//查询套餐预约数量
@Override
public List<Map> getSetmealReport() {
    return setmealDao.getSetmealReport();
}
```

（5）实现持久层查询套餐预约数量

在health_service_provider子模块的SetmealDao接口中定义getSetmealReport()方法，用于查询套餐预约数量，具体代码如下。

```
//查询套餐预约数量
public List<Map> getSetmealReport();
```

在health_service_provider子模块的SetmealDao.xml映射文件中使用<select>元素映射查询语句，根据套餐id查询套餐预约数量，具体代码如下。

```
1  <!--查询套餐预约数量-->
2  <select id="getSetmealReport" resultType="map">
3     SELECT s.name,count(o.setmeal_id) AS value
4       FROM t_order o,t_setmeal s
5      WHERE o.setmeal_id = s.id
6      GROUP BY s.name
7  </select>
```

上述代码中，第6行代码使用GROUP BY设置分组查询的条件。

（6）测试套餐预约占比统计

依次启动ZooKeeper服务、health_service_provider和health_backend，在浏览器中访问http://localhost:82/pages/report_setmeal.html，如图9-14所示。

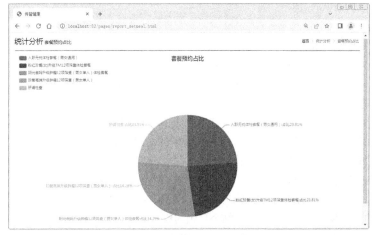

图9-14　套餐预约占比统计图形报表

从图 9-14 可以看出，通过饼图清晰地展示了各个套餐的预约占比情况。

至此，完成了套餐预约占比统计的功能。

任务 9-3 运营数据统计

任务描述

传智健康的运营数据包括会员数据、预约到诊数据和热门套餐三部分内容，通过对运营数据进行统计与分析，能够及时发现运营过程中存在的问题，从而更好地完善体检产品和服务。在浏览器中访问 report_business.html 页面查看页面布局和结构，如图 9-15 所示。

图 9-15 运营数据统计页面

任务分析

访问 report_business.html 页面时查询运营数据，并将其按照运营数据统计页面的内容分布进行展示。接下来分析运营数据报表的实现思路，具体如下。

（1）提交查询运营数据的请求

访问运营数据统计页面 report_business.html 时，提交查询运营数据的请求。

（2）接收和处理查询运营数据请求

客户端发起查询运营数据的请求后，由 ReportController 类中的 getBusinessReportData() 方法接收页面提交的请求，并调用 ReportService 接口的 getBusinessReportData() 方法查询运营数据。

（3）查询运营数据

在 ReportServiceImpl 类中重写 ReportService 接口的 getBusinessReportData() 方法查询运营数据，运营数据包括会员数据、预约到诊数据和热门套餐，这三部分数据的查询思路如下。

① 查询会员数据。会员数据包括新增会员数、总会员数、本周新增会员数和本月新增会员数。在 getBusinessReportData() 方法中依次调用 MemberDao 接口中的 findMemberCountByDate() 方法、findMemberTotalCount() 方法、findMemberCountAfterDate() 方法，分别实现查询新增会员数、总会员数、指定日期范围的会员数。

② 查询预约到诊数据。预约到诊数据包括今日预约数、今日到诊数、本周预约数、本周到诊数、本月预约数、本月到诊数。在 getBusinessReportData() 方法中依次调用 OrderDao 接口中的 findOrderCountByDate()

方法、findVisitsCountByDate( )方法、findOrderCountAfterDate( )方法、findVisitsCountAfterDate( )方法，分别实现今日预约数、查询今日到诊数、指定日期范围的预约数、指定日期范围的到诊数。

③ 查询热门套餐。在 getBusinessReportData( )方法中调用 OrderDao 接口中用于查询热门套餐的 findHotSetmeal( )方法。

（4）展示查询结果

ReportController 类中的 getBusinessReportData( )方法将查询结果返回 report_business.html 页面，report_business.html 页面根据返回结果在页面的表格中展示运营数据。

为了让读者更清晰地了解运营数据报表的实现过程，下面通过一张图进行描述，如图 9-16 所示。

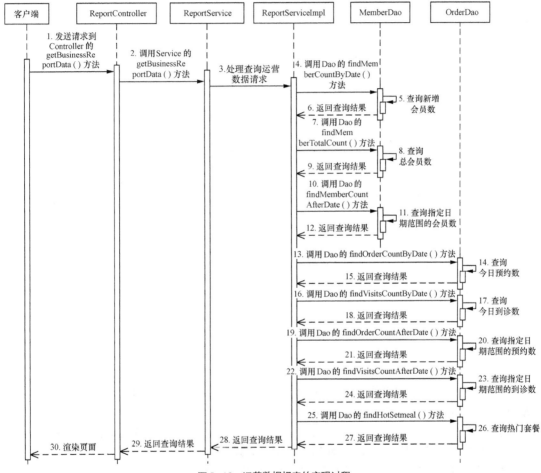

图 9-16 运营数据报表的实现过程

任务实现

在 report_business.html 页面中提交查询运营数据的请求，后台接收并处理查询运营数据的请求后，将查询结果返回 report_business.html 页面，接下来对运营数据报表的实现进行详细讲解。

（1）提交查询运营数据的请求

此时访问 report_business.html 页面，页面并未显示数据。查看 health_backend 子模块下 report_business.html 页面的源代码，具体代码如下。

```
1  <html>
2  ......
3  <div class="excelTime">日期：{{reportData.reportDate}}</div>
```

```
4   <table class="exceTable" cellspacing="0" cellpadding="0">
5      <tr>
6         <td colspan="4" class="headBody">会员数据统计</td>
7      </tr>
8      <tr>
9         <td width='20%' class="tabletrBg">新增会员数</td>
10        <td width='30%'>{{reportData.todayNewMember}}</td>
11        <td width='20%' class="tabletrBg">总会员数</td>
12        <td width='30%'>{{reportData.totalMember}}</td>
13     </tr>
14     ......
15  </table>
16  ......
17  <script>
18     var vue = new Vue({
19        el: '#app',
20        data:{
21           reportData:{
22              reportDate:null,            //日期
23              todayNewMember :0,          //新增会员数
24              totalMember :0,             //总会员数
25              thisWeekNewMember :0,       //本周新增会员数
26              thisMonthNewMember :0,      //本月新增会员数
27              todayOrderNumber :0,        //今日预约数
28              todayVisitsNumber :0,       //今日到诊数
29              thisWeekOrderNumber :0,     //本周预约数
30              thisWeekVisitsNumber :0,    //本周到诊数
31              thisMonthOrderNumber :0,    //本月预约数
32              thisMonthVisitsNumber :0,   //本月到诊数
33              hotSetmeal :[]              //热门套餐
34           }
35        }
36     })
37  </script>
38  </html>
```

上述代码中,第 4~15 行代码用于定义运营数据表单;第 22~35 行代码用于定义表单数据模型,获取运营数据后通过 Vue 的数据双向绑定展示数据。

要实现访问 report_business.html 页面时展示运营数据,可以将查询操作定义在钩子函数 created()中,created()函数在 Vue 对象初始化完成后自动执行,具体代码如下。

```
1   <script src="../js/axios-0.18.0.js"></script>
2   <script>
3      var vue = new Vue({
4         ......
5         created() {
6            axios.get("/report/getBusinessReportData.do").then((res)=>{
7               this.reportData = res.data.data;
8            })
9         }
10     })
11  </script>
```

上述代码中,第 1 行代码用于引入 Axios 的 JS 文件;第 6~8 行代码使用 Axios 发送异步请求查询运营数据,并处理响应结果。

（2）实现查询运营数据控制器

在 health_backend 子模块的 ReportController 类中定义 getBusinessReportData( )方法，用于接收和处理查询运营数据的请求，具体代码如下。

```
1   @Reference
2   private ReportService reportService;
3   //获取运营数据
4   @RequestMapping("/getBusinessReportData")
5   public Result getBusinessReportData(){
6       try{
7           Map<String,Object> map = reportService.getBusinessReportData();
8           return new Result(true, MessageConstant.
9                               GET_BUSINESS_REPORT_SUCCESS,map);
10      }catch (Exception e){
11          e.printStackTrace();
12          return new Result(false, MessageConstant.GET_BUSINESS_REPORT_FAIL);
13      }
14  }
```

上述代码中，第 6~13 行代码调用 ReportService 接口的 getBusinessReportData( )方法查询运营数据，然后将查询结果及对应的提示信息响应给页面。

（3）创建查询运营数据服务

在 health_interface 子模块的 com.itheima.service 包下创建服务接口 ReportService，在接口中定义 getBusinessReportData( )方法，用于查询运营数据，具体代码如文件 9-3 所示。

文件 9-3　ReportService.java

```
/**
 * 统计分析接口
 */
public interface ReportService {
    //查询运营数据
    public Map<String,Object> getBusinessReportData()throws Exception;
}
```

（4）实现查询运营数据服务

运营数据包括会员数据、预约到诊数据、热门套餐，依次查询运营数据中的内容并将查询结果封装到 Map 集合中。在 health_service_provider 子模块的 com.itheima.service.impl 包下创建 ReportService 接口的实现类 ReportServiceImpl，重写 ReportService 接口的 getBusinessReportData( )方法，用于查询运营数据，具体代码如文件 9-4 所示。

文件 9-4　ReportServiceImpl.java

```
1   /**
2    * 分析接口实现类
3    */
4   @Service(interfaceClass = ReportService.class)
5   @Transactional
6   public class ReportServiceImpl implements ReportService {
7       @Autowired
8       private MemberDao memberDao;
9       @Autowired
10      private OrderDao orderDao;
11      //查询运营数据
12      public Map<String, Object> getBusinessReportData() throws Exception {
13          //获得当前系统时间
14          String today = DateUtils.parseDate2String(DateUtils.getToday());
```

```
15          //动态获得本周第一天的日期
16          String thisWeekMonday = DateUtils.
17                  parseDate2String(DateUtils.getThisWeekMonday());
18          //动态获得本月第一天的日期
19          String firstDay4ThisMonth = DateUtils.
20                  parseDate2String(DateUtils.getFirstDay4ThisMonth());
21          //新增会员数
22          Integer todayNewMember = memberDao.findMemberCountByDate(today);
23          //总会员数
24          Integer totalMember = memberDao.findMemberTotalCount();
25          //本周新增会员数
26          Integer thisWeekNewMember = memberDao.
27                  findMemberCountAfterDate(thisWeekMonday);
28          //本月新增会员数
29          Integer thisMonthNewMember = memberDao.
30                  findMemberCountAfterDate(firstDay4ThisMonth);
31          //今日预约数
32          Integer todayOrderNumber = orderDao.findOrderCountByDate(today);
33          //今日到诊数
34          Integer todayVisitsNumber = orderDao.findVisitsCountByDate(today);
35          //本周预约数
36          Integer thisWeekOrderNumber = orderDao.
37                  findOrderCountAfterDate(thisWeekMonday);
38          //本周到诊数
39          Integer thisWeekVisitsNumber = orderDao.
40                  findVisitsCountAfterDate(thisWeekMonday);
41          //本月预约数
42          Integer thisMonthOrderNumber = orderDao.
43                  findOrderCountAfterDate(firstDay4ThisMonth);
44          //本月到诊数
45          Integer thisMonthVisitsNumber = orderDao.
46                  findVisitsCountAfterDate(firstDay4ThisMonth);
47          List<Map> hotSetmeal = orderDao.findHotSetmeal();//热门套餐
48          //定义Map集合，将所有查询结果封装到集合中
49          Map<String,Object> result = new HashMap<>();
50          result.put("reportDate",today);
51          result.put("todayNewMember",todayNewMember);
52          result.put("totalMember",totalMember);
53          result.put("thisWeekNewMember",thisWeekNewMember);
54          result.put("thisMonthNewMember",thisMonthNewMember);
55          result.put("todayOrderNumber",todayOrderNumber);
56          result.put("thisWeekOrderNumber",thisWeekOrderNumber);
57          result.put("thisMonthOrderNumber",thisMonthOrderNumber);
58          result.put("todayVisitsNumber",todayVisitsNumber);
59          result.put("thisWeekVisitsNumber",thisWeekVisitsNumber);
60          result.put("thisMonthVisitsNumber",thisMonthVisitsNumber);
61          result.put("hotSetmeal",hotSetmeal);
62          return result;//返回查询结果
63      }
64  }
```

上述代码中，第 14 行代码获取当前系统时间；第 16～17 行代码动态获得本周第一天的日期；第 19～20 行代码动态获取本月第一天的日期；第 22～47 行代码依次查询运营数据的内容；第 49～61 行代码将查询返回的结果封装到 Map 集合中。

（5）实现持久层查询会员数量

在 health_service_provider 子模块的 MemberDao 接口中定义查询会员数量的相关方法，具体代码如下。

```
1  //新增会员数
2  public Integer findMemberCountByDate(String date);
3  //总会员数
4  public Integer findMemberTotalCount();
5  //根据日期统计会员数，统计指定日期之后的会员数
6  public Integer findMemberCountAfterDate(String thisWeekMonday);
```

上述代码中，第2行代码用于查询新增会员数；第4行代码用于查询总会员数；第6行代码用于根据指定日期的范围查询会员数。

在 health_service_provider 子模块的 MemberDao.xml 映射文件中使用<select>元素映射查询语句，分别根据日期查询新增会员数、查询总会员数、根据指定日期范围查询会员数。具体代码如下。

```
1  <!--根据日期查询新增会员数-->
2  <select id="findMemberCountByDate" parameterType="string"
3                                     resultType="int">
4      SELECT count(id) FROM t_member WHERE regTime = #{value}
5  </select>
6  <!--查询总会员数-->
7  <select id="findMemberTotalCount" resultType="java.lang.Integer">
8      SELECT count(id) FROM t_member
9  </select>
10 <!--根据指定日期范围查询会员数-->
11 <select id="findMemberCountAfterDate" parameterType="string"
12                                      resultType="int">
13     SELECT count(id) FROM t_member WHERE regTime &gt;= #{value}
14 </select>
```

上述代码中，第2~5行代码用于根据日期查询新增会员数；第7~9行代码用于查询总会员数；第11~14行代码用于根据指定日期范围查询会员数。

（6）实现持久层查询体检预约数

在 health_service_provider 子模块的 OrderDao 接口中定义查询预约数和到诊数的相关方法，具体代码如下。

```
1  //今日预约数
2  public Integer findOrderCountByDate(String today);
3  //今日到诊数
4  public Integer findVisitsCountByDate(String today);
5  //本周、本月预约数
6  public Integer findOrderCountAfterDate(String thisWeekMonday);
7  //本周、本月到诊数
8  public Integer findVisitsCountAfterDate(String thisWeekMonday);
9  //热门套餐
10 public List<Map> findHotSetmeal();
```

上述代码中，第2行代码用于查询今日预约数；第4行代码用于查询今日到诊数；第6行代码用于查询本周和本月的预约数；第8行代码用于查询本周和本月的到诊数；第10行代码用于查询热门套餐。

在 health_service_provider 子模块的 OrderDao.xml 映射文件中使用<select>元素映射查询语句，查询运营数据。具体代码如下。

```
1  <!--根据日期统计预约数-->
2  <select id="findOrderCountByDate" parameterType="string" resultType="int">
3      SELECT count(id) FROM t_order WHERE orderDate = #{value}
4  </select>
5  <!--根据日期统计到诊数-->
```

```xml
 6  <select id="findVisitsCountByDate" parameterType="string"
 7                                                    resultType="int">
 8     SELECT count(id) FROM t_order
 9         WHERE orderDate = #{value} AND orderStatus = '已到诊'
10  </select>
11  <!--根据日期统计预约数,统计指定日期之后的预约数-->
12  <select id="findOrderCountAfterDate" parameterType="string"
13                                                    resultType="int">
14     SELECT count(id) FROM t_order WHERE orderDate &gt;= #{value}
15  </select>
16  <!--根据日期统计到诊数,统计指定日期之后的到诊数-->
17  <select id="findVisitsCountAfterDate" parameterType="string"
18                                                    resultType="int">
19     SELECT count(id) FROM t_order
20         WHERE orderDate &gt;= #{value} AND orderStatus = '已到诊'
21  </select>
22  <!--热门套餐,查询前 5 条-->
23  <select id="findHotSetmeal" resultType="map">
24     SELECT s.name, count(o.id) setmeal_count ,count(o.id)/(SELECT count(id)
25        FROM t_order) proportion
26        FROM t_order o INNER JOIN t_setmeal s ON s.id = o.setmeal_id
27        GROUP BY o.setmeal_id
28        ORDER BY setmeal_count DESC
29        LIMIT 0,4
30  </select>
```

上述代码中,第 2~4 行代码用于根据日期查询预约数;第 6~10 行代码用于根据日期查询到诊数;第 12~15 行代码用于根据指定日期查询预约数;第 17~21 行代码用于根据指定日期查询到诊数;第 23~30 行代码用于查询前 5 条热门套餐。

(7)测试运营数据统计

依次启动 ZooKeeper 服务、health_service_provider 和 health_backend,在浏览器中访问 http://localhost:82/pages/report_business.html,如图 9-17 所示。

图 9-17 运营数据报表

从图 9-17 可以看出，通过表格清晰地展示了会员数据统计、预约到诊数据统计和热门套餐，说明运营数据统计成功实现。

至此，完成了运营数据统计的功能。

模块小结

本模块主要对管理端的统计分析进行了讲解。首先讲解了 ECharts 的使用，然后运用 ECharts 实现了会员数量统计和套餐预约占比统计，最后实现了运营数据统计。希望通过本模块的学习，读者可以熟悉 ECharts 的使用，能够独立实现统计分析模块功能。

模块十

管理端——运营数据报表导出

知识目标

熟悉 JasperReports 的用法，能够使用 JasperReports 实现 PDF 文件导出

技能目标

1. 掌握 Excel 方式导出运营数据报表的方法，能够使用 Apache POI 以 Excel 方式导出运营数据报表
2. 掌握 PDF 方式导出运营数据报表的方法，能够使用 JasperReports 以 PDF 方式导出运营数据报表

在有网络的环境下，传智健康的管理员可以随时随地浏览线上的运营数据报表，但有时候，管理员也希望能将线上的数据导出，独立保存在本地计算机中进行归档，以及做一些其他的数据加工等工作。对此，传智健康提供了两种运营数据报表导出功能，分别是 Excel 方式导出运营数据报表和 PDF 方式导出运营数据报表。接下来，本模块将对管理端的运营数据报表导出进行详细讲解。

任务 10-1 Excel 方式导出运营数据报表

任务描述

运营数据报表的内容是以表格的形式展示的，为了使报表导出之后的数据格式与运营数据报表本身的数据格式保持一致，可以将页面中的报表数据写入 Excel 文件，再通过浏览器进行下载。在浏览器中访问 report_business.html 页面，如图 10-1 所示。

在图 10-1 所示的页面中，单击"导出 Excel"按钮，导出完成后，页面底部显示下载了一个 Excel 格式的文件，效果如图 10-2 所示。

图 10-1 运营数据统计页面（1）

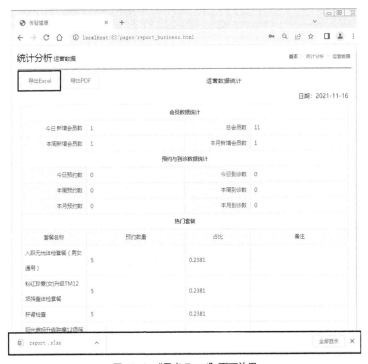

图 10-2 "导出 Excel" 页面效果

任务分析

在 report_business.html 页面中，单击"导出 Excel"按钮可以导出运营数据报表。接下来分析 Excel 方式导出运营数据报表的实现思路，具体如下。

（1）提供运营数据报表模板

根据图 10-1 中展示的报表设计 Excel 模板文件并将其存放到指定目录下。

（2）提交导出 Excel 文件的请求

为 report_business.html 页面的"导出 Excel"按钮绑定单击事件，在单击事件触发后提交导出 Excel 文件的请求。

（3）接收和处理导出 Excel 文件的请求

客户端发起导出 Excel 文件的请求后，ReportController 类中的 exportBusinessReport() 方法接收页面提交的请求，并调用 ReportService 接口的 getBusinessReportData() 方法查询运营数据，将查询结果写入 Excel 模板文件。

（4）查询运营数据

运营数据包括会员数据、预约与到诊数据和热门套餐，在查询运营数据时需要逐个进行查询。运营数据的查询过程在统计分析模块的运营数据统计功能中已经实现，直接调用相关方法即可。

为了让读者更清晰地了解 Excel 方式导出运营数据报表的实现过程，下面通过一张图进行描述，如图 10-3 所示。

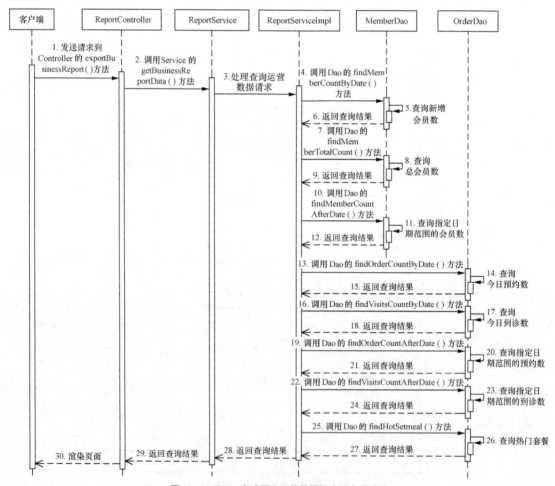

图 10-3 Excel 方式导出运营数据报表的实现过程

任务实现

依照任务描述和任务分析确定了 Excel 方式导出运营数据报表的实现思路，接下来对 Excel 方式导出运营数据报表的实现进行详细讲解。

（1）提供 Excel 模板文件

在 health_backend 子模块的 src/main/webapp/template 目录下，创建一个名称为 report_template 的 XLSX 文件作为模板文件，在该模板文件中创建一个名称为运营数据统计的工作表，工作表中包含会员数据、预约与到诊数据和热门套餐。读者可以从本书提供的资源中获取该模板文件。

（2）提交导出 Excel 文件的请求

为"导出 Excel"按钮绑定单击事件，并设置单击时要调用的方法，在该方法中提交导出 Excel 文件的请求，具体代码如下。

```
<div class="excelTitle" >
    <el-button @click="exportExcel()">导出 Excel</el-button>
    ......
</div>
```

上述代码中的 exportExcel()方法用于导出 Excel 文件，具体代码如下。

```
1  <script>
2      var vue = new Vue({
3          ......
4          methods:{
5              //导出 Excel 文件
6              exportExcel(){
7                  window.location.href = '/report/exportBusinessReport.do';
8              }
9          }
10     })
11 </script>
```

（3）实现 Excel 报表下载控制器

控制器接收到页面提交的请求后，查询报表中需要的运营数据，将查询结果写入 Excel 模板文件中，最后导出 Excel 文件。在 health_backend 子模块的 ReportController 类中定义 exportBusinessReport()方法，用于接收并处理导出 Excel 文件的请求，具体代码如下。

```
1  //导出运营数据到 Excel 文件并提供客户端导出功能
2  @RequestMapping("/exportBusinessReport")
3  public Result exportBusinessReport(HttpServletRequest request,
4                                      HttpServletResponse response){
5      try{
6          //获取运营数据
7          Map<String,Object> result = reportService.getBusinessReportData();
8          //获取 Excel 模板文件绝对路径
9          String filePath = request.getSession().getServletContext()
10             .getRealPath("template")+ File.separator+"report_template.xlsx";
11         //根据模板文件路径创建对应的 Excel 表格对象
12         XSSFWorkbook excel = new XSSFWorkbook(new
13                             FileInputStream(new File(filePath)));
14         XSSFSheet sheet = excel.getSheetAt(0);
15         XSSFRow row = sheet.getRow(2);
16         row.getCell(5).setCellValue(
17             (String)result.get("reportDate"));//日期
18         row = sheet.getRow(4);
19         row.getCell(5).setCellValue(
20             (Integer)result.get("todayNewMember"));//新增会员数（今日）
21         row.getCell(7).setCellValue(
22             (Integer)result.get("totalMember"));//总会员数
23         row = sheet.getRow(5);
24         row.getCell(5).setCellValue(
```

```
25              (Integer)result.get("thisWeekNewMember"));//本周新增会员数
26          row.getCell(7).setCellValue(
27              (Integer)result.get("thisMonthNewMember"));//本月新增会员数
28          row = sheet.getRow(7);
29          row.getCell(5).setCellValue(
30              (Integer)result.get("todayOrderNumber"));//今日预约数
31          row.getCell(7).setCellValue(
32              (Integer)result.get("todayVisitsNumber"));//今日到诊数
33          row = sheet.getRow(8);
34          row.getCell(5).setCellValue(
35              (Integer)result.get("thisWeekOrderNumber"));//本周预约数
36          row.getCell(7).setCellValue(
37              (Integer)result.get("thisWeekVisitsNumber"));//本周到诊数
38          row = sheet.getRow(9);
39          row.getCell(5).setCellValue(
40              (Integer)result.get("thisMonthOrderNumber"));//本月预约数
41          row.getCell(7).setCellValue(
42              (Integer)result.get("thisMonthVisitsNumber"));//本月到诊数
43          int rowNum = 12;
44          for(Map map : (List<Map>) result.get("hotSetmeal")){//热门套餐
45              String name = (String) map.get("name");
46              Long setmeal_count = (Long) map.get("setmeal_count");
47              BigDecimal proportion = (BigDecimal) map.get("proportion");
48              row = sheet.getRow(rowNum ++);
49              row.getCell(4).setCellValue(name);//套餐名称
50              row.getCell(5).setCellValue(setmeal_count);//预约数量
51              row.getCell(6).setCellValue(proportion.doubleValue());//占比
52          }
53          //文件导出
54          ServletOutputStream out = response.getOutputStream();//创建输出流
55          response.setContentType("application/vnd.ms-excel");//指定响应类型
56          //指定以附件形式下载
57          response.setHeader("content-Disposition",
58                            "attachment;filename=report.xlsx");
59          excel.write(out);//写入流文件
60          out.flush();//关闭缓冲区的数据流
61          out.close();//关闭流对象
62          excel.close();
63          return null;
64      }catch (Exception e){
65          e.printStackTrace();
66          return new Result(false,MessageConstant.GET_BUSINESS_REPORT_FAIL);
67      }
68  }
```

上述代码中，第 7 行代码调用 ReportService 接口的 getBusinessReportData()方法查询运营数据，将数据存储在集合 result 中；第 9～10 行代码动态获取 Excel 模板文件的绝对路径；第 12～15 行代码基于 Apache POI 创建 Excel 文件并获取工作簿；第 16～52 行代码读取集合 result 中的数据并将其插入工作簿对应的单元格中；第 54～58 行代码创建输出流，设置响应头信息，包括响应类型和下载文件类型；第 59～62 行代码用于写入流文件，关闭流对象。

（4）查询运营数据

在 ReportController 类的 exportBusinessReport()方法中，调用了 ReportService 接口的 getBusinessReportData() 方法，该方法在模块九的运营数据统计中已经实现，这里不再重复，直接调用即可。

（5）测试 Excel 方式导出运营数据报表

启动 ZooKeeper 服务，在 IDEA 中依次启动 health_service_provider 和 health_backend，在浏览器中访问 http://localhost:82/pages/report_business.html，单击"导出 Excel"按钮，Excel 文件下载的结果如图 10-4 所示。

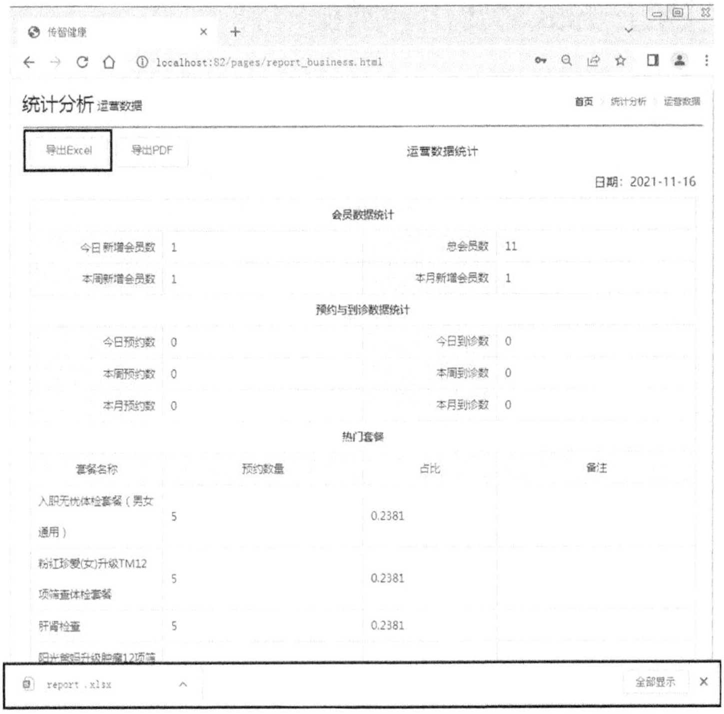

图 10-4　Excel 文件下载的结果

在图 10-4 所示的页面中，单击"导出 Excel"按钮后，浏览器下载了一个名称为 report 的 XLSX 文件，打开文件查看内容，如图 10-5 所示。

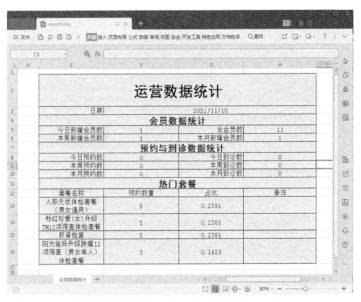

图 10-5　report.xlsx 文件内容

从图 10-5 可以看出，下载的 Excel 文件中的内容与图 10-4 中的内容完全一致，说明以 Excel 方式导出运营数据报表成功。

至此,完成了 Excel 方式导出运营数据报表的功能。

任务 10-2　PDF 方式导出运营数据报表

任务描述

PDF 文件在企业办公中很常用,它不仅适合阅读,而且可以防止他人修改文件内容。传智健康管理端提供 PDF 方式导出运营数据报表的功能,在浏览器中访问 report_business.html 页面,如图 10-6 所示。

图 10-6　运营数据统计页面(2)

在图 10-6 所示的页面中,单击"导出 PDF"按钮,导出完成后,页面底部显示下载了一个 PDF 文件,效果如图 10-7 所示。

图 10-7　"导出 PDF"页面效果

任务分析

在 report_business.html 页面中，单击"导出 PDF"按钮可以导出运营数据报表。接下来分析 PDF 方式导出运营数据报表的实现思路，具体如下。

（1）提供运营数据报表模板

根据图 10-6 中展示的报表设计 PDF 模板文件并将其存放到指定目录下。

（2）提交导出 PDF 文件的请求

为 report_business.html 页面的"导出 PDF"按钮绑定单击事件，在单击事件触发后提交导出 PDF 文件请求。

（3）接收和处理导出 PDF 文件的请求

客户端发起导出 PDF 文件的请求后，ReportController 类中的 exportBusinessReport4PDF() 方法接收页面提交的请求，并调用 ReportService 接口的 getBusinessReportData() 方法查询运营数据，将查询结果写入 PDF 模板文件。

（4）查询运营数据

运营数据包括会员数据、预约与到诊数据和热门套餐，在查询运营数据时需要逐个进行查询。运营数据的查询过程在统计分析模块的运营数据统计功能中已经实现，直接调用相关方法即可。

为了让读者更清晰地了解 PDF 方式导出运营数据报表的实现过程，下面通过一张图进行描述，如图 10-8 所示。

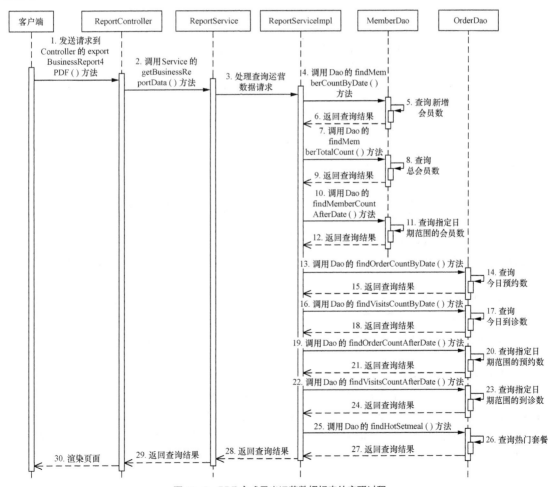

图 10-8　PDF 方式导出运营数据报表的实现过程

知识进阶

使用 PDF 方式导出运营数据报表时,需要按照运营数据统计页面的内容分布创建 PDF 文件,然后将数据填充到 PDF 文件中。在实际企业项目开发中,有两种常见的 PDF 文件生成方式,具体如下。

- iText 生成 PDF。
- JasperReports 生成 PDF。

由于 iText 的原生 API 编程比较烦琐,为了简化编程过程,在实际项目开发时,大多数情况下使用 JasperReports 生成 PDF 文件。本书采用 JasperReports 结合模板设计器 Jaspersoft Studio 生成 PDF 文件。接下来从 JasperReports 简介、工作流程和入门案例这 3 个方面对 JasperReports 进行详细讲解。

1. JasperReports 简介

JasperReports 是一个强大、灵活的报表生成工具,能够展示丰富的页面内容,并将其转换成 PDF、HTML 或者 XML 格式。JasperReports 完全由 Java 语言编写而成,可以用在 J2EE、Web 等 Java 应用程序中生成动态内容。使用 JasperReports 时,需要导入 JasperReports 的依赖,具体代码如下。

```
<dependency>
    <groupId>net.sf.jasperreports</groupId>
    <artifactId>jasperreports</artifactId>
    <version>6.8.0</version>
</dependency>
```

2. JasperReports 的工作流程

在本书中主要应用 JasperReports 导出报表到 PDF 文件中,接下来用一张图简单描述 JasperReports 导出报表的工作流程,如图 10-9 所示。

在图 10-9 中,描述了 JasperReports 导出报表的工作流程,具体如下。

第 1 步,创建 JRXML 文件,该文件包含报表布局定义的 XML 文档,可以通过手动编码完成,也可以使用报表设计工具 Jaspersoft Studio 完成。

第 2 步,使用 JasperReports 提供的 JasperCompileManager 工具将报表模板编译为.jasper 文件。

第 3 步,使用 JasperReports 提供的 JasperFillManager 工具填充编译后的.jasper 文件,填充后生成一个.jrprint 文件。

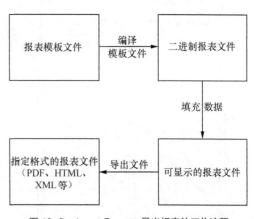

图 10-9 JasperReports 导出报表的工作流程

第 4 步,使用文件导出器 JasperExportManager 将.jrprint 文件导出成各种格式的报表文件。

3. JasperReports 入门案例

了解了 JasperReports 导出 PDF 文件的工作原理后,下面通过一个入门案例感受 JasperReports 的开发过程,具体步骤如下。

(1) 设计 PDF 报表模板文件

Jaspersoft Studio 是一个图形化的报表设计工具,设计出的报表模板其实是一个 XML 文档,设计完成后再结合 JasperReports 可以渲染出 PDF 文件。在正式开发入门案例之前,先使用模板设计器 Jaspersoft Studio 设计入门案例的报表模板文件 demo.jrxml。将设计好的 demo.jrxml 文件复制到 health_backend 子模块中的 src/main/webapp/template 目录下,如图 10-10 所示。

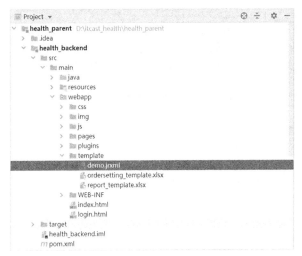

图 10-10 demo.jrxml 文件位置

（2）引入 JasperReports 的依赖

打开 health_common 工程的 pom.xml 文件，引入 JasperReports 的依赖，具体代码如下。

```xml
<!--生成 PDF 文件-->
<dependency>
    <groupId>net.sf.jasperreports</groupId>
    <artifactId>jasperreports</artifactId>
    <version>6.8.0</version>
    <exclusions>
        <exclusion>
            <groupId>com.lowagie</groupId>
            <artifactId>itext</artifactId>
        </exclusion>
    </exclusions>
</dependency>
<dependency>
    <groupId>com.lowagie</groupId>
    <artifactId>itext</artifactId>
    <version>2.1.7</version>
</dependency>
<dependency>
    <groupId>junit</groupId>
    <artifactId>junit</artifactId>
    <version>4.12</version>
</dependency>
```

上述代码中，由于 JasperReports 底层依赖 iText，所以在引入 JasperReports 时会自动下载 iText 2.1.7。如果在下载时出现"Could not find artifact com.lowagie:itext:pom:2.1.7.js6 in nexus-aliyun"的错误，可以通过 <exclusions> 标签排除关联依赖 iText 2.1.7 的引入，然后单独下载 iText 2.1.7 来加以解决。

（3）编写单元测试方法

在 health_backend 子模块的 com.itheima.controller 包下创建测试类 TestExport，在类中定义 testJasperReports() 方法，用于测试导出 PDF 文件，具体代码如下。

```
1  //单元测试方法，测试导出 PDF 文件
2  @Test
3  public void testJasperReports() throws Exception{
4      //获取 PDF 模板文件绝对路径
```

```
5      String jrxmlPath ="D:\\a-czjk\\health_parent\\" +
6              "health_backend\\src\\main\\webapp\\template\\demo.jrxml";
7      String jasperPath="D:\\a-czjk\\health_parent\\" +
8              "health_backend\\src\\main\\webapp\\template\\demo.jasper";
9      //编译模板
10     JasperCompileManager.compileReportToFile(jrxmlPath,jasperPath);
11     //构造数据
12     Map parameters = new HashMap();
13     parameters.put("reportDate","2022-03-01");
14     parameters.put("company","itcast");
15     List<Map> list = new ArrayList();
16     Map map1 = new HashMap();
17     map1.put("name","小明");
18     map1.put("address","beijing");
19     map1.put("email","xiaoming@itcast.cn");
20     Map map2 = new HashMap();
21     map2.put("name","xiaoli");
22     map2.put("address","nanjing");
23     map2.put("email","xiaoli@itcast.cn");
24     list.add(map1);
25     list.add(map2);
26     //填充数据
27     JasperPrint jasperPrint =
28             JasperFillManager.fillReport(jasperPath,
29                 paramters,
30                 new JRBeanCollectionDataSource(list));
31     //输出文件
32     String pdfPath = "D:\\test.pdf";
33     JasperExportManager.exportReportToPdfFile(jasperPrint,pdfPath);
34 }
```

上述代码中，第 5～6 行代码用于获取模板路径，这里为了测试方便，将模板路径设置为固定路径，但是在实际开发中会动态获取模板的绝对路径；第 7～8 行代码创建与模板路径相同的编辑文件；第 10 行代码实现模板编译；第 12～25 行代码用于构造数据；第 27～33 行代码用于向模板中填充数据，输出 PDF 文件。

（4）测试导出 PDF 文件

调用 testJasperReports()方法，查看 test.pdf 文件导出结果，如图 10-11 所示。

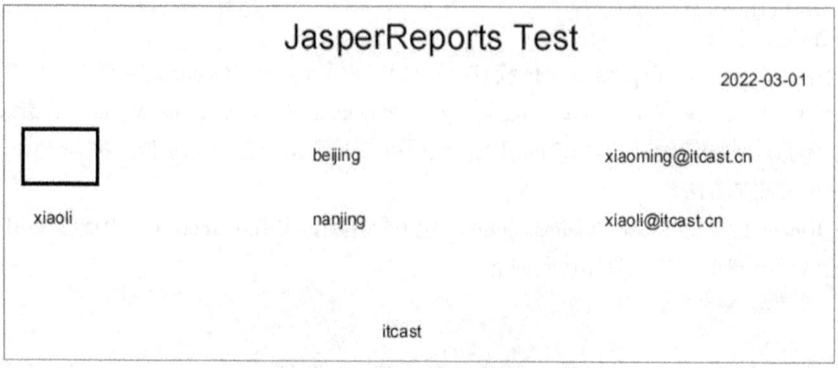

图 10-11　test.pdf 文件导出结果

从图 10-11 可以看出，在 PDF 文件中显示的数据与代码中模拟的数据不一致，其中 name 为中文"小明"的数据没有显示出来，由于 JasperReports 的 JAR 包中不包含中文的字体库，导致默认情况下中文无法正常显示。我们可以在程序中导入中文字体库来解决该问题。

（5）导入中文字体库

在 health_backend 子模块的 src/main/resources 目录下导入中文字体库，导入的字体库文件包括 fonts.xml 和 stsong.ttf，其中，fonts.xml 用于配置字体信息，stsong.ttf 表示华文宋体的字体文件，如图 10-12 所示。

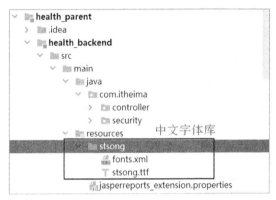

图 10-12　中文字体库

关于图 10-12 中导入的中文字体库，读者可以从本书提供的资源中获取。此时导入的中文字体还未生效，需要在启动程序时加载字体库信息。由于 JasperReports 执行时会默认读取名称为 jasperreports_extension 的 properties 配置文件，所以可以在该配置文件中添加中文字体库的信息，实现字体库的加载。

在 health_backend 子模块的 src/main/resources 目录下创建 jasperreports_extension.properties 配置文件，并在配置文件中添加如下配置信息。

```
net.sf.jasperreports.extension.registry.factory.simple.font.families=\
   net.sf.jasperreports.engine.fonts.SimpleFontExtensionsRegistryFactory
net.sf.jasperreports.extension.simple.font.families.lobstertwo=\
   stsong/fonts.xml
```

（6）修改 demo.jrxml

打开 demo.jrxml 模板文件查看内容，找到模板中需要显示中文的元素，统一将字体设置为导入的字体，具体代码如下。

```
1  ......
2  <textField>
3      <reportElement x="60" y="4" width="100" height="30"
4                     uuid="9fd8ea6a-722d-4c35-a4dc-74f3ed490709"/>
5      <textElement>
6          <font fontName="华文宋体" size="14"/>
7      </textElement>
8      <textFieldExpression><![CDATA[$F{name}]]></textFieldExpression>
9  </textField>
10 ......
```

上述代码中，第 5~7 行代码用于引入字体；第 8 行代码用于显示模拟数据。

（7）运行 testJasperReports( )方法

运行 testJasperReports( )方法，查看 test.pdf 文件导出结果，如图 10-13 所示。

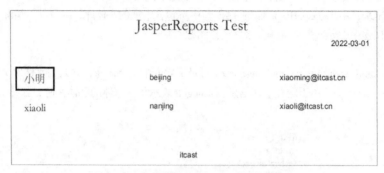

图 10-13 testJasperReports( )方法执行结果

从图 10-13 可以看出，在 PDF 文件中显示的数据与代码中模拟的数据完全一致，中文正常显示，说明字体配置生效，使用 JasperReports 导出 PDF 文件成功。

至此，JasperReports 的入门案例完成。

任务实现

依照任务描述和任务分析确定了 PDF 方式导出运营数据报表的实现思路，接下来对 PDF 方式导出运营数据报表的实现进行详细讲解。

（1）提供 PDF 模板文件

使用模板设计器 Jaspersoft Studio 设计运营数据报表的模板文件 health_business3.jrxml。将设计好的模板文件复制到 health_backend 子模块的 src/main/webapp/template 目录下。读者可以从本书提供的资源中获取该模板文件。

（2）提交导出 PDF 文件的请求

为"导出 PDF"按钮绑定单击事件，并设置单击时要调用的方法，在方法中提交导出 PDF 文件的请求，具体代码如下。

```
<div class="excelTitle" >
   <el-button @click="exportPDF()">导出 PDF</el-button>
   ......
</div>
```

上述代码中的 exportPDF( )方法用于导出 PDF 文件，具体代码如下。

```
1  <script>
2      var vue = new Vue({
3          ......
4          methods:{
5              ......
6              //导出 PDF 文件
7              exportPDF(){
8                  window.location.href =
9                              '/report/exportBusinessReport4PDF.do';
10             }
11         }
12     })
13 </script>
```

（3）实现 PDF 报表下载控制器

控制器接收到页面提交的请求后，查询报表中需要的运营数据，将查询结果写入 PDF 模板文件，最后导出 PDF 文件。在 health_backend 子模块的 ReportController 类中定义 exportBusinessReport4PDF( )方法，用于接收并处理导出 PDF 文件的请求，具体代码如下。

```java
1   //导出运营数据到PDF文件并提供下载功能
2   @RequestMapping("/exportBusinessReport4PDF")
3   public Result exportBusinessReport4PDF(HttpServletRequest request,
4                                          HttpServletResponse response){
5       try{
6           Map<String,Object> result = reportService.getBusinessReportData();
7           //取出返回的结果数据，准备将报表数据写入PDF文件
8           List<Map> hotSetmeal = (List<Map>) result.get("hotSetmeal");
9           //动态获取PDF模板文件绝对路径
10          String jrxmlPath = request.getSession().getServletContext()
11              .getRealPath("template") + File.separator +
12                  "health_business3.jrxml";
13          String jasperPath = request.getSession().getServletContext()
14              .getRealPath("template") + File.separator +
15                  "health_business3.jasper";
16          //编译模板
17          JasperCompileManager.compileReportToFile(jrxmlPath, jasperPath);
18          //填充数据——使用JavaBean数据源方式填充
19          JasperPrint jasperPrint =
20              JasperFillManager.fillReport(jasperPath,result,
21                  new JRBeanCollectionDataSource(hotSetmeal));
22          //创建输出流，用于从服务器写数据到浏览器
23          ServletOutputStream out = response.getOutputStream();
24          response.setContentType("application/pdf");
25          response.setHeader("content-Disposition",
26              "attachment;filename=report.pdf");
27          //输出文件
28          JasperExportManager.exportReportToPdfStream(jasperPrint,out);
29          out.flush();
30          out.close();
31          return null;
32      }catch (Exception e){
33          e.printStackTrace();
34          return new Result(false, MessageConstant.GET_BUSINESS_REPORT_FAIL);
35      }
36  }
```

上述代码中，第 6 行代码调用 ReportService 接口的 getBusinessReportData() 方法查询运营数据，并将数据存储到集合 result 中；第 10~12 行代码用于获取 PDF 模板文件的绝对路径；第 17 行代码实现模板编译；第 19~21 行代码实现将查询结果 result 填充到模板中；第 24~26 行代码用于设置响应头信息中的响应类型和文件下载类型。

（4）查询运营数据

在 ReportController 类的 exportBusinessReport4PDF() 方法中，调用了 ReportService 接口的 getBusinessReportData() 方法查询运营数据，由于在统计分析模块的运营数据统计功能中已经实现了运营数据的查询，这里可以直接调用查询运营数据的相关方法，无须重复编写代码。

（5）测试 PDF 方式导出运营数据报表

依次启动 ZooKeeper 服务、health_service_provider 和 health_backend，在浏览器中访问 http://localhost:82/pages/report_business.html，单击"导出 PDF"按钮，PDF 文件下载的结果如图 10-14 所示。

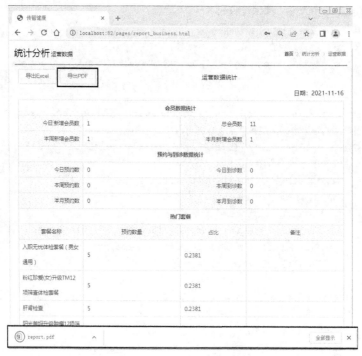

图 10-14　PDF 文件下载的结果

在图 10-14 所示的页面中，单击"导出 PDF"按钮后，浏览器下载了一个名称为 report 的 PDF 文件，打开文件查看内容，如图 10-15 所示。

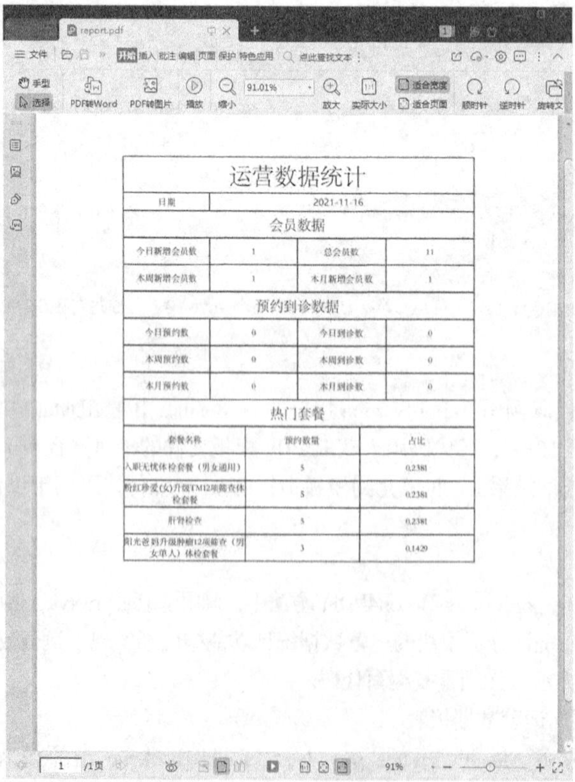

图 10-15　report.pdf 文件内容

从图 10-15 可以看出，下载的 PDF 文件中的内容与图 10-14 中的内容完全一致，说明以 PDF 方式导出运营数据报表成功。

至此，完成了 PDF 方式导出运营数据报表的功能。

模块小结

本模块主要对管理端的运营数据报表导出进行了讲解。首先讲解了 Excel 方式导出运营数据报表；其次讲解了 JasperReports 的使用并实现了 PDF 方式导出运营数据报表。希望通过本模块的学习，读者可以熟悉 JasperReports 的使用，掌握 Excel 方式和 PDF 方式导出运营数据报表的功能。